U0235446

Modern
Raman
Spectroscopy
A Practical Approach

现代拉曼光谱

原著第2版

（英） 尤恩·史密斯（Ewen Smith）
杰弗里·登特（Geoffrey Dent） 著

上海化工院检测有限公司
上海化工研究院有限公司 组织翻译

商照聪 薛晓康 储德韧 等译

·北京·

内容简介

全书共分为三个部分7章。第一部分（第1章、第2章）介绍了拉曼光谱的基本理论和如何使用拉曼光谱；第二部分（第3～第5章）详细阐述了拉曼光谱理论、共振拉曼散射与普通拉曼散射的区别、表面增强拉曼散射和表面增强共振拉曼散射的原理和应用；第三部分（第6章、第7章）介绍了拉曼光谱分析技术的主要应用领域和前沿研究。纵观全书，内容系统全面，理论体系严谨，注重理论与实践的结合。

本书不仅适合高等院校化学相关专业的研究生、本科生及老师阅读，同时对从事化学分析、光谱学研究、检测检验和材料学研究的技术人员、科研人员和管理人员来说也是一本非常有价值的参考书。

Modern Raman Spectroscopy: A Practical Approach，Second Edition/ by Ewen Smith and Geoffrey Dent

ISBN 9781119440550

北京市版权局著作权合同登记号：01-2022-2227

图书在版编目（CIP）数据

现代拉曼光谱/（英）尤恩·史密斯（Ewen Smith），（英）杰弗里·登特（Geoffrey Dent）著；上海化工院检测有限公司，上海化工研究院有限公司组织翻译；商照聪等译．—北京：化学工业出版社，2022.8（2023.8重印）

书名原文：Modern Raman Spectroscopy: A Practical Approach

ISBN 978-7-122-41342-0

Ⅰ．①现… Ⅱ．①尤…②杰…③上…④上…⑤商… Ⅲ．①拉曼光谱-研究 Ⅳ．①O433

中国版本图书馆CIP数据核字（2022）第074613号

责任编辑：卢萌萌　　文字编辑：丁海蓉
责任校对：李雨晴　　装帧设计：王晓宇

出版发行：化学工业出版社（北京市东城区青年湖南街13号　邮政编码100011）
印　　装：北京建宏印刷有限公司
710mm×1000mm　1/16　印张14　字数319千字　2023年8月北京第1版第2次印刷

购书咨询：010-64518888　　售后服务：010-64518899
网　　址：http://www.cip.com.cn
凡购买本书，如有缺损质量问题，本社销售中心负责调换。

定　　价：158.00元

现代拉曼光谱（原著第2版）

翻译 / 审核委员会

主　译 / 主　审：商照聪

副主译/副主审：薛晓康　储德韧

翻译/审核委员会：（按姓氏笔画排序）

田烨玮　冯　卓　李晓宇　杨　昊　吴泽钦
吴家诚　何　源　张　睿　陈舒馨　陈新玥
贺少鹏　郭文翔　浦征宇　黄邦印　康娜娜
商照聪　蒋　凯　蒋　鑫　储德韧　鄢立阳
薛晓康

秘　　　　书：薛晓康

译者前言
TRANSLATOR PREFACE

拉曼光谱是一种基于拉曼散射的光谱学方法。从1923年斯迈克尔（A. Smekal）首先提出光的非弹性散射现象，到1928年拉曼（C.V. Raman）和克雷施南（K.S. Krishnan）通过实验观察到拉曼散射现象开始，拉曼光谱的研究发展至今已接近一百年。拉曼光谱可检测各种物理形态的样品，被广泛应用于预测化学结构和物理形态的信息、从特征光谱图（类似"指纹"）识别物质、定量或半定量测定样品中物质的含量等领域。近年来，随着电子学、光学和化学计量学的迅猛发展，以及光谱检测器的设计、软件、数据分析和克服干扰的能力等方面的改进，尤其是适用于恶劣环境的小型便携式拉曼光谱仪的出现，拉曼光谱的应用研究取得了长足进步，这些研究也为许多有趣而富有挑战性的问题提供了解决方案。

英国斯特拉思克莱德大学（University of Strathclyde，UK）的Ewen Smith和英国曼彻斯特大学（University of Manchester, UK）的Geoffrey Dent主编的"*Modern Raman Spectroscopy: A Practical Approach*"一书，是一本全面介绍拉曼光谱基础理论、应用研究和发展前沿的著作。作为活跃在拉曼光谱学研究领域的权威学者，两位作者拥有丰富的阅历和独到的见解，也持续不断地跟踪拉曼光谱前沿技术的发展。在本书中，作者为初次接触和对拉曼光谱学感兴趣的读者介绍了拉曼光谱的基本原理和实验方法，帮助读者对基本理论和实践有更深刻的理解，能够有效地应用这项技术。对于对拉曼光谱学有一定基础的读者而言，作者用大量篇幅对拉曼光谱理论进行了详细阐述，并对拉曼散射技术尤其是表面增强拉曼散射（SERS）技术的发展和应用研究提供了丰富的信息，帮助读者理解拉曼光谱的优势和改进方向。同时，本书还提供了大量拉曼光谱学领域的参考文献，可以帮助读者进一步深入研究，探索拉曼光谱学更复杂和更广泛应用的巨大潜力。

全书分为三个部分，共 7 章。第一部分（第 1 章、第 2 章）介绍了拉曼光谱的基本理论和如何使用拉曼光谱；第二部分（第 3 章～第 5 章）详细阐述了拉曼光谱理论、共振拉曼散射与普通拉曼散射的区别、表面增强拉曼散射和表面增强共振拉曼散射的原理和应用；第三部分（第 6 章、第 7 章）介绍了拉曼光谱分析技术的主要应用领域和前沿研究。纵观全书，内容系统全面，理论体系严谨，注重理论与实践的结合。

本书是图书市场上不多见的系统性介绍拉曼光谱原理及应用的专业书籍，不仅适合高等学校化学相关专业的研究生、本科生及教辅人员阅读，同时对从事化学分析、光谱学研究、检测检验和材料学研究的技术人员来说也是一本非常有价值的参考书。本书的翻译工作由上海化工院检测有限公司和上海化工研究院有限公司组织完成，上海化工院检测有限公司是国内危险化学品分类鉴定领域的权威机构，长期从事拉曼光谱的应用研究，尤其是拉曼光谱在危险化学品快速筛查和识别方面的研究，已成功建立了 10 万条以上的化学品拉曼光谱数据库，并开发了自主知识产权的光谱比对算法和化学品快速识别系统。本次译稿的每个章节都经过多人的多遍阅读和修订，希望翻译工作能够让读者们满意。

由于译者学识有限，加之书中涉及大量专业知识，译文中难免出现疏漏之处，敬请广大读者谅解并批评指正。

译者

2022 年 1 月于上海

前言
PREFACE

自本书第一版出版以来，拉曼光谱的应用有了很大的发展。随着光学、电子学和数据处理技术的发展，以及制造商和光谱学家对相关技术的改进，拉曼散射变得更易记录且能提供更多的信息。一方面，小型便携式光谱仪越来越坚固耐用、可靠，而且价格也越来越低，有些甚至可用低电压（1.5 V）电池供电，在恶劣环境中也能发挥良好的性能；另一方面，先进的设备更加简单、灵敏、灵活和可靠，而且开发出很多新的方法可供使用。曾被贴上缺乏灵敏性标签的拉曼光谱技术，现在通过正确的使用方式，可用于单分子电子结构的探测或帮助诊断癌症，从而吸引了更多不同背景的用户进入该领域。

我们编写本书的目的是为刚开始接触拉曼光谱的人员提供必要的知识，以帮助他们更有效地使用该技术。为了使读者更容易进行拉曼光谱的检测和解析，本书前几章主要阐述了基本理论和实践建议。对于对拉曼技术已经有深入理解的人来说，拉曼散射是一项非常丰富的技术，能够提供独特的信息，可以帮助研究人员以独特的视角来研究具体问题。尤其是对于那些有着广泛知识背景的读者，在写作过程中选择呈现哪些理论是一个艰难的选择。在展示理论是如何发展时，我们尽可能少用方程式，并有意将这些方程式放在介绍基本概念的章节之后。我们重点研究了分子的极化率，即控制强度的分子性质。方程式不涉及推导过程，仅用于解释，因此即使读者不懂数学，也能够理解得出的结论，而对数学感兴趣的读者，则可以使用这个框架进行深入的研究，从而进一步理解选择定则、共振拉曼散射和现代文献中的一些语言。虽然根据第一性原理推导散射理论有助于读者理解，但这并不是传统解析拉曼光谱的方法。经典物理学理论没有使用量子力学，无法提供大多数拉曼光谱学家所需的信息。因此，书中只给出了经典领域的文献，但是没有对相关理论进行解释。

表面增强拉曼散射在已发拉曼散射论文中占比较大, 并广泛应用于现代发展, 因此，本书有一整章用于阐述该技术。为了让读者快速了解拉曼散射的主要应用领域，我们在最后两章介绍了性能更好的新技术并提出了很多建议。其中一些新技术因价格过高而不太普及，但如果持续改进，它们将很有可能变得更易应用。所以，读者都应该了解这些新技术的优势所在。

在实际应用中, 面临的困难之一是在频谱尺度描述方面是否符合IUPAC规则。波数偏移的方向应该是一致的，但在文献中并非总是如此。此外，拉曼散射表示的是一个激发频率的偏移，应该被标记为 Δcm^{-1}，但通常用 cm^{-1} 表示而省略 Δ。本书中，我们尽可能地使用用户常用于记录频谱或在文献中看到的格式。但是，我们在本书中列举的文献示例，其格式无法改变。因此，敬请完全遵守 IUPAC 规则的纯粹主义读者谅解。

我们希望那些对拉曼光谱学产生兴趣或重拾兴趣的人，能够快速地从前两章内容中对其有进一步的了解。此外，希望他们能受到拉曼光谱技术简洁和信息内容的启发，进一步深入了解本书的其余部分，并探索拉曼光谱在更复杂领域的应用潜力。

Modern
Raman
Spectroscopy: A Practical Approach

目录
CONTENTS

现代拉曼光谱

Modern
Raman
Spectroscopy： A Practical Approach

第1章 绪论

1.1 概述

检测分子振动的主要光谱学方法通常基于红外吸收和拉曼散射过程。光谱学检测方法广泛用于确定化学结构和物理形态，根据特征光谱图（“指纹光谱”）还可以鉴别物质，定量或半定量地确定样品中物质的含量。该方法可以检测各种物理态的样品，如固态、液态、气态、热的、冷的、块状物、微观颗粒或微观界面。其适用范围十分广泛，可以为许多分析类问题提供解决方案。由于样品降解和荧光问题，拉曼散射光谱没有红外吸收光谱应用广泛。但是，随着仪器技术的不断发展，检测设备越来越简单，从而大大减少了目前拉曼光谱存在的问题。拉曼光谱法能够检测水溶液、玻璃容器内的样品以及未经任何处理的样品，而且随着仪器技术的不断改进，大大推动了拉曼光谱技术的快速发展。

现代拉曼光谱仪实际操作很容易，仪器参数设置少、谱图处理及数据分析也很简单。本章和第 2 章阐述了基本原理和实验方法，以帮助读者深刻理解基本理论和实际应用中需要注意的问题，从而能够在实际操作中顺利应用该技术。然而，拉曼散射有时无法使用或识别重要信息，后面的章节将介绍所需要的最基本的理论知识，以帮助读者更深入地理解得到的数据和在某些应用领域具有特定优势的先进技术。

1.2 拉曼散射的发现

1923 年，光的非弹性散射现象由斯迈克尔（A. Smekal）首次提出[1]。1928 年，拉曼（C.V. Raman）和克雷施南（K.S. Krishnan）首次通过实验观察到该现象[2]。此后，这种现象被称为拉曼散射。在最初的实验中，太阳光通过望远镜聚焦在样品（纯液体或无尘蒸汽）上，样品旁边的透镜收集散射光。采用光学滤光片系统揭示入射光频率发生变化的散射现象是拉曼散射的基本特征。

1.3 基本理论

当光与物质相互作用时，光子可以被吸收或发生散射，也可能不与物质相互作用而直接穿过它。如果入射光子的能量与分子的基态和激发态之间的能量差相当，分子可能会吸收光子跃迁至更高能级的激发态。吸收光谱通过测量这种变化来测定辐射光的能量损失。然而，光子也可能与分子相互作用而散射出来，此时光子的能量与分子两个能级间的能量差并不相当。通过收集与入射光束有一定角度的光子，可以观察到散射光子。如果电子跃迁没有吸收，且电子跃迁的能量与入射光的能量相近，则散射效率与入射光频率的四次方成正比。

散射是一种常见的技术。例如，它广泛用于测量粒径小于 1μm 的颗粒及其分布。比如天空之所以是蓝色的，是因为高能量的蓝光在大气分子和粒子中的散射效率高于低能量的红光。在分子检测中，拉曼散射对散射光中的小组分十分灵敏。

“光”是指眼睛能感应到的波长范围内的电磁辐射。在光谱学中，重点是检测仪器对所使用的辐射光是否敏感，从而决定是否能够检测更宽的波长范围。因此，对光辐射的吸收过程广泛用于光谱技术。例如，在声学谱中基态和激发态之间的能量差很小，而在 X 射线吸收光谱中基态和激发态之间的能量差非常大。在这两种极端情况间，常见的技术如核磁共振、电子顺磁共振、红外吸收、电子吸收、荧光发射以及真空紫外光谱等都是基于对辐射的吸收。图 1-1 展示了一些常用辐射类型的波长范围。

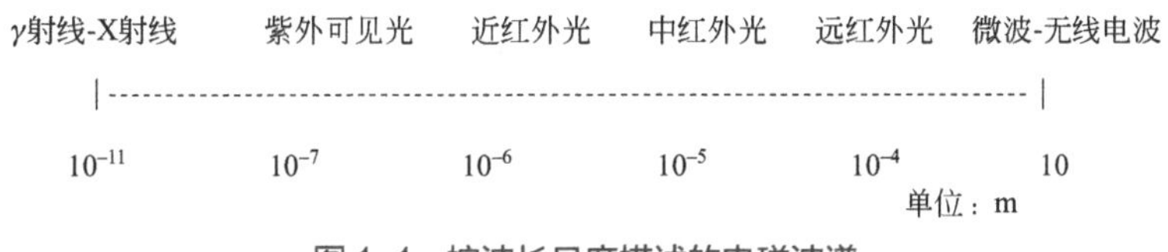

图 1-1　按波长尺度描述的电磁波谱

辐射通常以其波长（λ）来表示。在拉曼光谱学中，从散射辐射中获得的分子振动态的信息更有意义。通常从能量角度对此进行讨论，常用频率（v）或波数（ϖ）表示，它们与能量呈线性关系，其关系如下所示:

$$\lambda=\frac{c}{v} \tag{1-1}$$

$$V=\frac{\Delta E}{h} \tag{1-2}$$

$$\varpi=\frac{v}{c}=\frac{1}{\lambda} \tag{1-3}$$

式中　λ—— 波长;

c—— 波速;

v—— 频率;

V—— 吸收频率;

ΔE—— 能量差；

h—— 普朗克常量；

ϖ—— 波数。

由公式（1-1）可知，能量与波长的倒数成正比，因此，图 1-1 中左侧为能量最高区域。

振动光谱中检测的能量变化是原子核运动所需的能量，但红外光谱与拉曼光谱的辐射方式不同。在红外光谱中，各种频率的红外光直接照射到样品上，当入射频率与振动频率相同时，就会发生吸收，分子受激发跃迁到振动激发态。当光束透过样品后，辐射频率的损失即可被检测到。而拉曼光谱则是用单一频率的光照射样品，检测的是分子的辐射散射，其与入射光相差一个振动能量单元。因此，与红外吸收不同，拉曼散射中入射辐射不需要与基态和激发态之间的能量差相匹配。

第 3 章将讨论在散射过程中光与分子的相互作用，使原子核周围的电子云扭曲（极化），形成一种瞬时态（虚态）。这种状态并不稳定，光子很快又会发生辐射。只要电子云在散射过程中发生扭曲，当电子云回到起始位置时，光子就会以与入射辐射相同的频率发生散射。这种散射过程主要是弹性散射，对分子而言，即为瑞利散射。但是，如果散射过程中引起核运动，能量从入射光子转移到分子或者从分子转移到散射光子，此时入射光子与散射光子相差一个振动能量单元，这种散射过程是非弹性的，称为拉曼散射。拉曼散射本质上很微弱，每 10^6 ～ 10^8 个发生散射的光子中只有 1 个发生拉曼散射。就这一点本身而言，并不影响对该过程的观测，因为现代激光仪和显微镜可以将非常高的功率密度传递到非常小的样品上，但是拉曼散射还伴随着一些其他过程，比如样品降解和荧光效应。

图 1-2 是一次振动的基本过程。在室温下，大多数分子都处于最低振动能级。

虚态并不是分子的真实状态，而是当激光与电子相互作用并引起极化时产生的状态，该状态的能量是由所用光源的频率决定的。由于大多数光子都发生瑞利散射，因此瑞利散射过程是最强烈的散射过程。这个过程不涉及任何能级变化，如图 1-2 所示光返回到相同的能级状态。在拉曼散射过程中，处于基态振动能级 m 的分子吸收能量后跃迁到较高能量的激发态振动能级 n，这个过程称为斯托克斯拉曼散射。然而，由于热能的作用，一些分子最初可能处于激发态 n，如图 1-2 所示，分子从激发态 n 到基态 m 的散射称为反斯托克斯拉曼散射，该过程中能量从分子转移到散射光子。这两个过程的相对强度取决于分子的状态分布和对称选择定则。分子的状态分布可以通过玻尔兹曼方程计算得出（见第 3 章），但是在室温

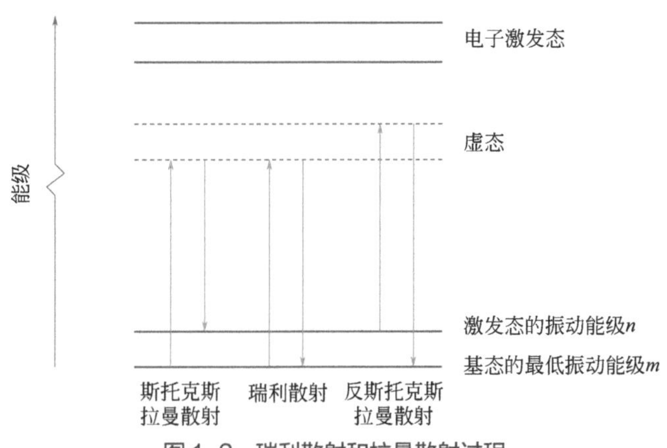

图 1-2 瑞利散射和拉曼散射过程

［最下方为最低振动能级m，在此之上为高一个单位能量的振动能级n。激发能量（向上箭头）和散射能量（向下箭头）都比振动能量大很多。图中也展示了两个更高能级的电子（虚）态。显然在辐射频率下，不会发生激发辐射的吸收。瑞利散射也会在更高的能级（例如能级n）上发生。］

下，除真正的低能态外，处于激发振动态的分子数量很少。

与斯托克斯散射相比，反斯托克斯散射强度很弱，通常由于激发振动态数量的减少，振动能量越高，反斯托克斯散射越弱。此外，随着温度的升高，反斯托克斯散射相比于斯托克斯散射将增加[3]。图 1-3 是根据强烈的瑞利散射得到的环己烷的斯托克斯散射和反斯托克斯散射的典型光谱，该图在没有能量转移点的附近是偏离坐标轴的。值得注意的是，在光谱仪前端安装了一个滤光片以消除约 200cm^{-1} 激发谱线范围内几乎所有的光线，所以在光谱的低频区域没有信号。在没有发生能量转移的地方，可以观察到激光的一些突破。

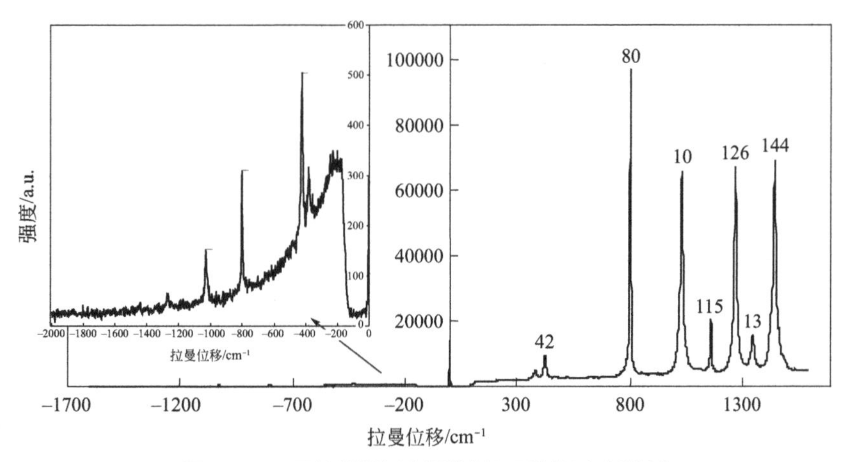

图 1-3 环己烷的斯托克斯散射和反斯托克斯散射

（为了表示微弱的反斯托克斯光谱，对插图中的y轴做了延伸）

通常，拉曼散射只在低能侧记录斯托克斯散射，但有时也会选择记录反斯托克斯散射。例如，荧光干扰会产生一种低于激发频率的能量，因此可以利用反斯托克斯散射来避免荧光干扰。通过振动的斯托克斯散射与反斯托克斯散射谱带间的强度差异也可以测量温度。

图 1-2 表明了红外吸收和拉曼散射之间的关键区别。红外吸收中分子从 *m* 态跃迁到 *n* 态时，光子的能量正好是两个能级之间的能量差。而拉曼散射需要更高的辐射能量，入射光子能量减去散射光子能量（分别为图中两个垂直的箭头）即为 *n* 态和 *m* 态之间的能量差。

如图 1-3 所示的环己烷光谱，不止一种振动能产生有效的拉曼散射（即拉曼活性），这些振动的性质将在下一章进行讨论。然而，理解这些需要基本的选择定则。强烈的拉曼散射是由分子振动引起的，分子振动会引起周围电子云的极化率发生变化，通常对称振动引起的变化最大。红外吸收则正好相反，红外吸收中最强的吸收是由偶极子的变化引起的，因此不对称振动中的变化最强烈。后文中将看到，并不需要测定所有的分子振动。有时振动同时具有红外活性和拉曼活性，这两种测试方法会得到强度完全不同的谱图。因此，这两种方法是互补的，结合使用可以更好地了解分子的振动结构。

有一类特定的分子需要另一种选择规则。在中心对称的分子中，拉曼散射和红外吸收均无活性能带，这有时被称为“互斥规则”。对中心对称的分子而言，通过分子中心任何点的反射都将在另一侧到达相同的点（平面 C_2H_4 是中心对称的，四面体 CH_4 则不然）。这种区别特别适用于小分子测定，例如，可以通过对比红外吸收光谱和拉曼散射光谱来区分分子的顺式构型和反式构型。

图 1-4 比较了苯甲酸的红外吸收光谱和拉曼光谱。*x* 轴表示波数，单位为 cm^{-1}。波数并非推荐的 SI 制单位，但在光谱的实际应用中被广泛使用且不太可能改变。红外吸收光谱中，每个峰代表被分子吸收的辐射能量。*y* 轴表示吸光量，常以最大吸光度作为轨迹线的最低点。一般情况下，图 1-4 中的拉曼散射仅以斯托克斯散射光谱的形式呈现，*x* 轴的振动峰表示激光束的能量位移。这样，谱图就展示出每种振动的基态和激发态（图 1-2 中的 *m* 态和 *n* 态）之间的能量差。

严格来说，拉曼散射表示相对于激发辐射的能量位移，因此应以 Δcm^{-1} 表述，但通常仅用 cm^{-1} 表示。为了方便起见，本书也采用这种表示方式。对于大多数研究者而言，红外光谱中常用的 3600 ～ 400cm^{-1}（12 ～ 2.8μm）范围内的谱线是有意义的，因为该范围包含了分子特征的大多数模式。在有些

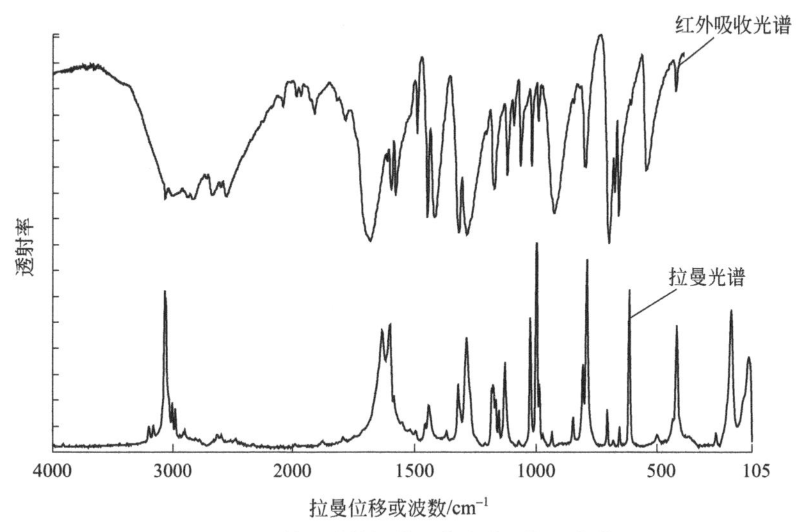

图 1-4　苯甲酸的红外吸收光谱和拉曼光谱

[上方谱线为红外吸收光谱，以透射率（T，%）表示，因此透射率越低，吸收越强烈；下方谱线为拉曼光谱，峰越高，散射越强烈。]

应用中，当需要研究更大或更小的能量变化时，通过现代拉曼设备能扩展到更宽的测试范围。拉曼散射的优势在于可以轻松检测到低至约 200 ～ 100cm^{-1} 的位移，采用合适的设备甚至可以测量到更小的位移，从而实现对诸如晶格振动特征的研究。

拉曼光谱中的谱带强度取决于振动的性质、仪器和采样等因素。现今的仪器通常通过校准来消除仪器因素的干扰，但实际应用中视情况而定，这些因素将在下一章进行讨论。采样对绝对强度、观察到的带宽和谱带位置影响很大，这些内容也将在后面的章节进行讨论。本章通过研究分子中的一系列振动来逐步解析拉曼散射，不考虑仪器或采样因素。

1.4　分子振动

如果电子在吸收光子后跃迁至激发态而没有发生能量变化，分子的能量可以被分为许多不同的部分或“自由度”。其中，分子在空间中的平移可以用三个自由度来描述；除线性分子只有两个转动自由度外，其他分子均有三个转动自由度；其余的都是振动自由度，即光谱上可能出现的振动总数。因此，如果 N 表示分子中的原子数，除了线型分子的振动自由度和可能的振动总数为 $3N-5$ 外，其他所有分子对应的数值为 $3N-6$。这就意味着一个双原子分子只有一个振动自由度。例如，氧气分子的振动自由度就仅仅是因为O—O键的简单伸缩。分子没有偶极且分子的振动是中心对称的，所以振动只会改变分子的极化率而不会改变分子的偶极矩。因此，前文所述的选择定则预测氧气会在拉曼光谱中出现谱带而在红外光谱中却没有，事实也确实如此。然而，在一氧化氮（NO）这类分子中，只会出现一个谱带，但因为偶极矩和极化率都会发生改变，所以这类分子在拉曼光谱和红外光谱中都会出现谱带。

一个三原子分子有三种振动形式：对称伸缩振动、弯曲或变形振动和反对称伸缩振动（也称为“不对称伸缩振动”）。图1-5为水（H_2O）和二氧化碳（CO_2）的三种振动形式。

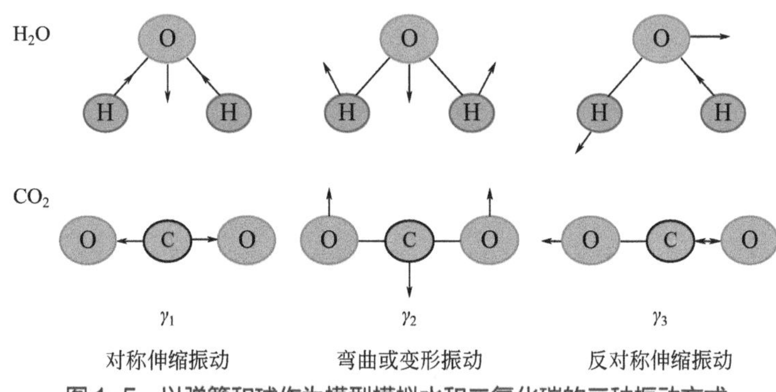

图1-5 以弹簧和球作为模型模拟水和二氧化碳的三种振动方式

图1-5的示意图中用了“弹簧和球”模型，弹簧代表原子之间的化学键，化学键越强，振动频率越高；球代表原子，原子质量越大，振动频率越低。原子质量和键能与振动频率之间的关系服从胡克定律，第3章将对此详细阐述。就目前而言，显然键能强、原子质量小的分子振动频率高，而键能弱、原子质量大的分子振动频率低。

根据原子和键能性质估算分子振动频率的方法广泛用于解释振动光谱的形成。大量文献报道了这种方法，且文献中定义了常见振动可能的频率范围。但是，谱带强度也同样重要。分子具有三维结构，覆盖整个分子的电子密度可以发生变化。图1-6简单描述了二氧化碳分子的电子云模型。分子振动时，电子云随正电荷位置的改变而变化，偶极矩或极化率也随之变化。

在这种三原子分子中，对称伸缩振动会引起大的极化率变化，而偶极矩变化却很小甚至没有变化，因此具有较强的拉曼散射、较弱的红外吸收或者没有红外吸收。弯曲振动会引起偶极矩变化，但是极化率几乎不变，因而只发生强烈的红外吸收，而拉曼散射较弱甚至不发生。但是，由$3N-5$规则可得四种振

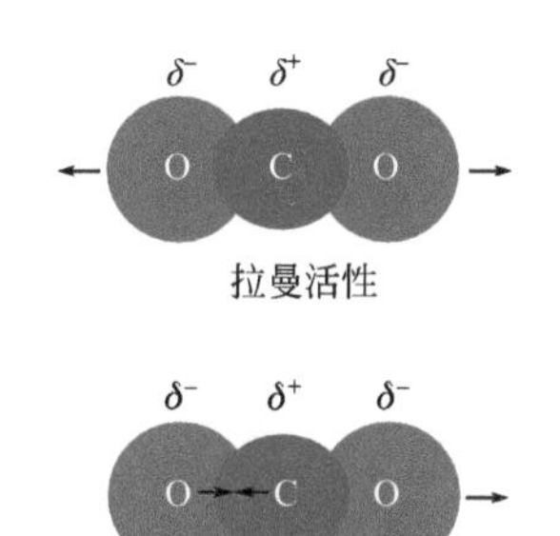

图 1-6　二氧化碳分子的电子云模型

动模式，其中包括两种弯曲振动模式，在此简述一种。图 1-7 为二硫化碳可能的振动模式以及相应的红外光谱和拉曼光谱。

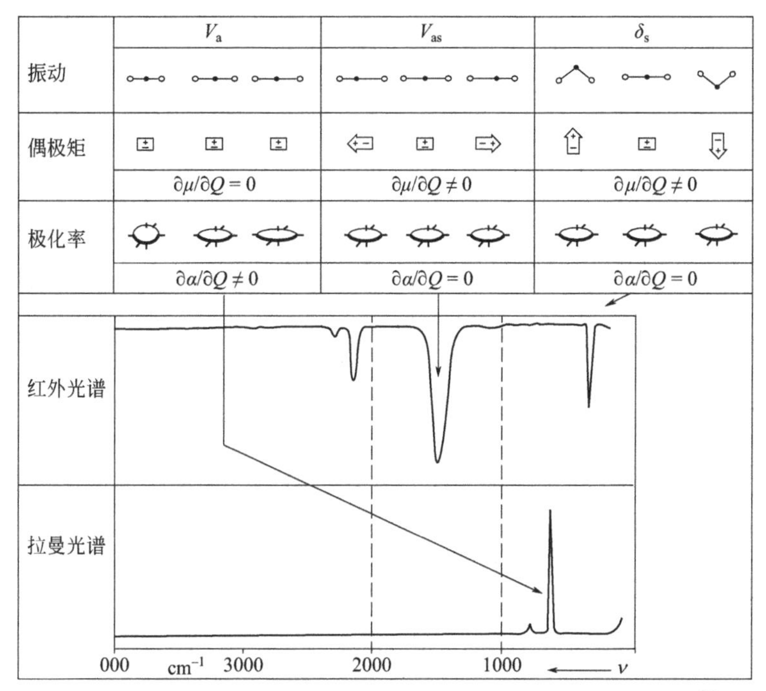

图 1-7　二硫化碳偶极矩和极化率的变化及其红外光谱和拉曼光谱 [4]

上述分析方法一般适用于小分子，难以应用于复杂分子。图 1-8 是大量原子构成的染料分子的振动位移图。这些振动是根据密度泛函理论（DFT）计算得到的，后文将对其进行简要探讨，该理论给出了与实际振动最为接近的解释。但是，即使在实验室可以快速地计算出每个分子的光谱（实际上目前还做不到），这种光谱对光谱学家的作用也有限。除非能够对所有分子进行完整的计算，并且需要精确得出或描述出原子核位移的微小变化，否则很难对相似类

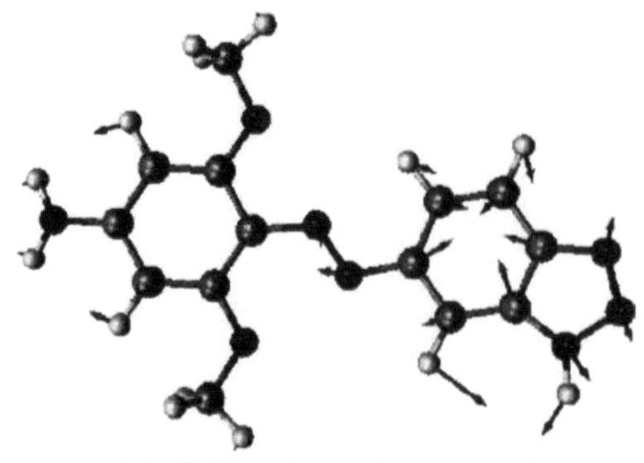

图 1-8　大量原子构成的染料分子在约 1200 cm^{-1} 处的振动位移图

（箭头表示位移的方向。由于展示了原子的平衡位置，所以在一个完整的振动中箭头的方向会反转。）

型的分子进行比较。因此，大量分子间的比较相对困难，理解那些无法计算的分子的振动性质也很难。

通常描述振动的方法是将问题简化，并将位移分解成涉及多个特定分子的若干类型。在图 1-8 所示的振动中，较重原子的最大位移在其中一个环系上，其振动几乎都被近似地称作“环伸缩”。另一个没有显示的振动中，情况就简单多了。在形成环间偶氮键的两个氮原子上发现了较大的位移，并且位移方向表明了振动周期中键的伸长和收缩，这种振动称为偶氮伸缩。同氧气一样，这种振动形式也有极化率的变化，所以属于拉曼活性振动。在实际的光谱中寻找这些振动，并将峰值与振动相匹配，称作振动匹配，从而可用有限的词汇来描述一种振动。有时这些词汇相当准确（如偶氮伸缩），但在某些情况下就不足以描述实际的运动状态（如上述“环伸缩”中的振动）。然而，普通谱带可以通过这种方法为许多分子合理地匹配振动，从而方便交流，但需要注意这只是一种粗略的近似。

1.5　基团振动

在光谱中将振动分峰值匹配之前，注意分子中两个或多个靠近的、能量相似的键可以相互作用，光谱中观察到的振动是由这些键连接的基团产生的。例如，—CH_2—基团有一个对称伸缩和一个反对称伸缩，而不是两个单独的—CH—伸缩（图 1-9）。由此可见，不同类型的振动可能对应不同的基团，这些需要在光谱中予以鉴别。图 1-9 为含—CH_3 基团和苯环的几个例子。

相反，如果不同键之间的振动能量相差很大，或者能很好地区分分子中的原子，则可以单独处理。因此，对于 CH_3Br 来说，—CH_3 中的 C—H 键必须作为一个基团来处理，而 C—Br 振动则需单独处理，这是因为重溴原子会使 C—Br 的振动能量低很多（图 1-9）。苯环振动以两种不同的方式表示。首先描述的是处于平衡位置的分子，箭头表示振动位移的方向，为了说明这一点，还展示了分子在振动运动末端的状态。

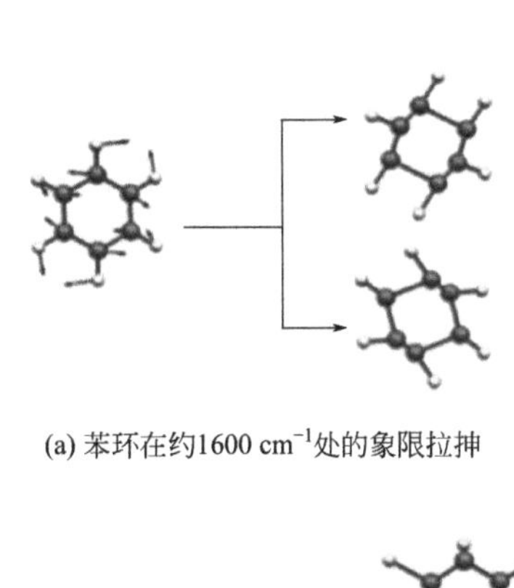

(a) 苯环在约1600 cm^{-1}处的象限拉伸

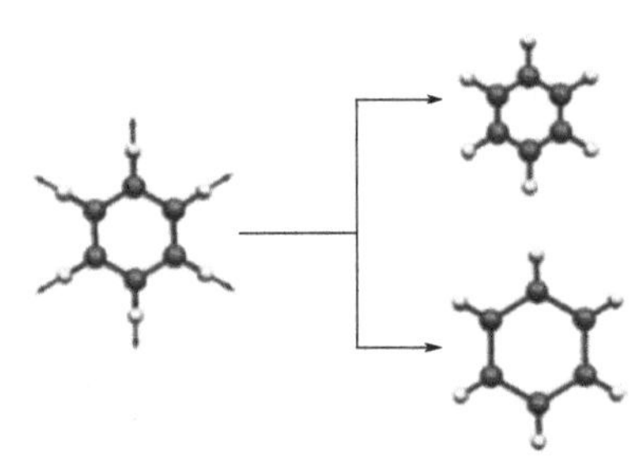

(b) 苯环在略大于1000 cm^{-1}处的对称振动模式

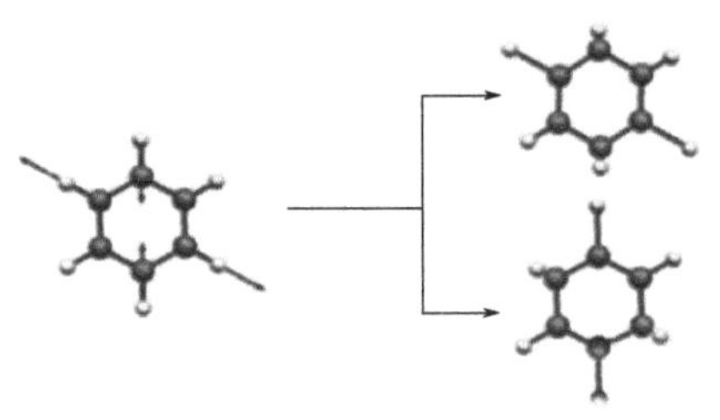

(c) C—H键在约3000 cm^{-1}处的振动1

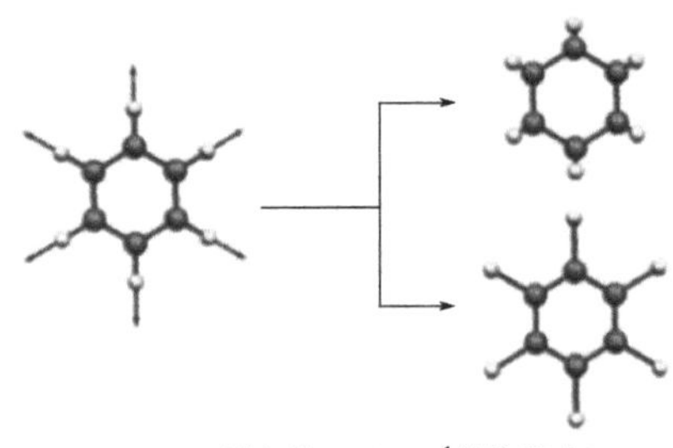

(d) C—H键在约3000 cm^{-1}处的振动2

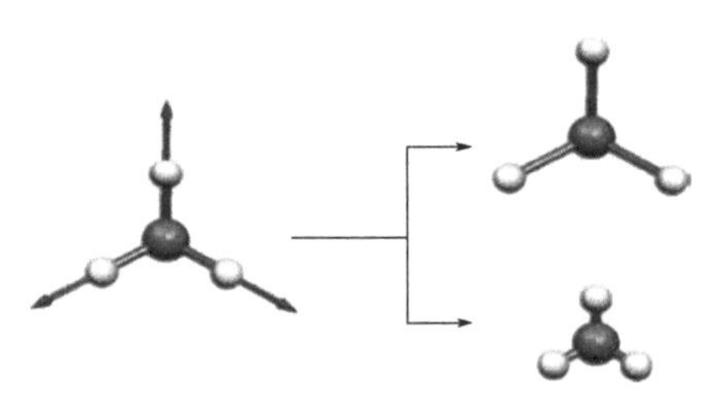

(e) CH_3Br中—CH_3基团在2800 cm^{-1}以上的对称伸缩

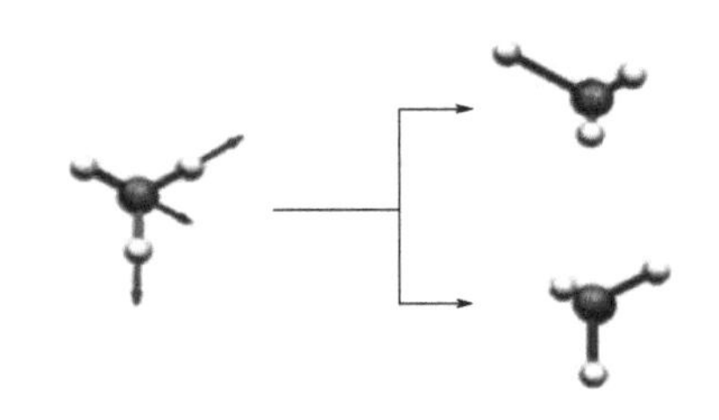

(f) CH_3Br中的—CH_3基团在2900 cm^{-1}以上的非对称伸缩

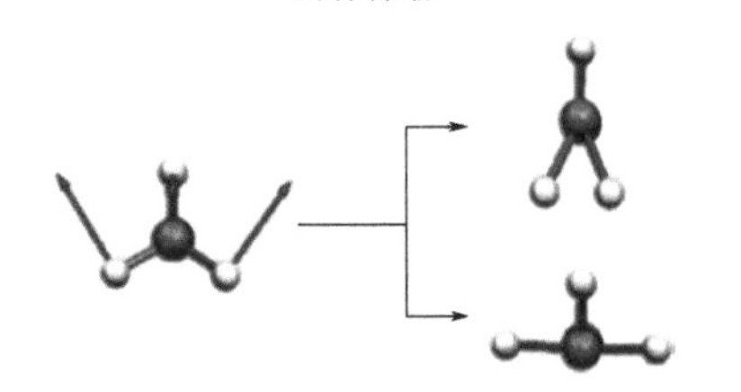

(g) —CH—在约1450～1500 cm^{-1}处的谱带

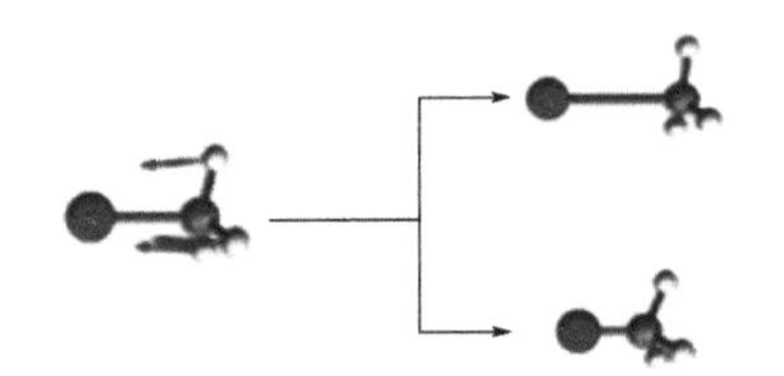

(h) —CH—在600 cm^{-1}以下的低频模式

图 1-9　苯环和 CH_3Br 中—CH_3 的位移图

1.6 拉曼光谱的基础解析

最常见的强拉曼散射基团的特征频率对应的能量范围是可以测试的，特征峰的相对强度有助于判断准确的振动类型。例如，羰基（C＝O）通常出现在约 1700cm^{-1} 处，基团伸缩时，偶极矩变化较弱，因此，羰基在红外光谱中表现为强谱带，在拉曼光谱中表现为较弱的谱带。而具有显著极化率改变的对称基团，如不饱和键（—C＝C—）和二硫键（—S—S—），则是强拉曼散射体和弱红外吸收体。这两种基团的振动伸缩分别发生在约 1640cm^{-1} 处和 500cm^{-1} 处。还有许多相关示例，在此不一一列举。

大多数光谱学家在谱带匹配过程中，结合了近似频率和特定振动相对强度的相关知识。例如，4000 ～ 2500cm^{-1} 是由轻元素（例如 C—H 和 N—H）组成的单键散射的频率范围；芳香族 C—H 键的伸缩频率在 3000cm^{-1} 以上，脂肪族 C—H 键的伸缩频率则在其之下；—N＝C＝O 等多键、乙炔和氰化物等三键的振动出现在 2700 ～ 2000cm^{-1} 范围内；—C＝O、—C＝N、—C＝C—中双键的振动则出现在 2000 ～ 1500cm^{-1} 区域；1600 ～ 1000cm^{-1} 区域通常称为“指纹振动”区域，某些基团如硝基（O＝N＝O）在该区域会有特定的谱带，但该区域内出现的主要是 C—C 键和与其相连的 C—H 键等的振动。

如图 1-9 所示，对于象限拉伸模式，苯环的基团振动出现在 1600cm^{-1} 和 1550cm^{-1} 之间，而完全对称模式的振动则出现在 1000cm^{-1} 左右。此外，半圆模式的基团振动发生在 1300cm^{-1} 左右。S—S 或 C—I 等特定基团的振动或更复杂的大分子的面外振动，无机基团、金属有机基团或晶格振动的谱带通常出现在低于 650cm^{-1} 的频率区域。

图 1-10 ～图 1-14 展示了许多在拉曼光谱中具有强谱带振动的频率范围。大多数结构中基团的谱带都会出现在这些范围内，但是在一些不常见的结构中基团的谱带也可能会超出这些范围。谱带在图表中的位置仅仅是为了方便说明，并不代表强度，线条的粗细表示相对强度。通过这些谱图，可以初步匹配具体谱带。

预估谱带的相对强度更加困难。前文已经说明了为什么某些情况下红外光谱中的强谱带在拉曼光谱中弱，反之亦然。虽然这不是绝对准则，但却是一种普遍规律，因此，普遍认为越对称的振动越可能出现强谱带。

拉曼光谱中特征频率与常见基团的匹配常用于振动光谱的分析。为了将光

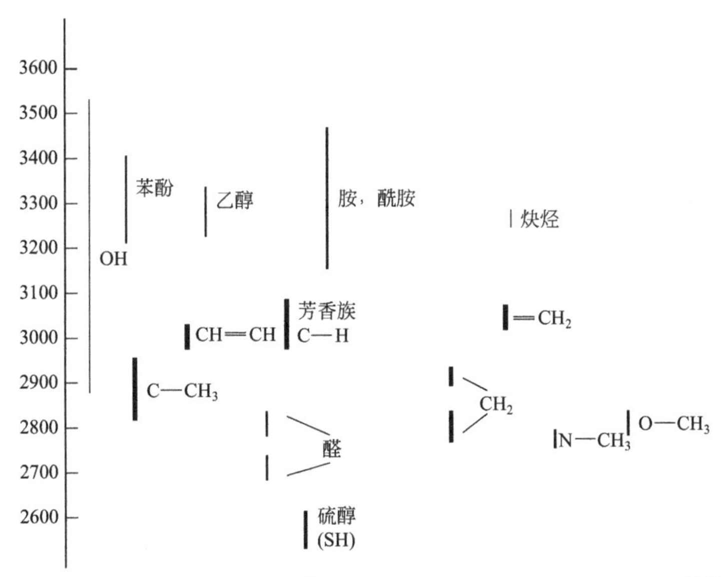

图 1-10　拉曼散射（3600 ～ 2600cm^{-1}）中常见的单键振动和基团频率以及可能的峰值强度

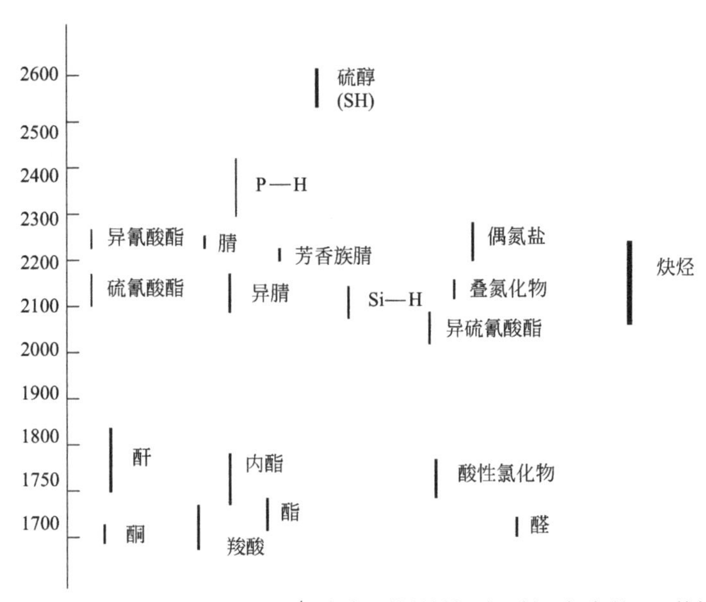

图 1-11　拉曼散射（2600 ～ 1700cm^{-1}）中常见的单键振动和基团频率以及可能的峰值强度

谱中的特征峰标记到对应的振动光谱，现代实验室会使用收录完整光谱图的电子数据库。大多数光谱仪都有计算机软件，能够分析特征谱图与电子数据库中光谱图的异同，从而简单准确地识别出对应的物质。在其他领域，振动与峰最初的匹配是通过计算完成的，该方法最大的优点是可以更准确地评估振动的性质，从而确定分子结构。

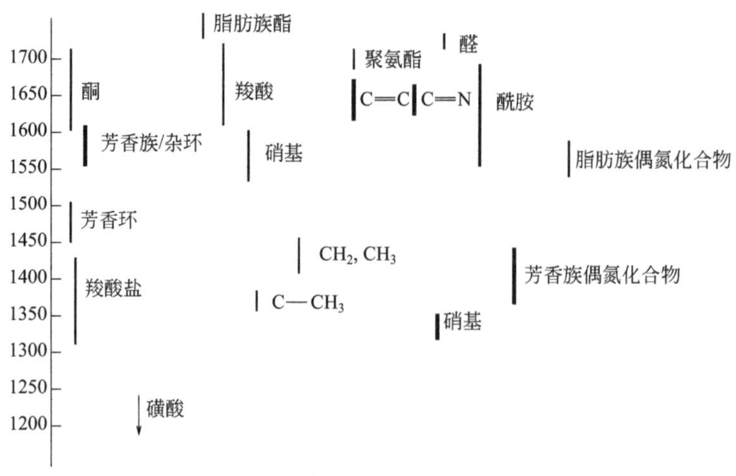

图 1-12　拉曼散射（1700 ～ 1200cm^{-1}）中常见的单键振动和基团频率以及可能的峰值强度

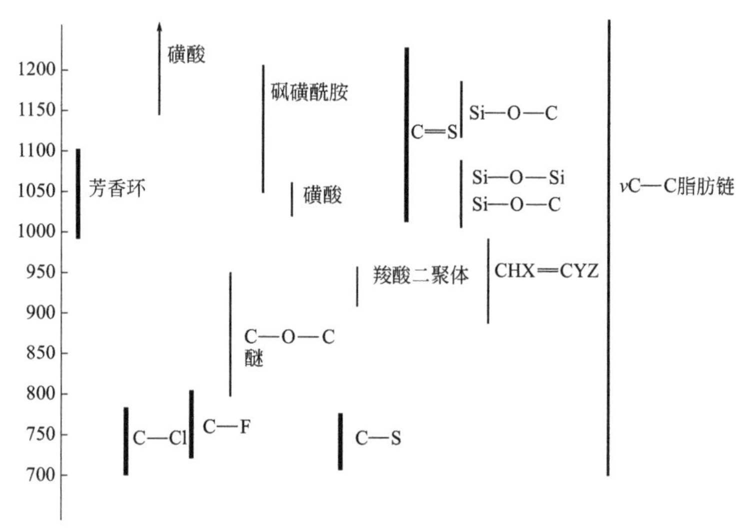

图 1-13　拉曼散射（1200 ～ 700cm^{-1}）中常见的单键振动和基团频率以及可能的峰值强度

拉曼光谱中有些谱带又宽又弱，是环境敏感谱带，如—OH、—NH；相比之下，有机分子中一些主链结构的谱带往往又窄又强。水可以作为溶剂来获得有机分子的拉曼光谱足以说明这种差异的程度，有机分子中芳香族谱带的强度较强，而水中因为氢键的存在使得—OH 谱带的强度较弱。这种较强的选择性使得光谱图更加简洁，因此，大分子的拉曼光谱中谱带很清晰，红外光谱却相对复杂，例如图 1-4 中，C ═ O 的振动仅表现为在 1600cm^{-1} 以上的区域有一条来自羰基的强谱带，而拉曼光谱中的强谱带则主要是来自芳香基团。在红外光谱中，—CH_2—基团在 2900cm^{-1} 处的谱带被—OH 的强谱带所掩盖，但在拉

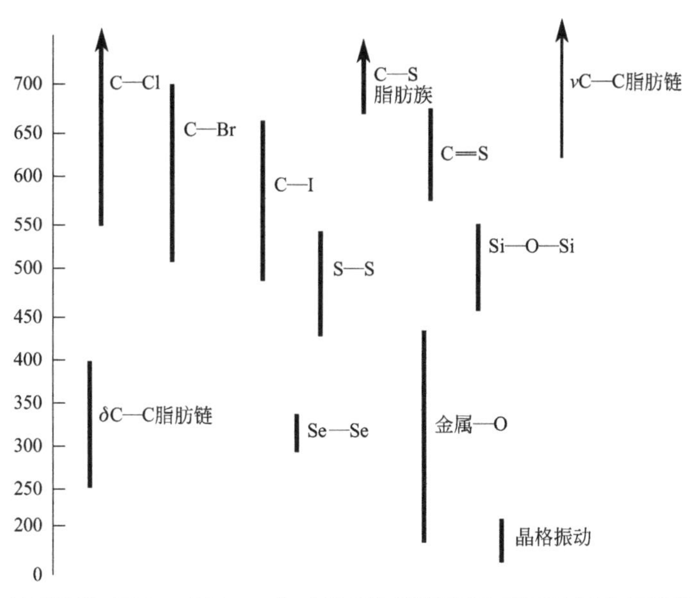

图 1-14　拉曼散射（700 ~ 200 cm^{-1}）中常见的单键振动和基团频率以及可能的峰值强度

曼光谱中却可以清楚地区分。

上述信息给解析拉曼光谱提供了一个好的开始。拉曼光谱解析可用于多种场景。分子的光谱图可以进行完整的数学分析，其中每个谱带会进行仔细的匹配或者只是粗略地辨认频率、模式和强度，从而可以得出“这个物质就是甲苯”类似这样的结论。在现代仪器的数据库中，有时可以直接通过光谱鉴定出分子，但这取决于数据库中的信息和样品的质量。大多数光谱学家仍然会根据光谱分析结果来增加最终结论的准确性，具体操作方法将在下一章进行叙述，但最重要的是要掌握更多的样品相关信息。通常样品的化合物类型是已知的，但如果条件允许，可以结合红外光谱进行分析，这样通过对比能够得到更加准确的结果。

图 1-15 是本章节中的内容应用于模式匹配的一个例子。图中展示了未经处理的阿司匹林药片、放在塑料袋中的同类药片以及由一位本科生合成的在销毁前回收的阿司匹林药片的光谱图。乍一看，这三种样品基本属于同一种化合物。当已知可能的物质类型时，拉曼光谱仪可以测出非常明确的化合物谱带，并可以通过与已知纯净物质的频率和强度进行对比得出更加精准的结论。事实上，第一位学生合成样品（样品为吲哚美辛，是作为实验的一部分被合成出来的）的分析结果与图 1-15 所示相差甚远，样品正等着被安全销毁。但很快，发现可以测得未经任何处理的粉末样品的光谱。1600cm^{-1}、1300cm^{-1} 和 1000cm^{-1} 附近的

谱带明显来自苯环，3000cm^{-1} 以下和以上的谱带分别来自脂肪族—CH_3 基团和苯环。进一步分析可知，在商业样品中出现了一个学生合成的样品中并没有的较弱谱带（图中箭头所指位置），该谱带大概率来自碳酸盐，并且基本可以确定其为药片的填充物。由于拉曼光谱强度变化很大，所以并不能认为这是一个不重要的组分。再观察一下学生合成的样品在 1600 ～ 1500cm^{-1} 区间的谱带，有商业样品中不存在的较弱谱带，表明学生合成的样品中有杂质。同前文观点一致，并不能认为较弱的谱带在物质中是不重要的组分。

拉曼光谱学家往往需要根据所需结果的类型选择样品分析的方法，如果没有参考光谱图，则需要对逐个谱带进行分析。

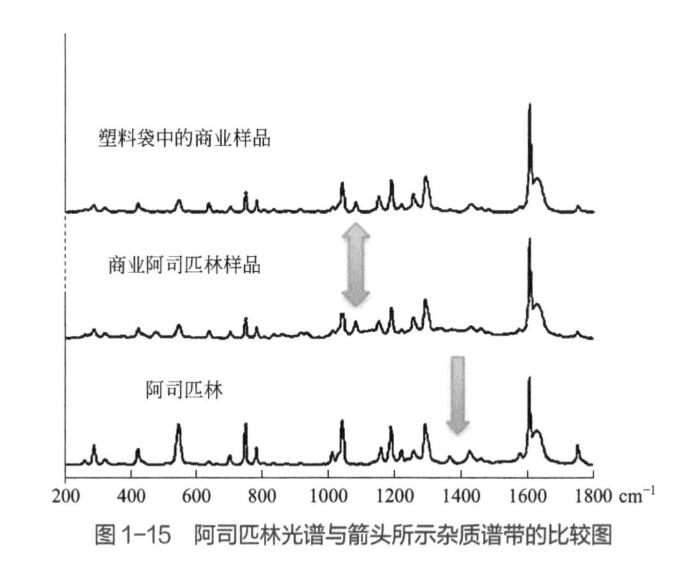

图 1-15　阿司匹林光谱与箭头所示杂质谱带的比较图

利用结构知识缩小可能出现的谱带范围有利于拉曼光谱的正确解析，常规经验也能起到辅助作用，如下文将讨论的 N—H 的伸缩振动情况。对图 1-16 所示的对乙酰氨基酚光谱图进行结构分析而非模式匹配，从高谱带端开始，在 3500 ～ 3200cm^{-1} 区域的谱带可能是—OH 或—NH—，由于—NH—通常出现在该范围的较高能量端，结合形状来看，最有可能是—NH—。略高于 3000cm^{-1} 的谱带是来源于附着在双键上的 H，而紧接着下面的谱带来源于脂肪族的—CH—。1640cm^{-1} 和 1540cm^{-1} 处的谱带分别来源于碳酰基伸缩振动相关的酰胺基（酰胺 Ⅰ 谱带）和酰胺 Ⅱ 谱带，而 1600cm^{-1} 处的谱带来自典型的芳香环。需要注意芳香族谱带与脂肪族和酰胺 Ⅰ 谱带的相对强度。低于 1500cm^{-1} 的谱带取决于分子的骨架及其所处的环境，即前文讨论过的指纹光谱。指纹光谱数量很多，其具体类型取决于分子整体的物理和化学结构以及分子进行光谱分析时所处的环境，指纹光谱谱带有助于确定分子类型。

拉曼散射具有简单和灵活的优点，但是如果没有选对方法，则可能得到较差或虚假的结果。第 2 章介绍了准确可靠的拉曼散射记录和分析的选择方法及其相关背景知识。

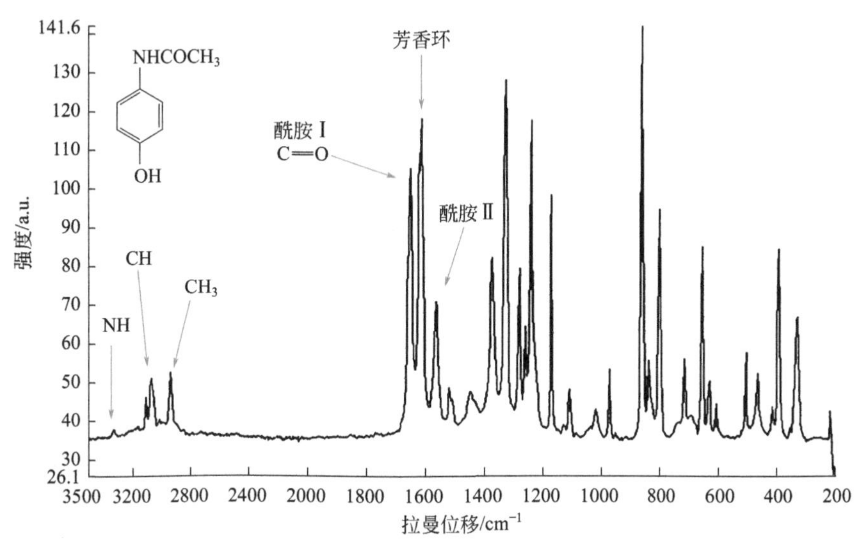

图 1-16 对乙酰氨基酚的重要化学基团谱

1.7 小结

本章介绍了拉曼光谱的基本原理，但没有深入地阐述原理和应用细节，第 2 章概述了在全面进行拉曼实验时需要考虑的影响因素，后面章节将全面介绍分析拉曼光谱所需要的理论背景，为正确进行拉曼光谱解析提供指导，并为拉曼光谱研究者介绍了相关的技术。

参考文献

[1] Smekal A. Naturwissenschaften, 1923, 43: 873.

[2] Raman C V, Krishnan K S. Nature, 1928, 121: 501.

[3] McGrane D, Moore S, David S, et al. Appl. Spectrosc., 2014, 68(11): 1279-1288.

[4] Fadini A, Schnepel F M. Vibrational Spectroscopy: Methods and Applications. Chichester: Ellis Horwood Ltd., 1989.

现代拉曼光谱

Modern Raman Spectroscopy: A Practical Approach

第2章 拉曼光谱实验

2.1 概述

拉曼光谱学家需要根据所需测试结果的类型及可用的设备来决定样品的检测手段。激发光源应选择紫外光、可见光还是近红外（NIR）光的频率范围？检测系统应该选择带有电荷耦合器件（CCD）检测器的色散单色器，还是应该使用带有傅里叶变换（FT）和砷化铟镓（InGaAs）检测器的干涉仪？是否有合适的配件可以有效地研究样品？样品应该怎样载入仪器内，如何避免测试过程中样品的光降解和荧光？这些因素如何影响测量结果？如何最有效地分析数据？本章介绍了常用的光谱仪类型及其可用的配件、样品载入仪器的方式以及有效的数据处理方法。最后介绍了如何选择最合适的方法进行光谱解析，其目的是回答上述问题，并有效评估更多专业文章所需的思维过程。

2.2 拉曼实验仪器的选择

第 3 章将会讨论散射强度与激发散射的激光功率、所分析分子的极化率的平方和激发激光选择的频率的四次方有关。其中一个参数是关于分子信息的特性（极化率），另外两个参数是仪器参数，可供光谱学家选择。事实上，这种选择并不简单。例如，由于散射强度取决于激发激光选择的频率的四次方，在最高频率区域（紫外光区）进行实验有利于提高拉曼光谱仪的测量灵敏度。紫外激发还有一个优点是在拉曼散射所覆盖的能量范围内很少或几乎没有荧光反应。但是，在紫外光区进行拉曼光谱实验并不是最常用的选择。因为许多化合物都会吸收紫外线辐射，紫外光区的光子能量高意味着样品通过光分解和燃烧降解的风险很高，从而导致所得光谱与正常拉曼光谱不同。因为与任何电子跃迁产生共振都有可能引发能量吸收，从而改变谱带的相对强度（有关共振的解释见第 4 章）。此外，拉曼光谱仪成本较高、因光束不可见易引发安全问题，而且紫外光对拉曼光谱仪的质量要求比可见光和红外光更高。然而，随着光学设备（包括可在蓝光或紫外光下工作的激光二极管）的快速发展，在紫外光区域可获得的独特信息以及取样方法的优化都预示着紫外拉曼散射的应用范围会越来越广。第 7 章将介绍使用紫外拉曼光谱的案例。

目前，进行拉曼光谱实验可以选择一系列具有不同激光源的色散型光谱仪，也可以选择带有傅里叶变换软件的干涉仪，这两种仪器各具优缺点。在过去，傅里叶变换系统更多的是与红外光源联用，因为其检测器比色散系统的检测器更好，当然现在色散系统也有了好的检测器。因此，拉曼光谱实验测量仪器的选择在很大程度上取决于要进行的分析类型以及待检测物。

本节概述了拉曼光谱实验的主要影响因素，包括激光仪、滤光片或第二单色器、单色器或干涉仪以及采样光学器件。对许多研究者来说，这些因素由现有设备决定，但本节的内容将有助于评估现有设备对特定分析的适用性。图 2-1 为色散型拉曼光谱仪主要部件的示意图，每个部件对仪器的性能都起着关键作用，本节主要讨论红色编号的部件。

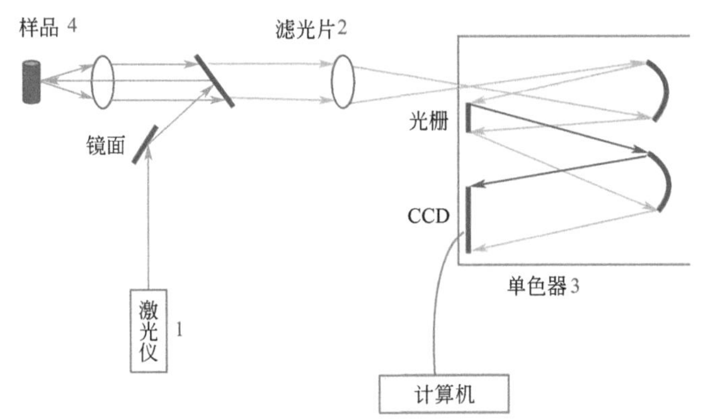

图 2-1　色散型拉曼光谱仪基本组成部分的简单示意图

（红色的数字对应正文中提到的四个区域）

图 2-1 中绿色箭头表示激光束和散射光的方向，直到拉曼散射光与较强的瑞利散射光分离。入射激光束以一定角度照射到干涉滤光片上，滤光片将其从表面反射并通过光学器件聚焦到样品上。许多仪器通过扩大光束直径来填充光学元件，可防止滤光片损坏。在样品上方从尽可能大的角度收集散射辐射，并将其传送回滤光片，散射光以与入射激光束不同的角度照射滤光片并通过它。滤光片的结构就是为了去除与激光辐射频率相同的辐射，只允许频移辐射通过（请注意，为了更清晰地阐述，图 2-1 所示的颜色变化被夸大，拉曼偏移光其实只会出现阴影的变化，且图 2-1 中所示的光学元件很粗糙）。然后辐射被聚焦到一个单色器中，其中的光栅将辐射分割成不同的频率，CCD 装置检测出这些频率并传送到计算机上进行处理。

激光仪（图 2-1 中的区域 1）的选择在很大程度上取决于应用场景。由于上文所述的原因，紫外光源的使用不太普遍，但现在已经有了更便宜、更可靠的紫外光源，而且紫外拉曼散射可以提供独特的信息，因此，在特定的用途

（见第 7 章）中将更多地采用紫外拉曼散射。对于常用的红外光和可见光区域，光源大都选择功率和频率稳定、寿命长并且频带宽度窄的光。过去，氩气或氪气激光仪等可见光激光仪是首选，但现在更便宜、更稳定的二极管激光仪和掺杂钕的钇铝石榴石（NeYAG）等材料制成的固态激光仪，无论是直接使用还是频率倍增后使用都比较普遍。

可见光激光仪的主要问题是许多化合物在可见光区域内的荧光效应。由于存在荧光时，拉曼散射比荧光弱，所以被分析物或杂质可能会发出足以淹没检测器的荧光。出于这个原因，通常会选择波长为 795nm 或 785nm 的近红外激光仪，在这些波长下很少有化合物会产生荧光，因而可以使用相似的检测器。可用不同检测系统深入红外光区域，从而进一步减少荧光干扰。NeYAG 激光仪在 1064nm 波长的光束非常稳定并且应用广泛，适用于谱带范围广或难分析的样品。现在 1280nm 波长的光束应用越来越普遍，甚至开始使用 1550nm 的光束，其优势在于，一些样品在该区域几乎没有化学吸附，因此具有良好的深度穿透性。然而，由于散射会随着频率的四次方而降低，因此必须使用更高的功率，但对于 1550nm 波长的辐射，加热效应可能是一个严重的问题。

还有两种激光仪（可调激光仪和脉冲激光仪）可供选择。脉冲激光仪常用于更先进的测试，激发散射过程中通常涉及多个脉冲，用于具有相敏检测的简单系统，易辨别环境光，便于实际现场使用。可调激光仪更适用于共振拉曼散射和表面增强拉曼散射等技术，其散射效率并不遵循四次幂规则，而是取决于分析物的电子光谱。这些激光仪的应用示例将在第 4 ～第 7 章中展示。

由图 2-1 可以看出滤光片（区域 2）可去除所有非频移辐射。当然，事实上并不能 100% 去除，因而为了提高去除效率，许多商业仪器都会在这个位置使用一组滤光片。常用的滤光片有两种基本类型：一种是陷波滤光片，它可以去除激光频率及其两侧区域的辐射（通常两侧约 $200cm^{-1}$，但也可以更少，见图 2-2）；另一种是边缘滤光片，它可以去除一定频率以上的所有光，使得只有斯托克斯散射和其他由于荧光等引起的低能量光才会透射出来。虽然边缘滤光片会阻碍反斯托克斯散射的检测，但其具有成本低、寿命长的优势。如图 2-2 所示，在没有滤光片的情况下也可以获得拉曼光谱，但此时单色器中存在大量的非频移光，有些会被检测器接收而降低其效率，或者使检测器完全被淹没甚至被损坏。

滤光片的缺点是会限制测试者只能使用一种激发波长，如果样品在该波长发生吸收或产生荧光，测试结果可能与实际相差很大。因此，一些仪器设置为

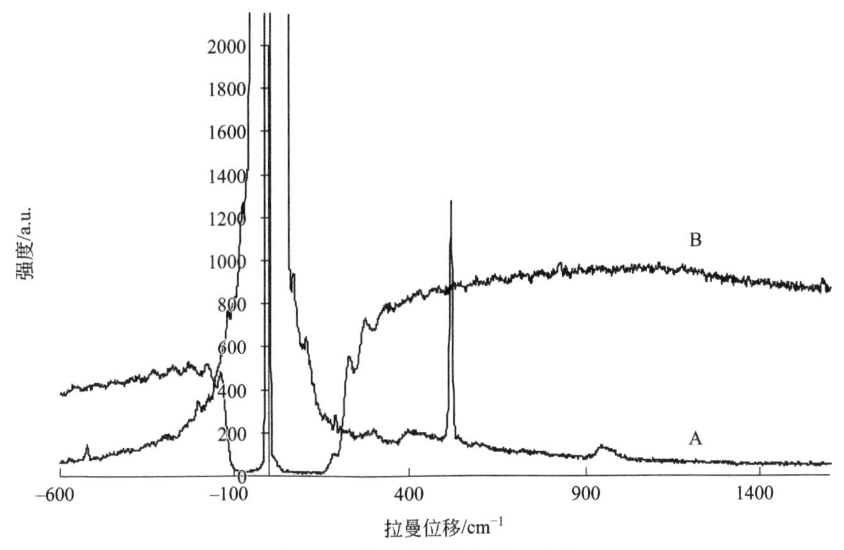

图 2-2　穿过激发线的拉曼光谱

（谱线A上，520cm^{-1}处的拉曼谱带强度比非频移光的强度要弱得多。谱线B来自带有陷波滤光片的较差的拉曼散射，没有观察到拉曼谱带，但有一些非特异性辐射，可能是微弱的荧光引起的信号。在激发线附近，这种辐射被陷波滤光片去除，伴随着激光能量上的一些激光突破。滤光片覆盖区域边缘的图像是滤光片造成的伪影，而不是拉曼峰。）

可更换滤光片，例如，可以依次使用 532nm、633nm 和 785nm 的激发光源以覆盖足够大的测量范围，从而测量大多数样品的散射，仪器也可使用更贵的可调滤光片来达到此目的。然而，滤光片并不是区分拉曼散射与瑞利散射的唯一方法。大多数老式光谱仪使用两个甚至三个连接在一起的单色器，为保证测试的灵活性，一些现代系统仍在使用这种方法。本质上，第一个单色器的主要功能是去除大部分的非频移光，有些研究中激发频率对波长的影响很大，需要过滤的频率随激发频率变化，最好使用带一个可调滤光片和一个或两个单色器的可调激光仪。然而，与两个单色器的系统相比，陷波滤光片和边缘滤光片能让仪器更小、更简单，所以应用更广泛。

大多数仪器都配有其他滤光片，如激光仪附近的中性密度滤光片是用来控制激光功率的，滤光片用来去除不在激光频率下的辐射（如激光边带）。其他元器件，如偏振测量所需的元器件，将在后文进行讨论。

图 2-1 为将辐射分离成不同频率的 Czerny Turner 单色器（区域 3）和用于频率检测的 CCD 装置的示意图。单色器中的光栅将辐射分散后聚焦在 CCD 上形成清晰的图像，该图像跨越了 CCD 的整个宽度。CCD 检测器是一块分区的硅片，其中每个扇形区都可以单独访问计算机，从而可以分辨出散射光的所有

频率，构建第 1 章所讨论的光谱类型。过去，为了提供定义清晰的拉曼光谱所需的分辨率，用于去除荧光的单色器相当大（长度可达 1m）。采用小体积采样并提供小图像的光学元件、二极管激光仪、滤光片和小型检测器可使拉曼光谱仪相当紧凑。现在广泛使用的单色器比图 2-1 所示的单色器具有更有效的空间布局，如图 2-3 所示。这种单色器设备很小，入口处的图像也很小，因此可以使用小型光栅和检测器。然而，由于光栅和检测器之间的路径很短，可以获得的分辨率很有限。

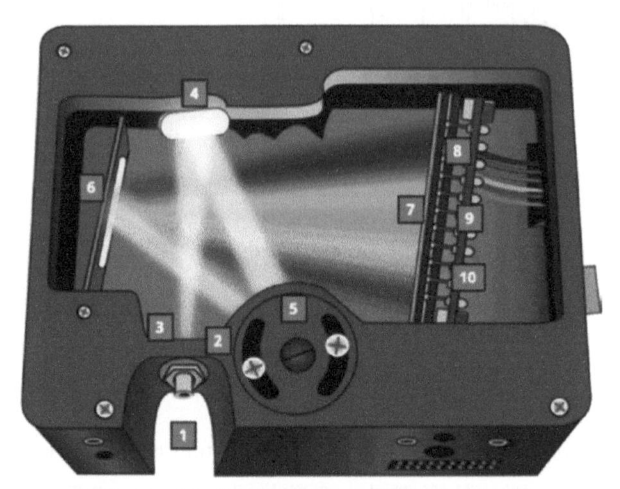

图 2-3　在手持式拉曼系统中使用的小型单色仪

1～3—入口；4—镜面；5—光栅装置；6—聚焦镜；7～10—检测器

（与图 2-1 中的布局相比，这种设置使光栅和 CCD 之间的距离更长，增加了在一个小单元中可能的色散。图片来源：Ocean Optics 友情提供。）

分散辐射光栅的选择取决于闪耀波长（即散射效率最高的波长）和每厘米的刻线数，刻线数越多，色散越大。检测器通常是 CCD 或 CMOS 芯片（一块扇形硅片），来自光栅的辐射需要准确聚焦到表面，否则会影响其灵敏度。尖锐的拉曼谱带意味着最好用多条刻线的光栅，以获得更宽的色散，因此需要更高的分辨率。但只有落在 CCD 上的辐射才能被检测到，所以选择的光栅和 CCD 必须匹配。使用较低色散的光栅时，CCD 可检测的频率范围更宽，但谱带的分辨率可能会受到影响。为了克服这一缺点，有些仪器采用高分辨率光栅和窄光谱范围，通过移动光栅来检测不同的范围，再与计算机软件结合即可得到完整的光谱。

图 2-4 展示了适合可见光激发系统的 CCD 以及光栅对波长的响应。很明显，系统的效率会随着波长的变化而变化。仪器在校准时会对此进行补偿，所

以用户通常不需要担心这个问题。但是，如果使用检测器有效范围的两端时，就会出现在使用近红外辐射的CCD检测器时经常遇到的情况，样品在高频的谱带要么具有很高的噪声要么只有微弱的散射，因此，这个谱带的强度会比其本来的强度低。

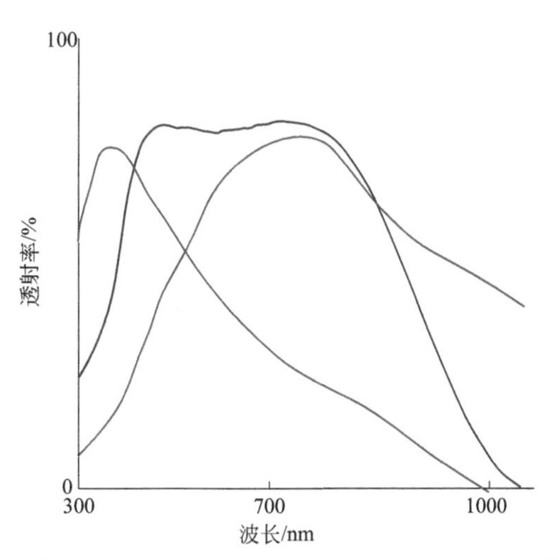

图2-4 适合拉曼散射的CCD（蓝色）对波长的响应和两个在不同波长下的闪耀光栅（红色）

为了进一步向红外光区域靠近，可以改变光栅和滤光片，但CCD检测器在这方面受到限制，因此常用的最长激发波长为830nm。使用1064nm和1280nm或更长的激发波长时，可将荧光降低到绝对最小。然而，由于四次幂定律的存在，激发频率越靠近红外光区域，散射效率越低，因此需要更高的功率，仍会导致样品被加热，所以激发频率的选择取决于具体的应用场景。在830～1550nm范围内激发的色散仪器使用InGaAs检测器的方式与CCD检测器类似，且同样有效。但还有另外一种选择，即利用类似于红外光谱仪的技术，使用干涉仪代替单色器（图2-5）、InGaAs检测器以及常用的1064nm激光仪来构建有效的测试系统。在傅里叶变换系统中，没有分频的散射辐射被分束器分成两束，一束从固定镜，另一束从移动镜反射回来，然后两者再重新组合。当从移动镜反射的光束的路径长度发生变化时，检测器会测量总的强度，从而产生干涉图。然后使用傅里叶变换对总强度和路径差进行变换，给出能够显示特征峰的强度和频率的标准光谱。最初，这些系统在红外测试方面更加深入，与785nm波长的激发器及CCD检测器组成的色散系统相比，可以更有效地识别荧光。然而，现在色散系统有了好的红外检测器，选择就更困难了。

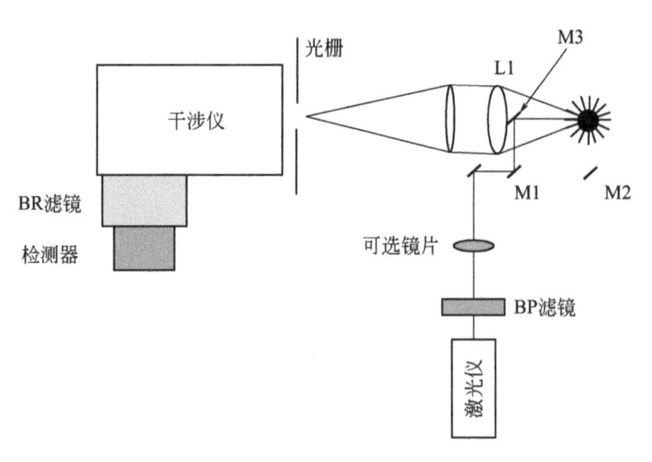

图 2-5 一台基于干涉仪的拉曼光谱仪[1]

（通常使用两种几何布局，如图 2-5 所示，得到了 180° 的散射；镜面 M1 将光束引导到小镜子或棱镜 M3 上，小镜子或棱镜 M3 将光引导到样品上；为了得到 90° 的散射，将 M1 移除，M2 通过反射将光照射到样品上。）

收集拉曼散射的基本几何布局有两种，即 180°散射和 90°散射。图 2-1 是 180°散射的布局；图 2-5 是任意一种布局，而且没有陷波滤光片。上述两者均有效，但大多数现代系统使用 180°散射。

随着现代光学技术灵活性的提高，收集散射辐射的方式越来越多，仪器的几何布局也越来越多。例如，可以使用镜面系统［如卡塞格朗日（Cassegranian）］或镀银球体从更大的角度收集辐射，其激光束沿表面定向的“掠入射”可用于薄样品测试。所用仪器均包含由两节 A3 电池供电的手持式系统、高功率显微镜和光纤探针系统。

2.3 透射拉曼散射和空间偏移拉曼散射

粉末、浑浊溶液或颗粒悬浮液产生的拉曼散射现象，推动了透射拉曼散射（TRS）和空间偏移拉曼散射（SORS）的发展和应用。采集如阿司匹林、吲哚美辛等无色药品的光谱很简单，将光束聚焦到药片的顶部，使用 180°反向散射测试即可。但是，如果药片不完全均匀，测试结果就不是药片代表性的组分。样品达到一定厚度时，激发的辐射穿透样品，并在另一侧收集结果，即 TRS。光子穿透样品的过程中沿着随机路径穿透材料发生多次散射，有可能把光子带到反向散射辐射的收集范围之外，但散射仍然存在。每一次散射光子都可能湮灭，并产生一个新的拉曼散射光子。最初，入射光子直接穿透样品，随着多次散射的发生，相当一部分光子的穿透率随着距离的增大而降低，可以在样品的远端收集这些光子。在4mm厚的药片中，通常有足够的光子穿透大部分样品而获得有效的拉曼光谱，这就是用于药物分析的透射拉曼散射。

拉曼散射光子以不同于弹性散射光子的速度衰变（称为粒子中的丁达尔散射而非瑞利散射），一些反向散射的光子经多次散射后，最终会在离照射点很远的样品深处出现。与丁达尔散射相比，光子更倾向于发生拉曼散射。在远离激发光束穿透表面的区域收集光子，没有收集到大量来自丁达尔散射的强背散射、表面反射和荧光，使得拉曼散射的检测更加有效（图2-6），这就是空间偏移拉曼散射（SORS）。收集SORS的布局有很多种，其中一种即用围绕中心光纤的光纤环收集上述激发辐射向下穿过时产生的散射。SORS用途很多，其中一个备受关注的用途是检测不透明物体（如牙膏）中的非法物质。因此，机场安检部门将其用于婴儿牛奶等医疗必需品的检测。

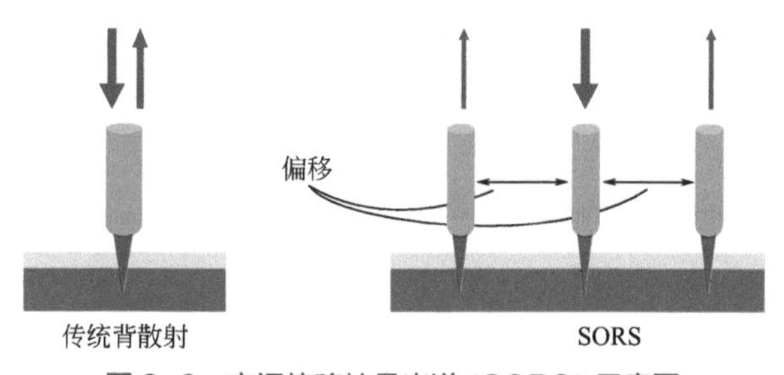

图2-6 空间偏移拉曼光谱（SORS）示意图

（图中是提供激发辐射的中央光纤和两个采集散射光子的采集光纤环。可改变偏移量以最大限度地采集拉曼散射和最小化非频移辐射的采集。传统的散射辐射通过箭头的厚度表示其强度，因为它包含更多的非频移光。）

2.4 样品的制备与处理

光谱仪中样品的载入方式有很多种，需要考虑其将如何影响最终得到的光谱。在台式和手持类光谱仪中，拉曼光谱仪因所需样品量少而闻名。亨德拉（Hendra）的橡胶鸭[2]就是一个典型的例子。当把一个普遍认为是橡胶制成的儿童玩具鸭直接放置在光谱仪的光束中时，拉曼光谱图可以立即辨识出这种橡胶是聚丙烯。尽管可以通过这种方式检测多种材料，但许多样品仍需通过某些特殊方式处理和（或）安装在光谱仪中。典型的拉曼光谱仪配件包括粉末样品支架、比色皿支架、小型液体样品支架（参见核磁共振样品管）、温控块和不规则形状物体的夹具。除此之外，还有一些用于旋转固体的特制样品池、蒸汽池、反应池和不同的恒温池或压力池。对于一些利用显微镜的系统，可以加入镜面或者三棱镜使光束偏转，便于测量更大的样品。除这种情况外，也能用可以从更大体积中收集光束的小型适配器代替物镜拧入显微镜中。适配器中含有一个镜面，可以将光束旋转，从而与显微镜成 90°。一个简单的样品支架，例如 1cm 的比色皿，或者像是旋转支架这类更为复杂的装置，都可以放置在显微镜台的边缘。

本节描述了几种处理和安装样品方式的优缺点和注意事项。Bowie 等[3]发表的一篇综述强调了样品本身对于傅里叶变换拉曼光谱的影响。本节将举例说明如何克服在很多仪器中都普遍存在的问题。

拉曼光谱法适用于很多有机和无机材料的分析，这些材料可以是固体（包括聚合物）、液体或者气体。工业实验样品大多是可以直接在室温下用拉曼光谱仪检测的粉末或液体。块状样品的载入方式基本上没有问题，且许多材料（如均匀的粉末、聚合物薄膜等）都可以直接放置在光束下。如本书作者已经检测过许多装在玻璃器皿（从毛细管到样品瓶再到 500mL 的棕色瓶）中的液体和粉末，也检测过装在聚合物器皿中的样品。

2.4.1 样品的制备与安装——光学因素的影响

样品的制备和安装相对简单灵活。但是，如果需要获得可重现的光谱或定量实验，还需考虑光束的形状和样品载入方式。通常将光束聚焦到样品上形成一个具有高功率密度的体积，这样散射效率更高，并且采集到的大多数散射都来自该体积，即采样体积。材料对光束有显著的影响。已经讨论过光子迁移对浑浊或不透明的样品穿透深度的影响。然而，对于清澈的溶液而言，采样体积可通过图 2-7 所示的方法进行估算。采样体积可以通过选择一个功率密度阈值来计算，低于该阈值则不会出现明显的拉曼散射。采样体积的深度是具有该功率密度的样品上方会聚光束到下方发散光束之间的距离，直径是在这些点上的光束的直径。显然，图 2-7 中没有明显的截止点，且在该采样体积上方、下方或外部均可能出现一些散射。此外，随着光束向中点变窄，功率密度也会随之增加。

通常情况下只需进行粗略估算，所以采样体积可以近似看作一个圆柱体。但也存在其他问题，当光束通过空气进入液体中时经常会发生折射，使采样体积产生形变。

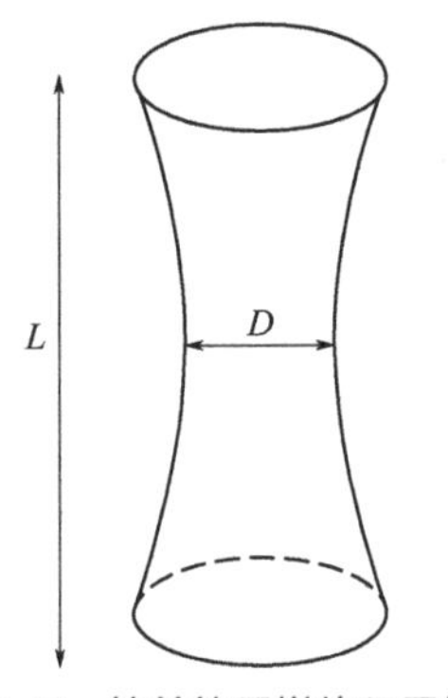

图 2-7　简单的采样体积示例

（一种解答为－$D=4\lambda f/\pi d$；$L=16\lambda f^2/\pi d^2$；D—圆柱体直径；L—圆柱体长度；λ—激光波长；d—未聚焦激光光束的直径；f—聚焦透镜的焦距）

在有色溶液和固体中，激发辐射的吸收会使通过采样体积的光束减少，也会引起局部发热，使得溶液的介电常数发生局部变化，最终导致光束的透镜化。值得注意的是，尽管激发光束可以穿透至一定深度，但相对较弱的散射辐射会被吸收，所以只能检测到表面附近的散射，这种现象称为“自我吸收”。如前所述，浑浊的溶液中会有大量的光子迁移，这些问题将在本书后面章节的示例中进行讨论，但对于大多数溶液而言，图 2-7 给出的估算方法是可行的。

上文所述的采样体积可以用来估算任意时刻体系中的分子数。由于气体中的分子数量非常少，对于气相测试而言，通常使用很长的样品池来代替密集聚焦的光束，使用凹面镜将激发光束和散射光束反射回样品可提高测试的灵敏度。在一些气室中，通过多程系统实现光束的多次反射以提高灵敏度。对于液体样品也可以使用类似的布局，但通常没有必要这样做，因为在相同的体积中液体分子浓度会更高。还有一些气室用光管或高压来提高灵敏度。

对于均质的液体和固体，应该从尽可能大的散射圆锥中收集信号。对于薄型样品，可以通过在样品管（容器）后使用反射面提高灵敏度。在傅里叶变换光谱仪中，辐射通过直径为几毫米的 Jacquinot 光阑；而在可见光光谱仪中，辐射集中在单色器的入口狭缝上。为了从均质固体样品中获得最大信号，固体样品表面应位于或接近光束焦点处。然而，大多数情况下从非焦点处的样品中也可获得不错的光谱。研究表明，相对谱带强度会随焦点到样品安装点距离的变化而变化，虽然这在定性测量中并不是很重要，但对定量测量有很大的影响 [4]。对于液体和气体样品，可创建一个完全反射的球体进一步改进该体系，光束在球体表面内发生多次反射，并且只允许光束通过一个圆锥体从该球体中流出，由透镜直接采集或直接聚焦到光谱仪中。

如图 2-7 所示，定性研究通常使用的是聚焦光束，透明溶液的大多数散射都发生在采样体积中。光束的具体形状和位置通常并不重要，但应选择包含最大功率密度的体积所在的样品深度，以区分来自容器（如聚乙烯瓶）的信号。一些容器材料本身具有非常强的散射，因此在采样体积之外的较弱辐射也能产生散射信号，所以测试时应考虑容器本身的光谱。在透明溶液的定量研究中，应设定样品尽量从采样体积中收集散射。

无色或有色粉末在吸收和发射足够低的激发波长时，定性光谱也比较容易获得。然而，光子迁移、折射、透镜化和发热以及散射光吸收等问题使定量分析更难实现。对于非常强的散射体，可以通过稀释样品来实现定量分析。定性分析必须考虑收集的立体角度，例如，检测结晶样品时，样品与散射光束的角度（即 90°或 180°）会导致取向效应。在考虑粒径效应的同时，可以通过在光束中旋转样品使这些影响趋于平均。

拉曼光谱样品的一个常见问题就是荧光干扰。大多数现代仪器都有很好的背景噪声消除程序，且荧光谱带通常比拉曼谱带宽很多，因此可以消除荧光的背景噪声。在有多个激发波长的情况下，可以选择一个高于或低于荧光谱带的波长将拉曼散射与荧光区分开。如果荧光是由杂质引起的，则可将样品留在光束中几分钟或过夜来将其消灭掉，因为荧光团对辐射有特定的吸收，会优先降解。但吸收辐射也会使有色样品发生降解。已经有一些现代仪器可以通过光学方式去除荧光，它们利用间隔很近的激发波长获得两个光谱，峰位的小幅偏移可将尖锐的拉曼谱带分开，但几乎不影响宽广的荧光带，将两者相减可清楚地识别出拉曼光谱。还有其他抑制荧光的方法，例如，添加猝灭剂或将样品作为一层薄膜吸附在金属表面，在表面增强拉曼散射（第 5 章）中也用相同的方法抑制荧光。

不同材料中每个分子的拉曼散射固有强度（拉曼横截面）区别很大，因此，需要考虑样品和周围基质的不同散射强度以及样品被污染的可能性。如果容器或杂质具有较大的横截面（或共振，见第 4 章），则来自该源头的散射可能在光谱中占据主导地位或成为一个明显的影响因素，从而导致错误的匹配。许多文献忽略了这一点，直至从数据中得出了重要的结论，才发现该结论是由污染物引起的。例如放置在光束中的聚乙烯瓶会产生谱带，但如果用硫黄填满瓶子，则光谱上只能观察到硫黄的谱带，因为与硫黄相比，聚乙烯是非常弱的拉曼散射体。水同玻璃一样是红外辐射的强吸收体，但两者在拉曼光谱中都是弱散射体，这使拉曼技术特别适用于测试水溶液和（或）装在玻璃容器中的样品。然而，玻璃和水也有自己的光谱，因此测试过程中也需考虑含有弱散射体的溶液。

小样品可能需要用显微镜或微探针进行测试，但这意味着光束直径会大大减小，通常比样品的总尺寸小得多，而样品的分析点需根据焦点确定。在检测较大的样品时，可对样品进行多次测试来检验样品的均匀性。当尝试使用共焦显微拉曼光谱时，样品和基质的相对折射率造成的影响不容忽视，具体内容将在第 2.7 节中详细介绍。

2.4.2 样品的处理

如上文所述，通常可以将装有粉末和液体样品的容器直接放在光束中进行检测，注意保持容器的外部洁净，如不存在会导致荧光的指纹印、标签不会遮挡样品。但如果使用空间偏移拉曼散射（SORS），这些则不是重要的影响因素。测试过程中需注意，激光应聚焦到样品中并远离比色皿壁或微量滴定板的侧面和底部，从而使得样品上显著提高的功率密度可以减弱比色皿或微量滴定板所带来的干扰。但如果将光束聚焦到比色皿或微量滴定板材料上，测得的光谱通常来自这些聚合物材料。这一点对处理大量样品的塑料孔板极为重要，因为孔的体积可能很小，所以采样体积与壁之间的距离可能不足以防止一些聚合物的谱带出现在光谱中。

信号较弱的纯粉末可以松散地填充在容器中，也可以放在压实的固体支架上。作者成功地将后一种技术用于低密度结晶杀菌剂的测试，该杀菌剂因激光束的作用会从容器瓶壁移开，但“固定”在支架上时能产生很强的光谱。然而，对于结晶样品而言，取向效应如同粉末的粒径效应一样会影响光谱。无机材料中拉曼强度随着粒径的减小而增加[5-7]，Schrader 和 Bergmann[8] 描述了两者理论上的依赖关系，实验结果也对此进行了佐证。但如果样品分散在基质中（例如聚合物或涂料树脂中的填充剂、乳液中的液滴），在低于照射波长的特定尺寸下拉曼信号会骤然减小。二氧化钛就是一个典型的示例，当处于块状固体状态时产生特征性的拉曼光谱，但作为填充剂分散在聚乙烯中时却只能得到微弱的光谱甚至没有光谱。

可以通过降低功率和增加积聚时间使光降解或燃烧发生的概率最小化，从而使能量从分析点消散。如果这还不够，还可以将激发频率更改为吸收较少的频率，或者在采集过程中移动光束或样品，使激发态样品在分析点再次被激发之前发生衰减或能量消散。如果条件允许，采用吸收较少的红外频率效果显著，并且在大多数情况下是最佳解决方案。然而，四次幂定律使散射效率降低，导致需要更高的激发功率和吸收，但这样可能会产生红外谐波，又出现发热问题，因此需要特别注意 1550nm 处的激发。如果激发波长发生位移无法实现或不可取，则可以考虑移动光束。很多光谱仪会提供一种用于绘测的光栅系统，在该系统中光束可以穿过样品或者绕着样品移动，同时需要考虑样品的均质性。该方法可给出整个扫描区域光谱的平均值，其利弊取决于所需的信息。否则，如后文所述，绘测或成像则是最合适的方式，或者也可以移动样品。液体样品可以用流通池或旋转池。粉末样品则可以塞进圆片形的容器中，也可以将粉末压成圆片。激光在远离圆片中心处聚焦，当圆片旋转时，可以从样品的不同部位获得散射，而且在再次研究样品相同的部位之前有足够的时间使激发态衰减并分散能量。

在傅里叶变换拉曼光谱仪中旋转速度必须保持小于 50Hz，否则在整个光谱中都可能看到旋转带来的振动。减少固体燃烧效应的另一种方法是将样品分散在其他没有拉曼光谱的介质中，例如 KBr 或 KCl。这种方法是在高激光功率（1064nm 处为 1400mW）下记录强光谱，且没有燃烧发生。一篇对各种稀释剂的研究论文结果表明，KCl 通常是最好的稀释剂 [9]。由于压片过程需施压并可能导致样品发生变化，因此，样品处于同质多晶的物理态时，应避免使用此方法。能匀速旋转的样品配件可以防止光谱中出现振动 [10]。像盐滩中烃类化合物油泥样品的制备和红外样品制备一样，这种制样方法可以在得到较好的强光谱的同时降低燃烧的可能性（图 2-8）[12]，该制备技术还保留了多态性研究的物理形式。

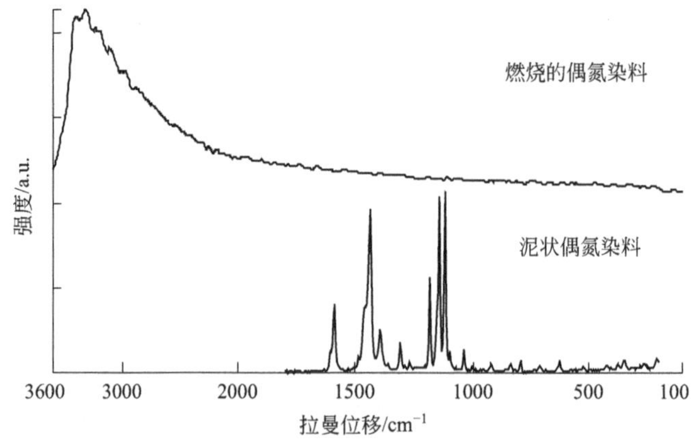

图 2-8　整洁的样品燃烧光谱与泥状样品光谱 [11]

虽然使用红外激发大大减少了荧光问题，但仍有一些样品会产生荧光。酞菁铜（CuPc）就是一个特例，不仅可见拉曼光谱能够显示出部分荧光，在1064nm激发光束下荧光问题更严重（图2-9）。作者的早期研究表明，使用波长为1064nm的激发光束可以检测蓝色样品、绿色样品、红色样品、黄色样品，一些褐色甚至黑色样品，但是基于CuPc的蓝色样品和绿色样品仍然存在荧光问题。而当将激发波长增加到1339nm时，荧光问题大幅减少，CuPc谱带重新出现。有研究者[15]认为，这种奇怪现象可能是由于环中的过渡金属暴露在酞菁环中产生的，因为使用其他各种金属取代的酞菁（包括无金属酞菁）[14]在1064nm激发光束下得到的光谱则没有该问题（图2-10）。

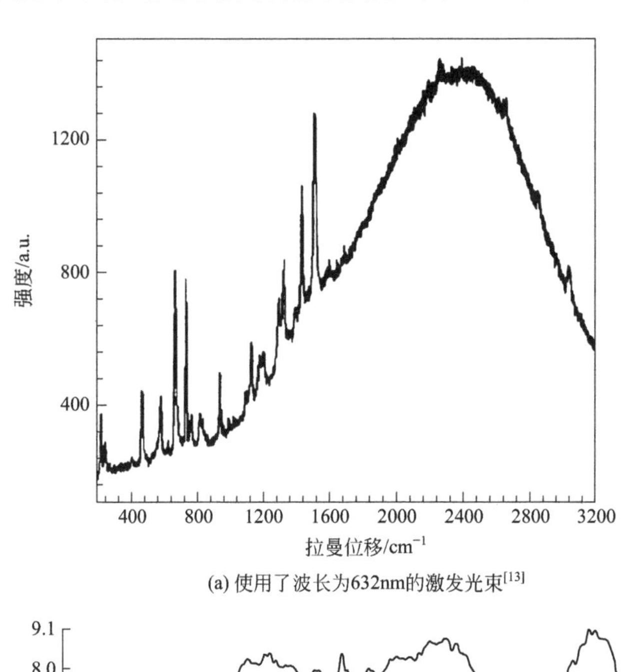

(a) 使用了波长为632nm的激发光束[13]

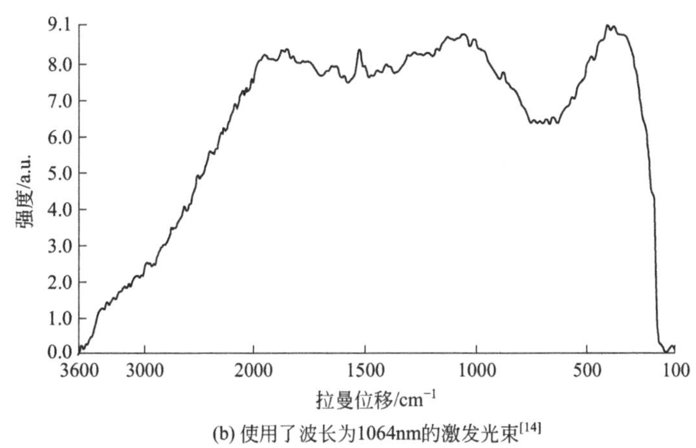

(b) 使用了波长为1064nm的激发光束[14]

图2-9　酞菁铜的拉曼光谱

图 2-10 是另一种方式得到的典型的 CuPc 光谱图，为减少其他干扰，该方法是用标准 KBr 压片机将 CuPc 和粉状银（1 ∶ 1000）的混合物压制成圆片。制备过程中不旋转圆片，将高吸附性的 CuPc 作为微粒分散在银的表面，使能量转移到银上。但需要注意重复使用压片机制作圆片会使压片机中的压板变形。

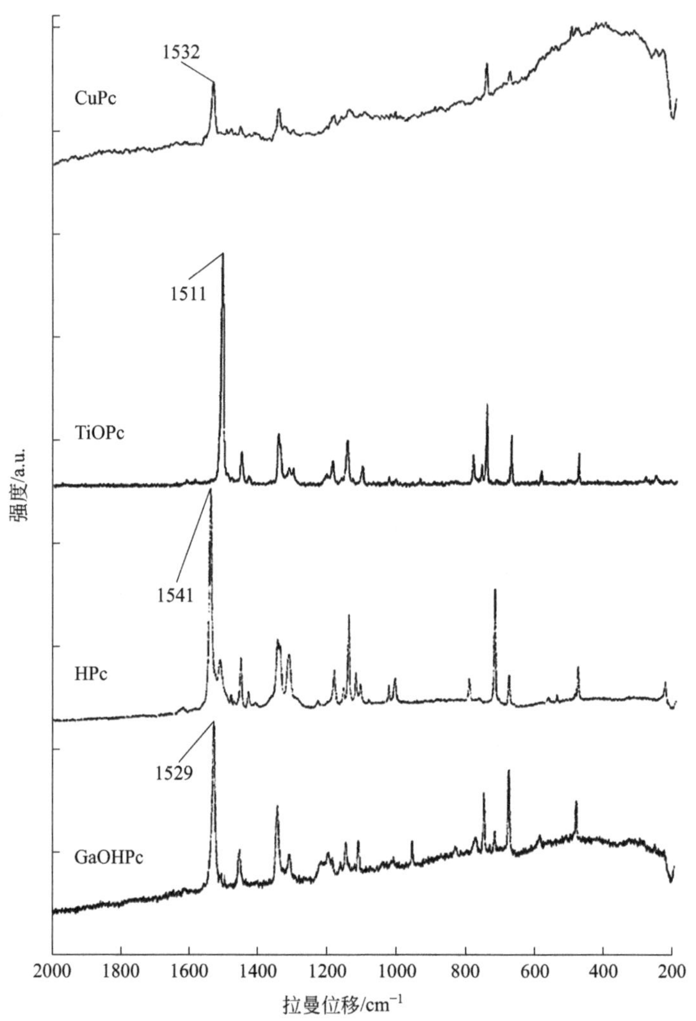

图 2-10　含有不同金属的酞菁的近红外傅里叶变换拉曼光谱 [14]

不能通过颜色来判断样品是否会产生荧光，一些有色材料会吸收光且会通过非辐射途径损失能量。此外，已经观察到透明的白色晶体在所有照明波长下均会产生荧光。导致这些现象的原因尚不清楚，但可以确定的是透明的晶体可以使激光有效穿透，采样体积会非常大，从而可以从许多分子中收集信号，因此，可能会检测到浓度非常低的强荧光材料。

由于荧光是从最低的能级发出的，所以其频率范围远低于能够检测到拉曼散射的频率范围，因此在较高的激发频率下荧光问题会大大减少。此外，四次幂定律也意味着散射更强。然而，即使在较高的激发频率下，一些固体样品仍会产生干扰性荧光，会出现更多的吸收谱带，增加了燃烧、自吸收和光分解所产生的问题。图 2-9 是同时出现拉曼散射和荧光的光谱图，但两者的频率是分开的。如果将激发频率移至稍长一些的波长（较低的能量），则拉曼位移也会偏移至较低的能量处，但荧光的能量不会改变，因此拉曼信号将出现在荧光的顶部，而且可能需要显著的背景噪声校准光谱图。当然，由于荧光在不同的波长被激发，荧光强度可能会上升或下降，但选择较低或较高的激发频率显然更好。

液体比固体更难燃烧，因为液体的流动性更好，可以将热量分散至整个溶液。样品比较清澈或颜色较浅时，可以通过将样品放在镀银容器中来增强光谱强度，因为有时镀银容器可以将信号多次反射回样品中，从而增强散射。但如果路径较长，散射辐射会被光子迁移分散或被样品本身吸收（自我吸收），所以只有小型固体样品或吸附性液体才能用这种方法进行检测。使用波长为 1064nm 的激发光束时，四氢呋喃（THF）在 917cm^{-1} 处的谱带发生了变化，证明上述现象是存在的。它的绝对位置约为 8478cm^{-1} 处，由于 C—H 拉伸振动的第二个谐波几乎在近红外吸收谱带的峰值处，导致该波段的强度因散射辐射的自吸收而衰减 [16,17]。

拉曼光谱法可以对各种形状、尺寸的聚合物进行检测，目前已检测过护目镜、薄膜、瓶子和模具等物品（参见第 6.4 节）。有些聚合物属于相对较弱的散射体，这有利有弊。如前文所述，聚乙烯瓶中的硫黄可以产生非常强的拉曼光谱，而在该光谱中没有瓶壁的谱带。但是，含有 2% 偶氮染料的聚合物薄膜的光谱中却同时出现了颜料和聚合物的谱带（图 2-11）。

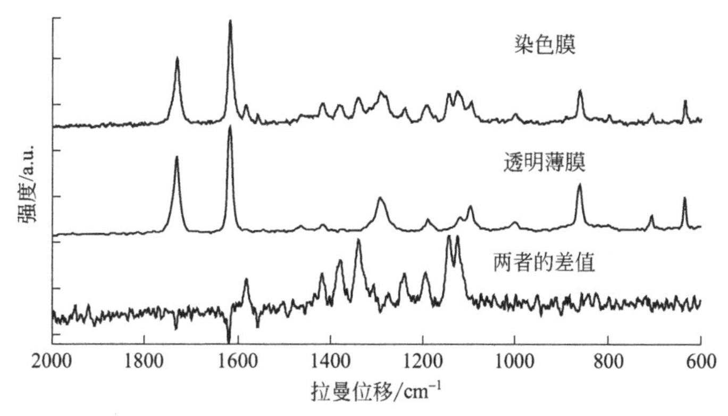

图 2-11　纤维制品中颜料的拉曼光谱

在检测聚合物薄膜时，最好多次折叠薄膜以获得一个“厚”膜，从而消除取向效应。有时薄膜样品不够大，无法折叠，则可以在镜面背面支架上放置一张小纸来记录一个增强的光谱。使用这种方法已经记录了有色聚对苯二甲酸乙二醇酯的光谱，且该光谱的谱带足够强，同时观察到了染料和薄膜的谱带。图 2-11 是通过该技术记录的透明薄膜和染色膜的光谱，两张光谱相减得到的光谱清楚地展示了染料的谱带。

2.5 安装实验样品的配件

目前拉曼光谱仪种类很多，包括手持系统和显微镜系统，且收集拉曼散射较易实现，采样配件的选择范围也非常广泛。本节将介绍没有显微镜时如何采样。

2.5.1 小纤维制品、薄膜、液体和粉末样品

通过使用小直径玻璃管，可以将许多无法直接检测的样品放置在简单支架的最佳位置。核磁共振（NMR）样品管通常适用于液体或松散堆积的固体，且样品管易于固定。固体可以放置在管的开口端，然后调整光束聚焦在粉末上，而不通过玻璃管壁。如果样品管中主体部分的粉末发生热降解，可以缓慢旋转样品管不断改变样品的暴露面。纤维制品或聚合物薄膜可以松散地放置在样品管中进行检测，或在样品管的外部厚厚的包裹一层，直到得到含有所需信噪比的光谱。同样，如果发生燃烧，则可以缓慢旋转样品管，也可以将聚合物和纤维制品包裹在显微镜载玻片上进行检测。已经有特制的包含无窗孔的样品池（包括样品压缩和反向散射镜）[18] 用于纤维制品和织物的检测。前文提到过，可用 KCl、KBr、石蜡油等稀释具有强吸收性的粉末。这些样品可以像均匀的粉末一样装在玻璃试管中，或者也可以像红外检测中一样压成圆片或泥状后直接安装进去。对于显微镜而言，可使用毛细管或载有粉末的显微镜载玻片，并用盖玻片覆盖。

2.5.2 温控池和压力池

符合色散仪和傅里叶变换光谱仪要求的特制样品池（图 2-12）种类较多，这些样品池可在 $-170\sim950^{\circ}C$ 范围内以及高真空至 $6.89\times10^{4}kPa$ 的压力下工作。只需进行轻微的改进即可设置循环进行特定反应（例如 PCR）的温控池，例如，手动或者计算机自动进行调整，将光束聚焦在平台上微量滴定板孔的顶部。

图 2-12　压力池和温度池（来源：Images by courtesy of AABSPEC）

测量压力变化量时，制作可密封的光学材料（石英、蓝宝石和金刚石）窗口相对困难。金刚石特别适用于压力大于 1000atm（1atm=101.325kPa）的铁砧室。

这些设备在一定范围内可以检测样品的反应速率、形态变化和降解问题，但不能忘记拉曼光谱学还可以通过测量斯托克斯光谱和反斯托克斯光谱并应用玻尔兹曼方程来测定温度（详见第 1 章和第 3 章）。

2.5.3　薄膜、样品表面和催化剂在拉曼光谱实验中的特殊应用

各式各样的取样技术已广泛应用于微米或纳米尺度光谱的测定。Louden[19] 研究了可见光光谱仪技术，包括干扰增强、表面增强和总反射 / 总内部反射减弱。图 2-13 是一种用于检测薄膜的装置，该装置利用沿着薄膜的内部反射来增强信号。为了让内部反射沿着样品进行，激光需要以正确的角度发射，且光

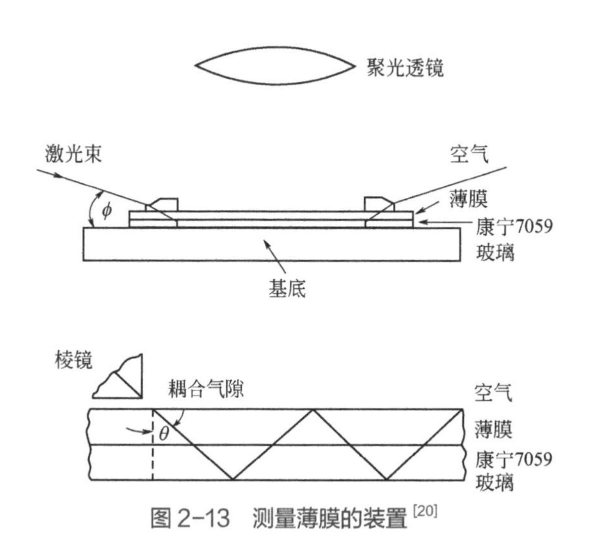

图 2-13　测量薄膜的装置[20]

学收集器应设置为收集长而薄的图像。激光束需从缝隙聚焦到单色器上，从而在电荷耦合器件探测器上产生清晰的图像。这样可以收集多个激发点而不是单点聚焦，提高了灵敏度，而且可以使样品中存在的缺陷平均化。

另一种可以达到类似效果的方法，是将薄膜放在玻璃块顶端并使激光穿透玻璃块。波的辐射反射回薄膜玻璃界面上，会产生一个横穿整个表面的场（隐矢波），该场可以产生来自薄膜的拉曼散射。

激发光束靠近样品表面时产生的隐矢波使得普通拉曼散射能够检测浓度非常低的材料。在一种被称为切线入射的装置中，光线沿着表面定向传播，散射光被一个筒状透镜采集并在单色器的狭缝中成像。另一种方法是用棱镜装置，使待测样品就像表面的一个吸附层，同时激发光束在下方以一定角度定向照射。如果激光束的角度使其从表面反射，则在表面产生的隐矢波会在吸附物表面正上方的区域产生一个电场，从而吸附物发生拉曼散射，而且可以在棱镜表面远离激发辐射的一侧收集（图 2-14）。由于光束被反射且不直接接触被吸附物，因此可以在样品损坏之前使用较高的激光功率，此时非拉曼散射光的干扰较小。入射辐射覆盖棱镜表面的大部分时，可有效提高效率。与红外散射中用 ATR 的方法类似，将石英砂晶体放在顶部是一种不错的选择。但是，这种方法直接用于表面单层的研究是非常困难的，且需要长时间的积累 [21-24]。如果表面层有很强的散射体，或者通过共振 / 表面增强来增强散射，则可以很好地发挥其作用。

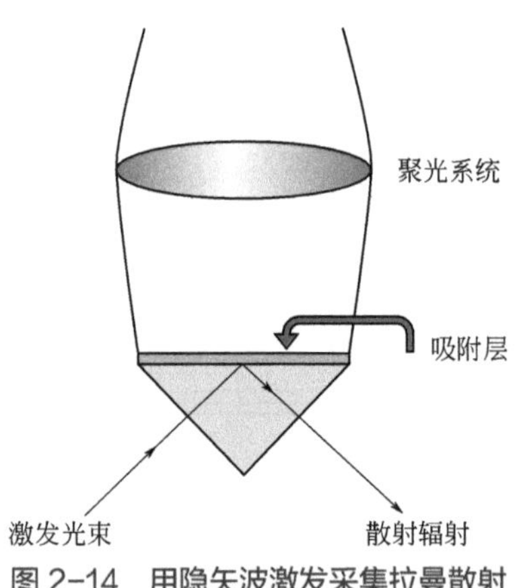

图 2-14 用隐矢波激发采集拉曼散射

当溶液中样品含量足够高时，电化学样品池的使用效果不错。此外，这些样品池已用于表面增强拉曼散射（第 5 章），表面增强更易于观察电极表面的吸附层。光学透明薄层电极（OTTLE）由金属栅格或透明导电膜组成，它通常作为电化学样品池的电极。OTTLE使溶液样品可以通过激发并采集穿过电极的光束，实现同一个样品池中不同电压下电子光谱和拉曼光谱的检测。拉曼光谱的分子特异性使原位鉴定中间体成为可能。图2-15是一个用于生产发光二极管的电荷转移材料在OTTLE中电势变化所产生的拉曼光谱。光谱由自由基产生，且由于共振而增强（详见第4章）。

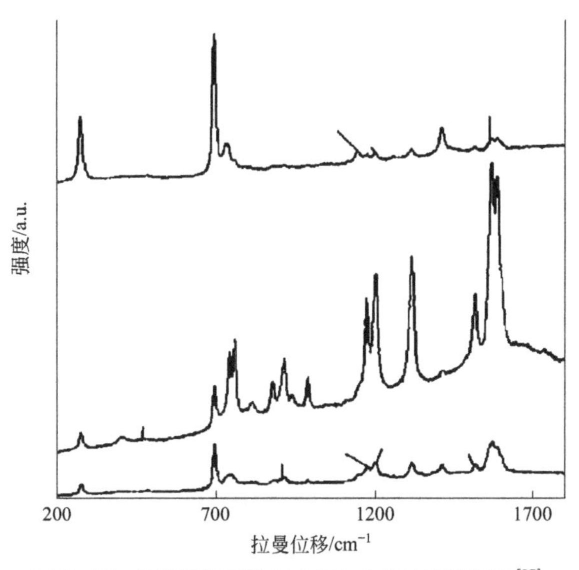

图2-15　从光学透明薄层电极上收集的拉曼光谱[25]

［光学透明薄层电极中包括一个含有电荷转移剂（顶部）、单阳离子（中间）和双阳离子（底部）的溶液。单阳离子和双阳离子光谱的浓度低、有色，这样共振或共振前的增强会增加其强度。］

2.5.4　反应池、流通池、样品转换器的自动安装

由上文可知，玻璃化学器皿中溶液的散射比较容易采集。分析物之间的散射效率差异很大，也就是说，灵敏度将根据所研究的反应不同而发生变化。但如果没有共振增强，则需要相对较高的样品浓度。此外，玻璃器皿的质量和曲率会使采集效率降低，因此，研究过程中应尽可能使用带有光学窗口的专用样品池。图2-16是用于电化学研究的样品池。流通池的一大优势是可以在光束下不断更新样品，从而最大程度地减少样品损坏。小方管则可以使聚焦更容易。将微流控和拉曼显微镜联用已经用于许多流动溶液的研究，第6章将对此进行详细说明。自动样品交换器可用于药物片剂的半连续检测（图2-17），目前已经开发出宏/微量组合进样的平台。微量滴定板读取器可作为附件和独立仪器使用。

图 2-16　电化学样品池（来源：Image courtesy of Renishaw plc）

(a) 药物片剂自动转换器（来源：经Ventacon Ltd.许可）

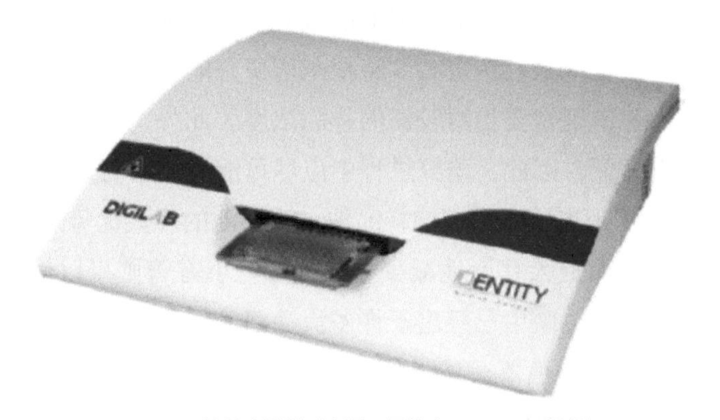

(b) Digilab拉曼读板器（来源：图片由Digilab Inc.提供）

图 2-17　药物片剂自动转换器和 Digilab 拉曼读板器

2.6 光纤耦合和波导管

除了将样品安装在光谱仪中或将光束直接对准物体的方式之外，光纤探针的使用拓展了拉曼技术的多功能性[26]。许多应用领域中一个很大的优势是通过光纤将采样头与光谱仪分离。例如，在化工厂中进出困难和环境不适合光谱测试的条件下，可用拉曼光谱进行在线分析。可能因为化工厂是开放式的，运输卡车会带入灰尘，或者仅仅因为化工厂空间不允许测试。但是，使用光纤时，仅需要将探头安装在其他地方的光谱仪中即可。长光纤可用于检测距离光谱仪数十米甚至数百米工厂容器中的反应。此外，在便携式设备上，可以用一个手持光谱仪和一个简易的小型探头，该探头可以放置在任何需要采样的地方，而且能够对探头采取保护措施以避免其损伤。因此，光纤的使用大幅扩展了拉曼光谱的应用范围。

激发态和玻璃的质量限制了光纤的距离。二氧化硅光纤通常含有一些杂质（例如铁），在近红外测试中，一定频率下这些杂质会影响激发态的吸收、散射辐射和水的谐波。此外，当样品散射很弱且使用了较长光缆时，强烈的激发辐射通过光纤时会引发光纤材料的拉曼散射和荧光，从而对测试造成干扰。因此，光纤质量至关重要，且操作人员应确保光谱中没有杂带。图 2-18 是一种可最大程度减少这些问题的光纤探头的设计示意图。为提高收集效率，可使用多模光纤和通过多根光纤收集散射，多模光纤中的激光仅沿一根纤维发射。

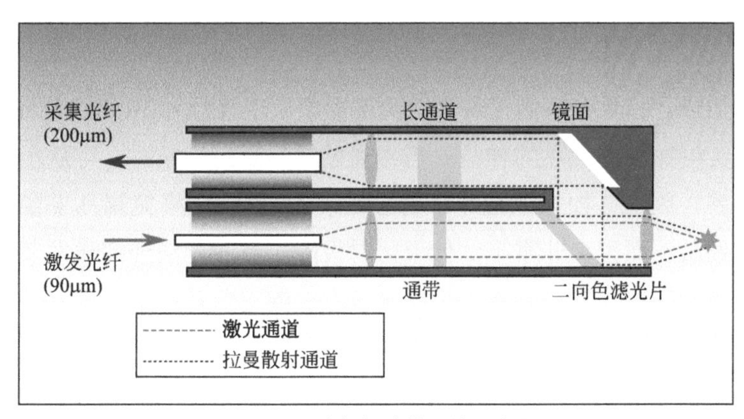

图 2-18　光纤探头的设计示意图

（激发辐射沿着一根光纤，通过通带滤光片，尽可能多地去除频移光，然后通过二向色滤光片；然后，镜面将光束聚焦到样品上，聚焦的光以不同的角度射向二向色滤光片，并通过由许多元件组成的长通滤光片反射，以有效地抑制非频移光，并将拉曼散射光聚集到采集光纤中。）

用通带滤光片可在 50m 处获得阿司匹林片剂的光谱[27]。用此类探针可以对因物理尺寸或危险性质而无法放入光谱仪中测试的材料进行分析。需要注意的是，与所有的拉曼光谱仪类似，探头的设置主要是为了过滤非频移辐射，但不能过滤其他波长（例如日光）的辐射，过多光线（如阳光）的直射会淹没检测器。

虽然小样本量样品有其体积优点，但有时需要分析大样本量的样品。例如，在过程分析测量中，若仅分析微量样品，则样品的均匀性可能是个问题。此时需要另一种不同类型的探头，如 Kaiser Inc. 的 PhAT 探针。这种探头中，激光通过一束间隔 $3mm^2$ 或 $6mm^2$ 的光纤发射，而采集光纤的间隔与该区域匹配，光纤探头的原理如图 2-19 所示。

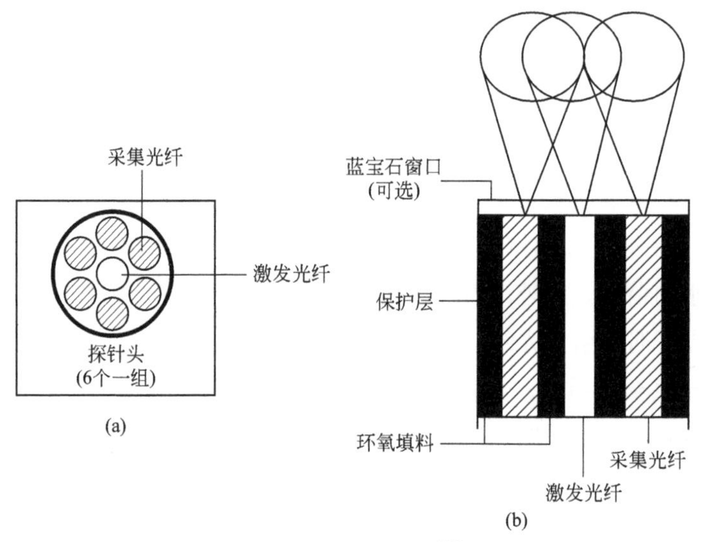

图 2-19　光纤探头[28]

通过加热、拉丝或切割光纤可在尖端形成一个直径为 50 ～ 100nm 的孔径，使光纤探头可探测非常小的样品。当光通过纤维受到挤压时，可从小孔中散出并迅速扩展。因此，如果通过原子力显微镜（AFM）头将尖端几乎置于样品表面，则有效激发面积会非常小，低于衍射极限。当激光从外部激发表面，光纤通过小孔吸收散射光时，则过程相反。该方法的主要缺点是效率较低，只对良好的拉曼散射体才有效。上述方法即为扫描近场光学显微镜（SNOM）。

获得拉曼散射的另一种方法是使用波导，在该方法中，待测样品填充在高折射率的细管中，激光束沿细管发射，管壁的反射将光束留在管内，保证管内待测溶液中一直有光束，然后在另一端收集信号，通过陷波滤光片，在标准拉曼光谱仪中进行分析。这种装置的优点在于光程较长，且激光可照射整个样品，因此可用于低浓度溶液的分析。但是，该方法要求被测样品具有比样品管更高的折射率，从而约束照明光保留在管内并实现全内反射。使用此方法已获得苯以及碳酸钠和β- 胡萝卜素稀溶液的光谱 [29,30]。据报道 [31]，用银制造 SERS 活性表面的技术在低折射率液体中的检测极限＜ 10^{-9}mol/L。

2.7 显微技术

2.7.1 显微拉曼

许多现代拉曼光谱仪都与显微镜联用，通常是将激发光束引到显微镜的顶部，反光镜或分束器直接引导光束通过显微镜的光学器件，并将散射辐射引导回光谱仪中。图 2-1 所示的装置很好地展示了这一点，其中激发辐射和散射在一条线上。分束器的优点是它可以将一部分表面散射光导向目镜，从而确定光束的位置。但是，安全设置非常重要，可防止强光照射眼睛。需要注意的是，这种反射回的辐射可能包含连续的反射光，因而比较危险，所以最好用照相机代替目镜，或者使用安全问题处理周全的商用仪器。

显微拉曼是一种强大的物质分析手段，将高质量显微镜的样品精确定位功能与拉曼光谱技术相结合，无须分离即可原位识别化合物。现代显微拉曼系统可装在标准工作台上，且可精确控制样品的 x 轴、y 轴、z 轴，配有可收集紧密聚焦光束的高质量光学器件，从而可从低功率的激光发射器提供高功率的光束密度。对于固体而言，这意味着拉曼散射是一种具有强散射微晶体的高度敏感技术。例如，可以检测出一个完整指纹上的炸药单晶，少数示例显示，非常小的采样体积能够有效地在单色器中成像，从而减小系统的有效尺寸和质量。许多这样的系统都配置了数据库和强大的软件，可以在二维或三维空间制图和成像，且已具有与荧光类似的彩色和假色显示。分辨率的极限通常是光波长的一半，即越靠近红色的激发频率分辨率越低。现代技术能够得到更高的分辨率和 3D 地图，第 7 章列举了部分现代系统案例。

显微镜可以设置为共聚焦。在图 2-20 所示的装置中，显微镜的焦平面上有一个仅对特定深度光束的散射有效聚集的针孔，即可对溶液中样品的中部位置或光束聚集的固体表面进行有效聚集。针孔滤光片 [图 2-20(b) 中的共焦孔] 可减少其他深度的辐射散射，因为它没有在针孔平面上明显聚焦，而是将大部分辐射散射分散到针孔周围区域 [图 2-20（b）]。部分仪器采用了另一种系统，即在显微镜的焦平面与光谱仪的狭缝成直角处设置一条狭缝，使两个狭缝在仪器中分离，但交叉却可形成一个针孔。其主要目的是区分光线，这些光可能来源于光斑强烈聚焦平面以外的深度。但是，许多商用仪器采用无限校正物镜从点光源产生准直光线，通过额外的中间透镜将光聚焦到共焦孔上。

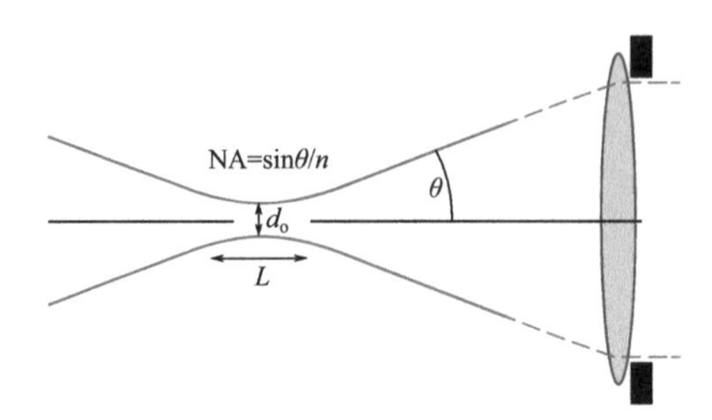

(a) 使用高数值孔径(NA)物镜将激光束聚焦到样品中的衍射极限聚焦体积

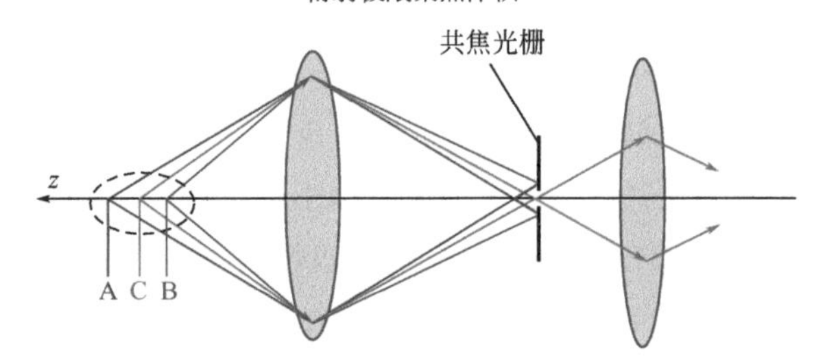

(b) 位于后焦平面的共焦光栅通过阻挡来自A点和B点的光线，而来自C点的光线则自由地通过该光栅到达检测器，从而衰减了聚焦信号

图 2-20　共焦拉曼显微镜原理示意图 [32]

2.7.2　实验样品光谱的深度解析

通过共焦装置可以获得材料不同深度的光谱，从而形成深度剖面图。根据所使用显微物镜放大倍数的相关知识，可计算出样品的体积，得到样品在光谱中的位置。尽管从原理上看比较简单，但通常材料的介电常数与样品和显微镜之间空气的介电常数不同，当光束进入其他材料形成折射时，会产生很大的问题 [33,34]。使用水浸式或油浸式物镜可在一定程度上减少误差，但一般情况下，对样品的真实深度进行估算时必须格外谨慎。虽然有一些限制条件，但依然可获得信号随样品深度变化的信息。图 2-21 是 632nm 激发光束下用显微镜对聚对苯二甲酸乙二醇酯聚合物的深度剖面图。从测试结果可以看出，尽管存在共焦光学，但仍有足够的光穿过焦平面上方和下方的针孔，获得了焦平面上方 2μm 处的有效光谱。

然而，样品通常不是简单的聚合物块，而具有薄的表面涂层。图 2-21 中 812cm^{-1} 处的波峰就是表面层的谱带。不同厚度的多层样品变得越来越复杂，需要考虑每一层的折射率，从而所得的折线图也更加复杂，且共聚焦光束的样品体积也难以确定。Everall 就这一问题发表过几种观点。图 2-22 是一种极端情况，即光束聚焦在一层中两种材料的边缘处，由于导波效应，光谱中包含了来自几微米处材料的谱带。

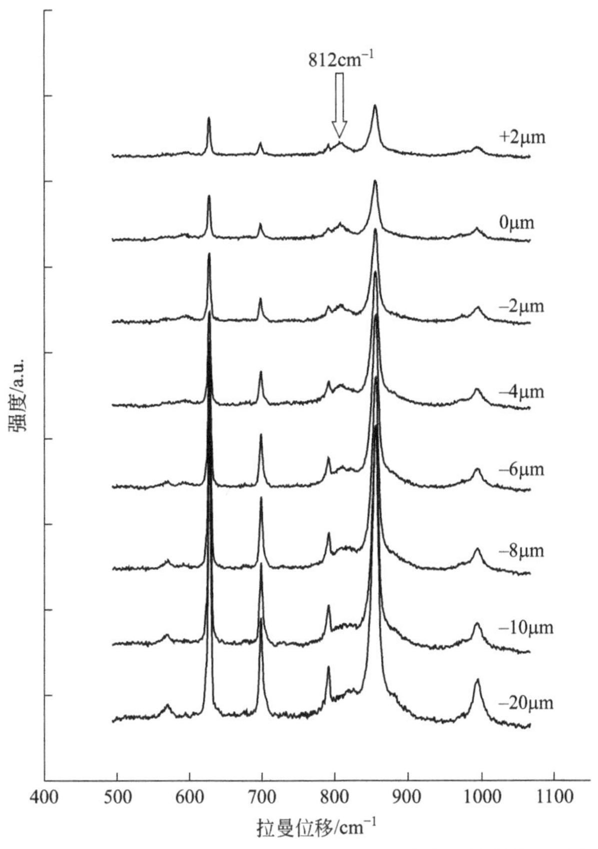

图 2-21　200 μm PET 涂层上涂覆 78 μm 丙烯酸乳胶的共焦深度剖面图[35]

[在 632.8nm 处有 ×50 倍放大率的物镜确定其深度分辨率为 4μm，从涂层表面（0μm）收集的和以 2μm 间隔穿过聚合物（在光谱标中记为 -2~-20μm）收集的光谱。当激光束聚焦在涂层表面上方 2μm 处时，可收集到最高光谱。因此，拉曼散射由剩下的或者离焦的部分光束产生。]

上述问题不应该成为光谱学家应用这种强大而有用的技术的绊脚石。在分析光谱时，特别是当样品是具有不同折射率的液体或固体时，必须适当考虑样品的异质性。在分析更复杂的光谱时（如组织和细胞的光谱），也应牢记这一点，本书第 7 章将举例说明。

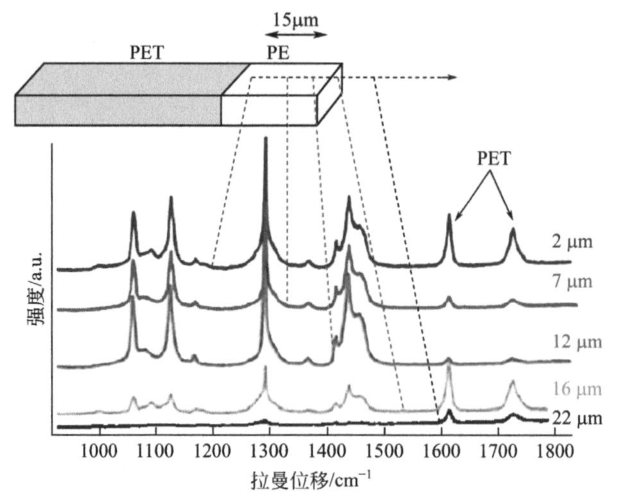

(a) 光束聚焦在PET/PE边缘处的拉曼光谱

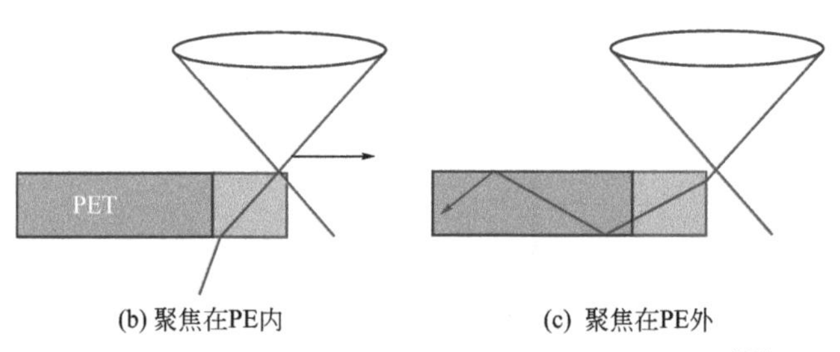

(b) 聚焦在PE内　　(c) 聚焦在PE外

图 2-22　PET/PE 层压材料薄横截面的横向扫描图[32]

[对PET/PE层压材料的薄横截面进行横向扫描；每个光谱上的数据是与PET/PE界面的距离。当激光聚焦转移到PE层外进入空气时，PE波段减弱，但是PET谱图会增长一个数量级（橙色光谱）。当聚焦在近PE边缘时，几乎没有光线可达到PET基板，但是当聚焦恰好在PE层之外时，波导模式可激发PET层，从而可观察到的PET信号会增加。]

2.7.3　拉曼光谱成像

拉曼光谱仪中广泛使用的CCD设备本质上与数码相机和便携式摄像机中的芯片类似，它们均依据像素阵列排列，每个像素都可以沿着x和y轴方向单独寻址。由于信号弱，拉曼散射与相机的区别在于曝光时间更长，因而处理背景噪声尤为重要，大部分仪器会使用二级或三级热电制冷甚至液氮冷却。有些价格较低的光谱仪通常使用无须冷却或单级冷却的线性阵列芯片。这种情况下，来自焦点的散射光会被分光栅分成多个单独频率，最终在CCD上聚焦成一条线。二维设备也可以通过类似操作成像，使用线聚焦在垂直于线的方向上沿线的每个点记录不同的频率。

另一种收集拉曼散射的方法是用一组过滤器代替单色器分割不同频率，这种方式类似于初始拉曼实验所使用的方式。在这种装置中，只有特定频率范围的光（包括待测物的主要振动频率）可以通过检测器。检测器的操作与相机类似，在聚焦区域记录特定振动的拉曼图像，即成像。图 2-23 是寄生虫的食物液泡在 1376cm^{-1} 处的显微照片和相应的拉曼图谱，以及由 780nm 光束激发所得的溶血素、β- 血红素和血红素的相关谱带[36]。在所有使用的激发波长下，溶血素和 β- 血红素的光谱均相似。第 4 章所述的 A_{1g} 模式的共振增强，包括 1374cm^{-1} 处的 $\nu 4$ 涉及扩展卟啉阵列中连接卟啉部分的激子耦合。通过谱带强度测试可以在食物液泡的自然环境下进行溶血素研究。

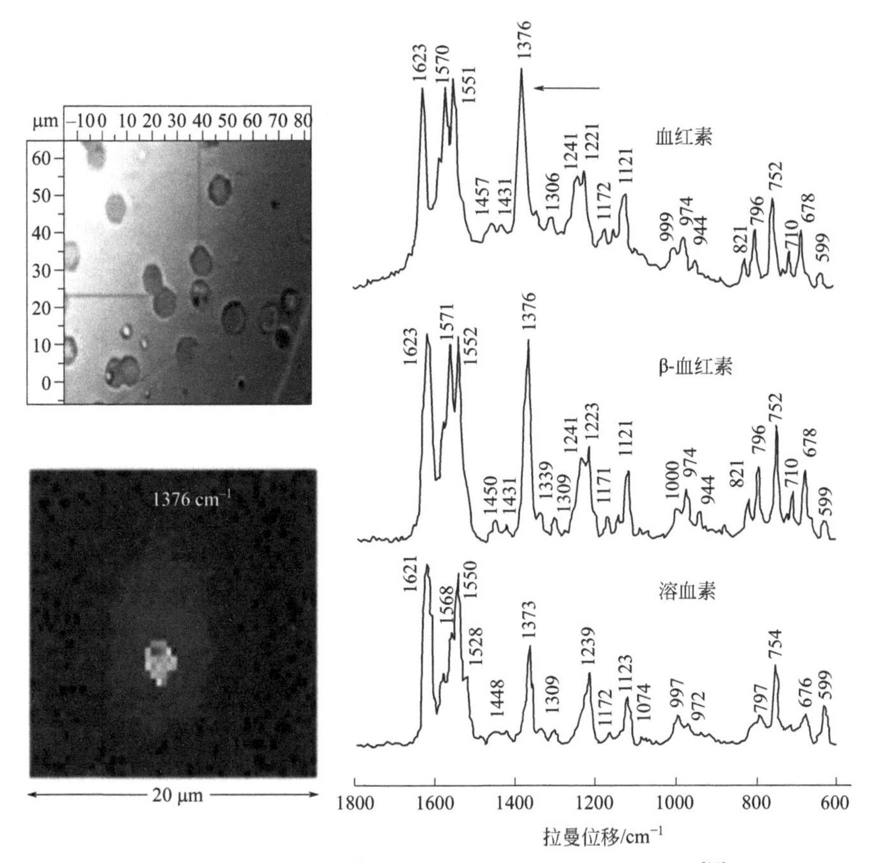

图 2-23　1376cm^{-1} 波段的显微照片和相应的拉曼图谱[36]

若样品小到可以成像，其成像速度会非常快，可将其图像直接与仪器在原位采样时拍摄的照片进行比较。然而，滤光片能够提供的光谱数据有限，相对于拉曼谱带的自然线宽，它覆盖了较宽的频率范围，可能会导致很多振动散射，若需测试多个频率范围，则必须更换滤光片。

现代仪器通常使用高光谱成像（第 7 章将列举实例），简单来说，即采用上述线聚焦方式使 2D 排列的所有像素沿着另一个轴显示拉曼散射的不同频率。使用电子反射镜后，光束可扫描整个样品表面收集线位置处的拉曼散射，获得样品上许多紧密间隔点的完整图谱。在 z 轴方向不同深度重复此过程，可获取有关样品的 3D 信息。从收集数据中选一个峰值，为该振动创建一个样品的 2D 或 3D 图像。这一过程称为高光谱成像。尽管这种方法备受关注，但是使用时应当考虑折射、光子穿透度以及成像因素，然而这些因素往往没有被重视。尤其应考虑样品在深度穿透上的影响，从而优化图像质量和光谱完整性[37]。

另一种更简单的方法是绘制表面图像。将样品安装在连接光谱仪软件的电动 xyz 载物台上，然后可以在样品的预设区域逐点收集光谱，但这很耗时。图 2-24 是一个典型的简单映射，其中一幅为样品表面的黑白图像，每个像素点都是获取光谱的点，像素越浅，所收集的拉曼散射越强；另一幅是从样品表面采集的三维图像，表面沉积了很多强拉曼信号的小颗粒，图中所示的峰即为粒子的位置。

上述所有方法中，大部分的辐射均会落在样品上。尤其是发生吸收时，可能导致加热和样品的降解。根据样品的性质，需将曝光时间和激光功率设置在一定范围内，以防止样品损坏。

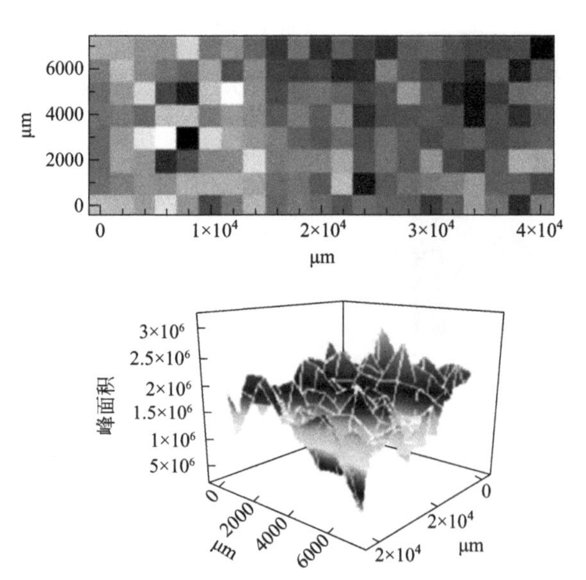

图 2-24　拉曼谱图 - 像素图谱（顶部）和 3D 图谱（底部）[38]

2.8 拉曼光谱仪的校准

到目前为止，已经探讨了光谱仪的组件和样品的呈现方式。在继续分析和处理这些数据之前，应该考虑一个问题：如何确认仪器是在正确和稳定地运行？这是工业光谱专家特别是监管部门经常会问到的问题。即便不是科学家，人们也经常会提出这样的问题，特别是制药行业，在向公众销售新产品之前必须进行注册。监管部门希望在正确的测试方法下设备能够正常运行，在对相同或同类样品进行测试时能得到“相同”的结果。若要进行定量研究，这个问题就格外重要。除法规要求外，工业光谱学家通常需要能在不同仪器之间转移的定量方法。寻找一种简单的校准标准和方法比较困难，但 McCreery[1] 提出了每天至少检查一次的方案。

目前，大多数检查都是为了确保 x 轴或波数位置正确。“校准”一词经常使用，但大多数光谱学家并不进行完整的校准检查，这些检查通常只由光学工程师完成。日常进行的检查称为性能检查更为合适，主要是根据标准来检查频率和强度是否符合规范。硫酸钡在 988cm^{-1} 处有很强的谱带，金刚石的谱带在 1364cm^{-1} 处，硅的谱带在 520cm^{-1} 处，这些是一些现代仪器制造商使用的特性谱带。此外，茚 [39]、环己烷和硫在色散仪上具有众所周知的谱带。诸如硅的峰通常用作日常检查，但最好用环己烷等样品进行检查，因其可提供待研究样品跨波长范围内的多个峰。

通常应该测量校准物的峰或峰的高度，但是很少提及校准相对峰的高度。对于色散仪，前文已讨论不同频率对强度的影响（图 2-4）。有关仪器软件是否能有效纠正随频率变化的仪器效率，需要进一步考证。傅里叶变换近红外拉曼光谱仪的情况更糟。虽然硫的光谱能保持相对谱带的强度，但茚谱带的相对强度随激光功率变化很大（图 2-25）。光谱看起来非常相似，但 2890 ～ 1550cm^{-1} 谱带的比例不会随着激光功率从 10mW 到 350mW 呈线性变化。在 1064nm 激光线以上的近红外光谱的吸收谱带中，部分化合物的谱带可以看出这种影响，而含有脂肪烃基团的化合物受影响更为明显。拉曼位移约为 3000cm^{-1} 的谱带实际上以 6398cm^{-1} 的频率散射，相当于 1562nm 的激发波长，这与 1666nm 附近的宽近红外脂肪族烃泛频谱带非常接近。有学者建议将卤代二烯烃作为一种可能的标准。与可见光激发的光谱相比，C—H 拉伸及其他接近检测器范围极限的部分也经常发生强烈衰减。当谱带出现在靠近滤光片（用于阻挡在激发线频率处发生的弹性散射辐射）的截止边缘时，它们很可能会严重衰减。也有人提出以荧光团为基础的标准可用于带有可见激光源光谱仪的校准。

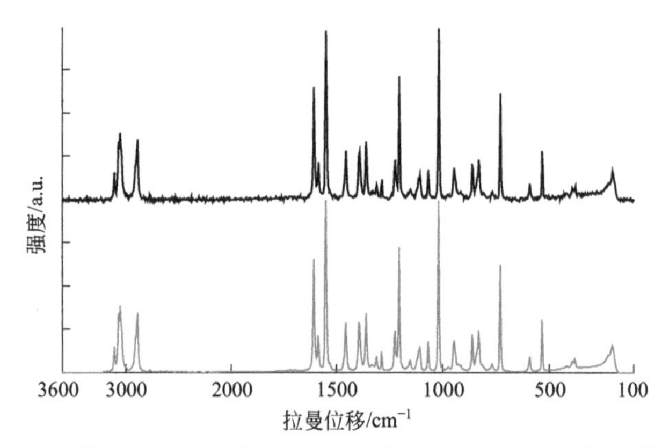

图 2-25　茚在 1064nm 处 10mW（顶部）和 350mW（底部）的光谱

光束轴上的氖气灯可以提供波长校准标准。卤代二烯和环己烷被提议作为可能的拉曼波数标准 [40]。激发频率、仪器和检测器不同时，光谱对强度的响应也不同，而且很可能需要如图 2-26 所示的光谱进行校正。现已建立了用于校准拉曼位移轴的 ASTM 标准（ASTME 1840-96，2014 年重新批准）。6 个不同的实验室使用分散光谱仪和红外光谱仪记录了 8 种常见化学物质的拉曼光谱，这 8 种物质即 1,4- 双（2- 甲基苯基）苯、萘、硫、甲苯 / 乙腈（50/50，*V/V*）、4- 乙酰氨基苯酚、苯腈、环己烷和聚苯乙烯。除了一些高频率和低频率的值外，还

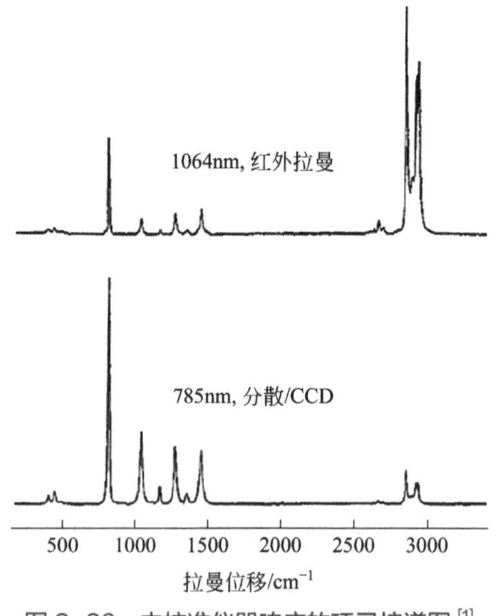

图 2-26　未校准仪器响应的环己烷谱图 [1]

报道了标准偏差< $1cm^{-1}$。

测量仪器常用钨丝灯测试响应随波长的变化。遗憾的是，灯泡的能量依赖于温度，而温度随灯泡的寿命变化。为了进行准确的校准，必须测量灯丝的温度。NIST[41] 提出可使用钨丝灯和玻璃过滤器来克服这一困难，该建议被仪器制造商 [42] 采用，特别是用在定量方法的转移方面。为了校准 y 轴，需要一个简单实用的仪器响应校正校准标准。ASTM 发布了许多检验仪器性能的标准，包括《拉曼光谱仪相对强度校正的标准指南》（E2911—2013）、《扫描拉曼光谱仪性能试验的标准实施规程》[E1683—02（2014）e1]、《用于多变量分析和替代混合物校准的光谱仪和分光光度计的资质评定标准实施规程》[E2056—04（2016）]、《远程拉曼光纤分光镜检查用光纤和光缆电离辐射感应光谱变化测量的标准指南》[E1654—94（2013）]。

虽然现在有了更多的标准，但仍然没有一种普遍接受的、易于使用的样品用于单一光谱中校准波数和强度。发光标准品必须在与被研究样品相同的几何取样结构中使用，波数的位置会受到多种仪器特性的影响，尤其是在红外系统中 [43]。

2.9 实验数据的处理、呈现和样品的定量分析

在讨论了拉曼实验的样品载入和仪器操作方式之后，根据数据的用途需要考虑数据的生成和处理方式。如前文所述，“拉曼光谱的解析”一词有许多不同的用法。在定性分析中，分子的光谱可以是一个完整的理论解释，其中每个谱带被仔细地匹配，或者分子的光谱也可以是一个是否存在某个特定谱带或谱带模式的粗略估计，或者通过软件在数据库内进行搜索，从而得出“这就是丙酮”的结论。通过绘制单个谱带的强度或使用数据分析程序 [如主成分分析（PCA）] 分析整个光谱，从而用光谱定量监测或确定成分。无论怎样使用数据，在产生光谱的过程中都必须考虑数据的处理。

2.9.1 光谱数据的处理

拉曼仪器是单光束仪器，在绝大多数情况下都不使用背景参考光谱。仪器在出厂前经过校准来调整随波长变化的检测效率，正常情况下用户不需为此担心。然而，使用时意识到可能出现的问题非常重要。如前文所述，仪器特性（例如劣化的滤光片或分束器）会造成接近截止点的伪峰，滤光片之间的错误

转换会造成强度的改变。在傅里叶变换光谱仪中，原始数据不是光谱而是干涉图，需经过计算机处理才能形成光谱。在傅里叶变换拉曼光谱中，3000cm^{-1}处的谱带相对强度受影响程度明显。此外，在可见光拉曼系统中使用792nm或850nm的激光激发也可能影响相对强度，尤其是对于吸收或混浊样品而言。另一个特性是激光束的极化方向，将在第3章中进行讨论。

经常观察到的两种常见伪带分别是由宇宙射线在色散系统中撞击电荷耦合器件（CCD）而产生的峰和来自激光源的边带（由于它们与主激光束的频率不同，因此可以通过系统）。由于这两种谱带都非常尖锐，通常能够立即被识别出来。宇宙射线可以通过多次积累和平均来排除。大多数仪器上的软件会去除那些只在一次积累中获得的峰值。激光边带可通过在激光仪前方使用滤光片去除。然而，现代拉曼系统是非常灵敏的，在样品几乎或完全没有出现散射时，高灵敏度的探测器即可检测到这些谱带。

为了精确测定，可以用白光源进行背景校正。理想状态下，温度是已知且不变的。但实际情况中，温度会随着时间的推移而变化并可能导致背景的变化。这些影响对于定量测定而非定性测量最为关键，在傅里叶变换仪器的光谱中可以观察到变迹和分辨率的影响。

获取数据之后可以使用软件灵活处理既是一个主要的优势，也是一个问题。只需简单地改变强度等级，就很容易获得明显的强光谱，这通常由仪器自动完成。如果不仔细研究y轴刻线，可能会忽略较弱光谱的信息。弱光谱可能是由于样品太少、制备不当、“样品”中添加了稀释剂（如盐）或只是样品的拉曼散射较弱导致的。最后一种情况的光谱可能来自样品基质中存在的强拉曼散射体杂质。

强度相差很大的光谱通常在缩放后进行比较，例如，可将每个光谱的主峰“归一化”为相同的值。一些仪器上的数据管理系统可以自动缩放光谱，使最强的峰延伸到屏幕的顶部，并以“归一化”方式显示。这样做的依据是样品处理方法不同，例如，从大量不同粉末中获取的快速光谱之间的强度无法进行比较，或者强度相差很大的光谱无法在一张图表中进行比较。根据所需的信息，“归一化”可能是合理的方法，但会遗漏绝对强度的数据，比较往往建立在每个样品的主峰具有可比强度的假设之上。许多样品差异较大是由于拉曼散射截面的差异显著，或是因为有时候样品制备不当，可以通过制备新样品对此进行检验。任何时候光谱学家都希望获得真实的光谱，并进行正确的解析。有经验的光谱学家会观察光谱上主峰以外的噪声峰，以判断原始光谱中各峰的相对强度。然而，大多数情况下，平滑程序会去除光谱中的大部分噪声峰，从而阻碍噪声峰被用于估计光谱之间的强度变化。

为了便于比较，一种更好的缩放光谱的方法是对标准样品进行归一化。理想情况下，可通过在粉末样品中分散粉末或向液体中添加溶剂将标准样品混合到样品中。使用这两种方法时，必须保证不会改变样品的化学性质，校准剂的添加量应适当，使得样品的强度较易在光谱中被识别。尽管大部分仪器使用的是单光束，但它们稳定性很好。通过在比色皿中多次测试标准溶液（如环己烷）即能证明仪器的稳定性，之后在样品测定前后至少采集一次标准溶液的光谱。当然，也可以设置一个双光束排列或使用样品池，通过旋转来交替测试样品和标准样品，但这种方法对于大多数研究来说太耗时了。

为了更好地呈现拉曼光谱，基线通常会被删掉，且目前已有成熟的基线删除程序。但是基线中可能包含其他重要信息，例如，有色样品的光谱通常以平坦的基线呈现，但在原始光谱中，根据条件的不同，可能会因荧光而出现宽峰。这些谱带是真实存在的，且能够提供有用的数据，而这些数据可能都在基线校准时被删除了。此外，在有色和无色样品中，特别是当它们随样品不同而变化时，倾斜的基线可能表明取样中存在的问题（例如样品池移位、存在颗粒、在某些波长下的散射吸收等）。因此，基线删除程序应该在已知可能会发生的情况的前提下使用。

进行定量测试时，另一种校正背景斜率的方法是导数光谱分析。如图 2-27 所示，二阶导数的光谱具有平坦的基线，但识别单个谱带可能变复杂。

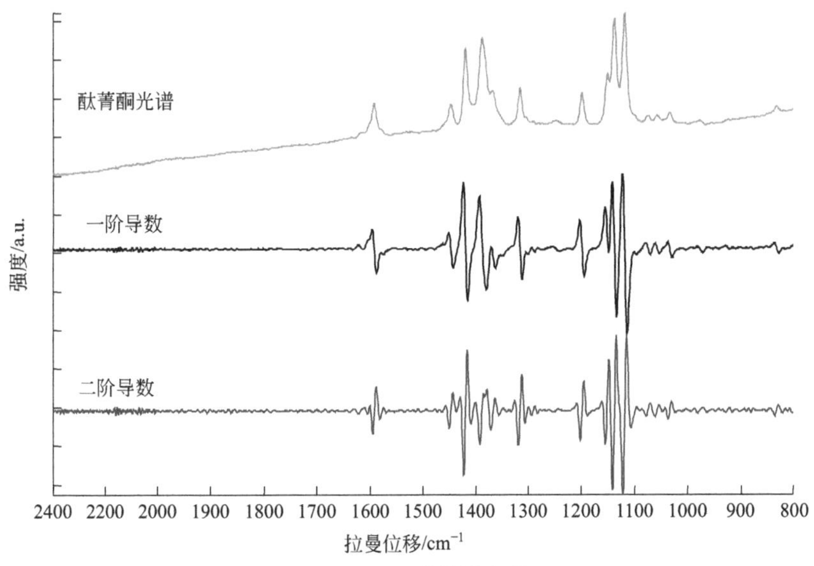

图 2-27　导数拉曼光谱

另一些程序可用于对带有如图 2-28 所示特征的宽光谱进行解析。如果成分的数量未知，则必须能够准确判断应该何时停止，否则光谱中可能出现伪带。

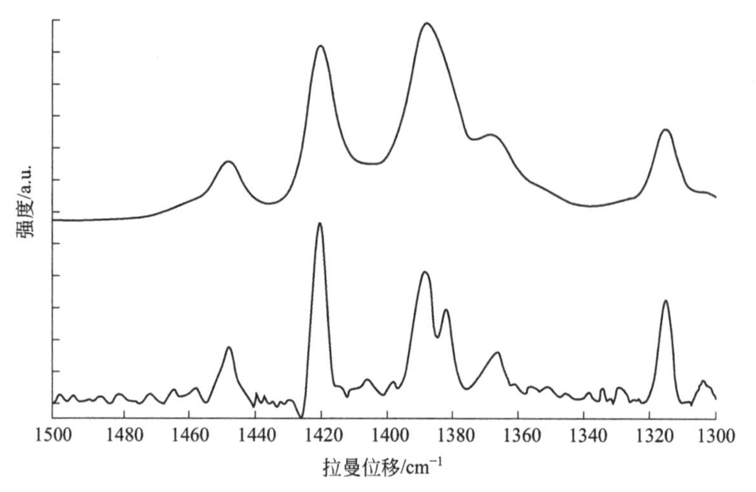

图 2-28 宽光谱中拉曼谱带的去卷积

此外，平滑程序可用于减少噪声并使噪声较多的光谱中的弱谱带变得清晰。但是，平滑程序必须谨慎使用，过度使用会失去尖峰，完全去除部分谱带，产生形状奇怪的谱带。图 2-29 所示为一个经历几个平滑度的光谱。此外，选择光谱范围的一小部分消除噪声，会将光谱中极小的常见噪声的特征放大，最终产生一个看上去平滑的峰，由于该区域没有强峰，这一平滑峰会被认为是一个特征峰。这可能是一种正确的方法，即该谱带可能是由样品中产生弱散射的主要物质引起的，但也有可能是由杂质或其他伪因素造成的。

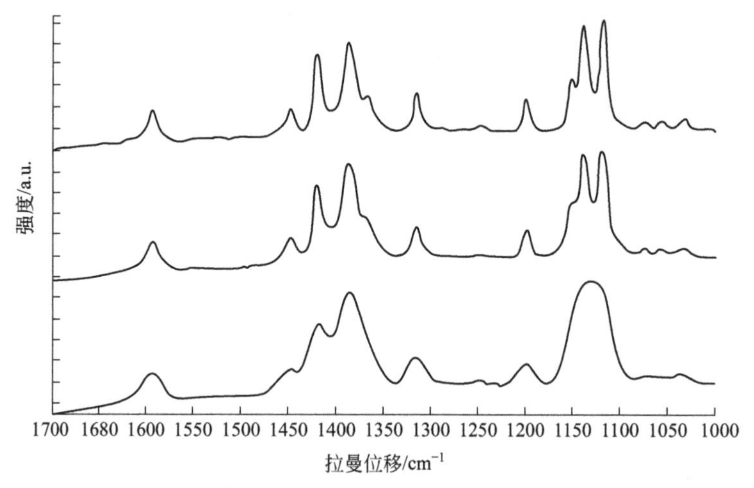

图 2-29 平滑处理过的拉曼光谱和过度平滑处理的光谱（底部）

2.9.2 拉曼光谱的呈现方式

光谱的呈现方式通常不是问题。拉曼光谱通常显示斯托克斯光谱，而忽略反斯托克斯光谱。唯一不一致的特征是波长尺度的显示方式，有时会从高波数到低波数，但通常都是从低波数到高波数。至于孰是孰非，存在语义上的争论。对纯粹主义者来说，所有图形的尺度都应该以原点处最低的绝对能量值来表示。另一些人则认为拉曼散射是一种偏移而非绝对测量，振动的绝对能量才应以最接近原点处的振动最低能量表示。光将其与红外光谱进行比较时更倾向于这种选择，这样同一样品的红外光谱和拉曼光谱可以重叠并进行谱带位置的比较。拉曼光谱的相对强度与仪器无关，但绝对强度因仪器而异。为了能够与其他仪器的数据进行比较，前文提到的校准对于定量测定是必要的。对于定性比较来说，通常只会使用例如电荷耦合器件（CCD）的每秒计数来显示强度。特别是当数据已经过处理，尺度可以用任意单位来描述，在这种情况下，它可能导致每个光谱有不同的未指定尺度。

2.9.3 实验样品的定量分析

数据处理程序通常在光谱用于定性分析方面发挥作用，拉曼光谱也能用于定量分析。拉曼散射在大多数应用中都能够检测光谱。拉曼光谱所测的频率值具有合理的准确度，另一方面，强度通常是指相对强度或描述为“强”“中”“弱”。如果只需要将光谱用作产生散射的单个或多个分子的指纹，这些信息就足够了。

液体的定量测试最好使用质量稳定的仪器。拉曼光谱仪是单光束仪器，因此任何定量分析程序都将取决于激光器和检测器的稳定性。此外，每次分析时仪器条件应相同，因为激光功率随时间变化会对测量有很大影响。因此，所有使用拉曼散射的定量测试都应使用校准剂，且应同时测试校准剂的光谱，并在可能的情况下与定量测试的样品混合。很多体系用硅校准剂，但其主峰能量相对较低（约 $550cm^{-1}$）。实际应用中最好使用第二种校准剂（如环己烷），可测得多个谱带，有些波数比待分析物高，有些波数比待分析物低。理论上，仪器应处理频率的差异，但作者曾观察到以下两种变化：一种是由仪器光栅上的滑动引起；另一种是使用近红外辐射时拉曼谱线的检测接近探测器范围的边缘引起。

拉曼取样的灵活性决定了拉曼实验很难随意地更换样品。在拉曼散射中，使用聚焦光束获取更高的功率时，检测溶液的体积通常会相对较小。在透明或浅色溶液中，最常见的方法是在聚焦光束位置上的固定支架中使用一个 1cm 的比色皿。实际取样比色皿中的样品体积通常为微升量级。为了获得有效的拉曼散射，光束必须首先通过比色皿发生折射后再通过介质，然后散射辐射在返回探测器的途中重复该过程。样品聚焦的深度可以改变信号，而任何导致激光束轻微位移的比色皿位置错位都会影响信号强度。因此，必须建立一个稳定的支架，确定样品相对于收集光学器件的位置。当然，每次测试将仪器参数设置完全相同也同样重要。

为了有效地将探针头直接聚焦在流动管线或反应容器上，必须将探头和容器准确固定，并控制管线或容器中的流量。弯曲的管线或容器的玻璃壁可能增加衍射问题，且由于非光学表面可能会导致部分光束散焦。产生影响的大小取决于可接受的容忍度。直接穿过瓶子测定威士忌液体需要非常精确的测量，每个瓶子中玻璃的厚度和均匀度以及瓶子与探针的精确定位都是重要的影响因素。由于溶液中光学透明度会随时间变化，混浊的溶液和悬浮液中的颗粒会使定量测试变得更加困难。

固体的定量测试通常用于粉末样品，且需要考虑很多的变量。除了颗粒的大小和密度外，光子迁移也会迅速分散光束，因此只能分析狭窄的表面层。如果可能，前文所述的透射散射技术可能是更好的选择，因为这种技术能检测大量的样品并计算近似的样品体积。对于背向散射，通常是将标准物完全分散到样品中，并从尽可能多的样品中收集散射。对整个样品进行多次测试，确保获得有代表性的结果，或者可以按照前文所述的方法测定样品并对结果进行平均。与其他光学技术一样，溶液或气体的定量测试比固体更容易，固体本身的性质会影响所得的光谱。使用连接在显微镜上的微量进样器，或使用不带显微镜的系统，有助于检测具有代表性的大量溶液。

显然，双光束对于定量测试更加有效。其中可行的方法是用一个分成两部分的样品池，一半填充样品，另一半填充标准样品，旋转样品池，在一段时间内定期记录标准品光谱和样品光谱，然后从平均累积信号中获得最终结果。然而，填充和使用双光束可能很难实现，并且在大多数情况下，单光束和校准剂联用对于现代机器已经足够可靠。激光功率是一个需要检查的重要变量，如果没有自动补偿，它会发生漂移。最近，能够在生物学上广泛使用的标准 96 或 384 孔微量滴定板上记录定量光谱的仪器已经面世。

无论以何种方式进行定量测试，如果要重复测量或用不同的仪器进行测定，则必须记录所有光谱仪状况、样品浓度、取样体积以及相关的样品池窗口材料或反射角。根据四次幂定律，相对谱带强度会随着激光源波长的不同而变化。如前文所述，自吸收会影响谱带强度，特别是在近红外拉曼光谱中。如第 4 章和第 5 章所述，共振也能提高相对强度。在某些测定中，温度也可能成为关键因素，特别是在高激光功率下或测试的是可能发生热降解的强吸收样品。

获得光谱或光谱组之后，可以通过多种方法计算谱带强度。最常见的方法是测量峰高，但有些仪器也能够计算谱带面积。非拉曼散射会引起背景噪声，因此必须在每个峰值下建立一个基线，理想情况下该基线应该很低且水平，并已考虑谱带形状、相邻重叠谱带和可能的荧光。每个峰值基线的绝对位置并不重要，但校准剂和测试样品的测定方法必须保持一致，很多仪器会自动完成这项工作。对于更复杂的情况，如生物基质中的定量测试，背景噪声线可能非常明显而且倾斜，所以很难确定基线的准确位置，这时必须注意自动程序的参考点可能随着分析物浓度的增加而改变。

在多组分样品中，可以通过测定相对波段强度的比值来确定相对强度。但是，应当考虑每个组分的相对拉曼散射截面。理想情况下，校准曲线应由已知成分的相似样品构建。对于两种以上的组分，合成混合物无法提供足够的校准曲线。实际样品可能含有会影响谱带形状和大小的次要成分。组分也可能相互之间或与溶剂进行反应，从而导致峰的位置、形状和大小发生变化。此外，颗粒大小、自吸收和去极化率都会影响相对谱带强度。

到目前为止，都是从光谱学家的角度来描述测定的，但是分析员更倾向于使用程序来收集样本中的所有数据，并利用这些数据获得最佳结果。例如，拉曼散射清晰的指纹特性使区分混合物中的不同物质变得很容易，但当存在多种物质时，尽管已知相关信息，用肉眼识别还是很困难。在这种情况下，主成分分析法非常有效，并且得到了广泛的应用。

在大量的定量软件包中，有的可用于成分分析，这些软件通过主成分回归法（PCR）到偏最小二乘法（PLS）建模来尝试简单的最小二乘拟合。此外，很多仪器都包含光谱增强和谱带分辨率数据包。前文提到的简单的导数光谱学，傅里叶域处理和曲线拟合程序都可以应用于复杂的组合。使用这些方法前，必须了解软件包对于所研究问题的适用性。否则，可能由于操作员的偏好使结果产生偏差。

许多文献深入研究了振动光谱定量方面的数学问题，在此仅强调了拉曼光谱学家需要特别注意的特性。

2.10 实验样品的定性分析方法

第1章阐述了解析拉曼光谱的基本理论和方法。本章讨论了各种仪器的特性，例如光源波长、提供有效采样的附件以及数据生成如何影响最终的光谱。在尝试解析光谱之前，应牢记这些因素。事实上，有的参数可能是为了增强某个特定的目标特性而专门选择的。在拉曼光谱中，所有技术都可以用于特定的增强，如第5章中的表面增强共振拉曼散射效应。如果已知某个分子的基本结构，那么第1章、第3章和第4章中阐述的理论将有助于光谱学家在获得有关分子状态的化学、物理甚至电子信息方面取得重大进展。谱带中的任何变化都有助于获取大量分子信息。振动光谱通常用于识别未知材料、表征反应副产物和跟踪反应。尽管拉曼光谱通常比红外光谱更简单、更清晰，但是由于有些基团无法产生强谱带，而且已发布或记录的参考光谱也很少，因此拉曼光谱不太容易进行指纹识别。然而，与大多数工具一样，如果有技巧地正确使用它，拉曼光谱就可以成为识别未知材料或组分的有力工具。提前预设可能导致错误结果的问题且在分析过程中获取并记录样品尽可能多的信息，有助于拉曼光谱在该领域的成功应用。

2.10.1 解析未知样品的拉曼光谱时需要考虑的因素

在实际解析中，必须利用所有可用信息并且要考虑样品污染的可能性。文献中很多例子忽略了这种简单的预防措施，根据数据得出的重要结论随后被证实是由污染物引起的。尽管解析拉曼光谱和红外光谱都需要了解所有可能影响光谱的因素，但拉曼光谱相对较简单。拉曼光谱在检测均匀的固体、液体或气体（很小可能是人工制品）时，不需要制备样品。如上文所述，有些仪器效应可能会在光谱中显示出来，例如宇宙射线和室内光线，特别是条形灯和阴极射线管发出的光线。这些仪器效应在尺度扩展的弱光谱中显得异常强烈。因为带宽很窄，一些（但不是全部）这样的特征峰能够被识别出来，如果对多次积累进行平均，仪器软件应该能够排除宇宙射线，但必须进行彻底地检查。

解析光谱时把握全局非常重要。如果忽略样本性质的简单信息，可能会得到显而易见的不可能的结论。基质中不同分子振动产生的不同强度的拉曼散射很容易导致这样的错误解析。比如聚合物瓶里可能含有硫黄，聚合物是弱散射体，而硫黄是强散射体，光谱由硫黄的峰主导并不意味着聚合物主要是硫黄。这是一个很简单的例子，但是当两个有机分子存在于同一基质中时，很容易出现这样的错误。

拉曼光谱与被测样品的化学和物理环境没有明显的相关性。从光谱上很难看出分子是气态、液态、固态还是聚合态，但物理状态确实会影响整体强度和谱带形状。一般来说，结晶态固体的光谱尖锐且强烈，而液体和蒸汽的光谱往往要弱得多。压力、取向、晶体尺寸、完整度和多态性都可能影响光谱，但变化都很小。但是，拉曼光谱对温度特别敏感。拉曼光谱中的宽谱带往往是由于荧光、燃烧、低分辨率或增强了的弱谱带（如玻璃或水的谱带）引起的。化学基团的谱带也可能由于氢键和 pH 值的变化而变化，但这些变化往往表现为峰的位移，而不是谱带形状的改变。

因此，记录了光谱之后，需要开发一种协助解决问题的方法。按顺序进行接下来的步骤，在解析中出错的机会将大大降低，但也并不能保证成功。

2.10.1.1 样品及其制备方法对光谱的影响

通过了解样品制备的方法，可以获得很多信息。分析员应该考虑如下问题：样品是如何制备的？已知的反应流程是什么？有没有可能的副反应？是否有溶剂？工作环境是否引入杂质？样品来自哪种设备（润滑脂、滚筒衬里、连接管和助滤器都可以出现在光谱中或被当作样品）？对于固体而言，固体是“干的”还是膏状的？有没有被溶剂洗过或重结晶过？对于液体而言，它们易挥发吗？是碱性的、中性的还是酸性的？对于蒸汽而言，温度和压力是多少？样品的纯度如何？是否有元素信息，样品是否含有氮、硫或卤素？这些元素是不是来自杂质？是否存在可能的极化、定向或温度效应？

虽然这些问题并非都有答案，但是如果没有得到预期的光谱，此时就需要考虑上述问题。对于没有任何已知历史或来源的样品，应谨慎处理，总有些信息是已知的，即使只是物理形状和颜色。

样品处理方式也会影响光谱。如前几节所述，所需信息可能会决定样品制备和（或）呈现的方法。已知制备方法应该会提供一些关于样品的信息，但依旧应谨慎。

样品制备过程中应注意以下问题：①固体样品是均匀的、压片状的还是泥状的？如果是泥状的，要去掉成泥剂的所有谱带。样品是否为一种均匀的粉末，可能会产生定向或颗粒尺寸效应吗？如果样品由于颜色深而被稀释，为什么说是无色的材料？②样品在容器里吗？应删去容器壁（如玻璃、聚乙烯）的谱带。③是否有溶剂被截留或包裹在铸膜或聚合物膜中？聚合物膜有方向性吗？④液体样品是纯液体还是溶液？如果是后者，需标记溶剂的谱带。⑤使用显微镜时，应考虑这些谱带是真实的吗？还是来自装片窗所用的材料，比如金刚石？

2.10.1.2 仪器和软件对光谱的影响

上述方法能检查光谱的所有谱带和整体形状不受样品和制备方法的影响，但仪器或软件也可能会造成额外的谱带和异常。

仪器和软件的影响有以下几个方面：①哪条激光线用作光源，共振或自吸收会影响谱带强度吗？②光谱真的有一个平坦的背景吗？还是软件背景校正去除了荧光并破坏了信息？③光谱是否和看上去一样强？检查尺度和扩展程序。④是否应用了平滑函数，导致正常得到的谱带丢失？⑤现代数据系统会显示和记录有关数据处理的信息。这是否适用？记录信息的缺失并不意味着数据没有经过处理。⑥拉曼光谱中的宽谱带是由于荧光或燃烧造成的吗？⑦拉曼光谱中的尖锐谱带是来自宇宙射线或室内氖光灯吗？

2.10.1.3 光谱解析的一般步骤

一旦获得了关于样本所有的历史信息，而且所有可能的失真和人工误差都被识别或排除，就应该开始解析谱带的位置和强度了。具体解析步骤如下：

（1）把整个光谱看作一张图时，看起来是否和预期中样品的谱图一样？谱带是宽的还是尖的？它们是强是弱？背景是倾斜的还是平坦的？如果看起来是正确的，则继续解析谱带位置。

（2）从高波数端开始，在 3600 ～ 3100cm^{-1} 区域中，有—OH 或—NH 谱带吗？参考图 1-10 ～图 1-14 确定类型，并在光谱的其他部分寻找相关谱带进行确认，例如酰胺有羰基谱带，也有—NH 谱带。这些谱带在拉曼光谱中很弱，很容易被忽略或看不见。

（3）在 3200 ～ 2700cm^{-1} 区域，是否存在不饱和或脂肪族谱带？不饱和谱带通常出现在高于 3000cm^{-1} 处，而脂肪族则在低于 3000cm^{-1} 处。如果存在脂肪族谱带，其主要是甲基还是更长的—CH_2—基团？还是需要参考表格来通过其他谱带进行确认？

（4）在 2700 ～ 2000cm^{-1} 的多键（如—N ═ C ═ N）区域有谱带吗？

（5）1800 ～ 1600cm^{-1} 的双键（例如—C ═ O，—C ═ C—）区域是否存在谱带？在拉曼光谱中，相较于羰基谱带，不饱和双键的谱带更尖且更强。红外活性谱带也可能出现在这个区域。

（6）这些检查应该能够确认光谱中是否含有脂肪族基团、不饱和基团或芳香族基团。还应确认多键谱带或羰基带。检查光谱其他部分的强谱带，它们是否与表中的谱带对应?

（7）$1600cm^{-1}$ 以下的区域包含许多主要由分子引起的指纹谱带。可以从这个区域获得结构信息，但谱带主要是由分子的主链引起的。可以识别出选定的苯环模式和基团（如偶氮基）。在这一区域有谱带的其他基团通常是被氧化的有机物，例如硝基、磺基或重卤代烃。无机物在这个区域有尖锐的拉曼光谱（见附录）。

（8）除了识别基团的信息外，是否还有未显现出来的谱带的负向信息？如果 $3200 \sim 700cm^{-1}$ 区域仅包含非常弱的谱带或没有谱带，则此负向信息可能是：这是由于特殊物质（如前面提到卤化物）基团的拉曼谱带太弱或样品是无机化合物。

（9）识别出可能出现在光谱中的基团之后，根据已知的化学知识和（或）对于可能存在的杂质的了解，是否能够组成预期中的分子?

若条件允许，可以通过与分子或相似结构的参考光谱进行直观匹配来对解析进行交叉检查。在没有对光谱进行直观匹配时，不要相信峰值列表或计算机搜索的结果。最后要检查得到的结论对于样品来说是否合理。红色粉末真的会是乙醇吗？如果遵循上述步骤解析光谱，能够从检测中获得最多的信息，并可将误差降至最低。

2.10.2 计算机辅助样品拉曼光谱定性解析

如果记录拉曼光谱的目的是识别化合物，那么最简单的办法就是使用资料库。现在大部分拉曼仪器制造商都会提供他们自己的资料搜索程序，其中包含了预先记录的参考光谱，并可以根据用户自己记录的光谱进行扩展。主要的谱图库出版公司也提供电子库作为独立的谱图搜索系统，还有一些可以在互联网上搜索的谱图库。但是，当使用这些资料时，应该通过光谱比较来直观地交叉检查结果，而不是接受计算机列表。最好按照 2.10.1 节末尾所述的步骤对匹配结果进行检查。

为了进行更详细的解析，可以进行光谱计算，最常用的是密度泛函理论（DFT）方法。如果使用大量的、合适的基础方程组进行正确的计算，计算结果可以在能量和强度上很好地接近真实光谱。检查结果时，作者需要对不同基础方程组得到的结果进行选择。可采取一些简单的步骤来协助评估计算结果。

（1）计算通常是针对气相中的孤立分子。可以通过添加溶剂层改进计算，但这与实验样品所处的环境仍不相同。因此，可能会造成一些差异，并不应该通过改进计算试图消除它们。

（2）虽有例外，但大多数拉曼光谱都没有谐波（共振拉曼光谱除外），因此除了第 1 章中讨论的 C ≡ C 和 C ≡ N 三键伸缩等特定谱带之外，在 1600 ～ 1700cm^{-1} 到略低于 3000cm^{-1} 的区域中应该没有谱带。对于一个特定的分子，检查其结构中是否存在脂肪族和芳香族的 C—H 伸缩，可以更准确地确定谱带上限。通过对 1600 ～ 1700cm^{-1} 区域中预期的最高谱带进行匹配可用类似的方法来确定谱带下限。计算结果是否能正确地将差距调整到百分之几以内？如果能的话，则增加了计算结果可用的概率。

（3）每个主峰的能量是否近似正确，是否由上一节中的方法从初始匹配中预期的振动类型引起？如果不是这样，并不意味着计算不正确，问题可能是由于计算、初始匹配或上文指出的环境差异引起的。

（4）如果可能，对红外光谱和拉曼光谱同时进行计算和实验测试，则在评估中可包含更多的谱带和强度模式。计算结果应该能与两种实验光谱很好地拟合。

（5）通常情况下，1000 ～ 3000cm^{-1} 区域的拟合在低频率处会变差，复杂的性质和大量的谱带会使低频处的拟合变得困难。也许有必要对该区域的计算能量进行缩放以获得最佳拟合。如果是这样的话，对识别那些已知能量的特定谱带（如 C—S 和 S—S 伸缩的谱带）有很大帮助。作者对待这一区域特别谨慎。

（6）共振增强或改变 pH 值等效应会阻碍计算中的匹配，应注意确保所有匹配都是正确的。共振将在第 4 章中讨论，但本质上就是某些类型的振动被选择性地增强。一些论文中根据观察到的强度对共振增强的光谱进行了谱带匹配，而没有考虑哪些振动会增强，因而导致了错误的匹配。

计算揭示了振动的真实性质，也突出了使用较简单方法进行匹配的局限性。例如，第 1 章中讨论了通过密度泛函理论计算得到的苯的振动，很清晰地展示了完全符合预期的振动。然而，图 2-30 是一个曾被匹配为形成偶氮基团的双键中两个氮原子之间的偶氮伸缩振动，计算结果却表明，虽然这些氮原子上确实有明显的振动，但在其他许多原子上也都有明显的振动。这就引出了如何最恰当地描述振动的问题。大多数情况下，第 1 章和 2.10.1.3 节中列举的简单系统都是最合适的。这个系统建立完善，并且易于沟通，但必须记住，这种系统只能对振动进行近似描述。如果谱带被正确匹配，计算会给出更多的细节，从而提供很多信息，但难点在于如何有效地传递这些信息。如何简单描述图 2-30 所示的振动呢？在实际操作中，结果通常以表格的形式给出，首先给出系统特定部分的最大位移。如果要更详细地描述一个特定的振动，通常会用图2-30所示的箭头表示每个原子的运动方向和相对运动量。箭头只显示了一个方向，但这些箭头代表的是在离开和返回静止位置两个方向上的移动。为了显示清楚，箭头的长度被夸大了，这可能会导致得出错误的结论。C—H振动通常会产生非常大的位移，但实际上，氢原子的尺寸很小且非常接近碳原子，因此大大减小了C—H振动的位移。

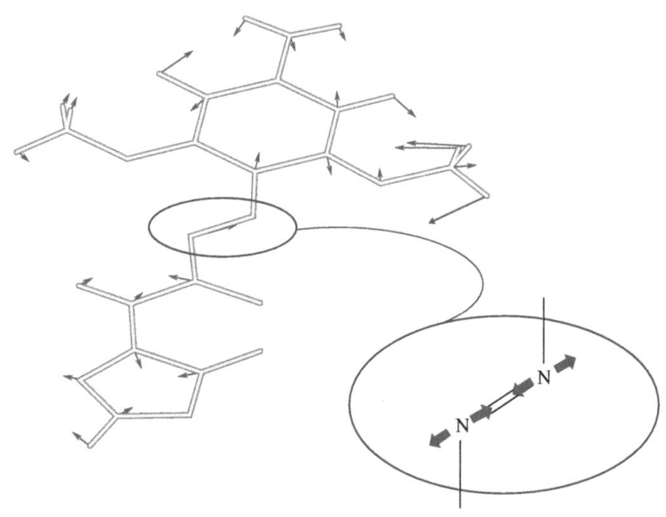

图2-30　偶氮染料中“偶氮”伸缩图

（图像清晰地表明有很多原子参与其中。计算得出在1395cm^{-1}处会出现该条谱带，实验中在1373cm^{-1}处发现了它，在放大的椭圆中可以看到偶氮键及两个方向上的振动。）

很多人尝试开发人工智能或专家系统来模仿人类的思维过程进行光谱解析，且大多数都已经在特定的类似化合物或结构范围内取得了成功，但没有一个能接近人类尝试的全部范围。很多光谱仪器制造商都提供软件培训包，能够形象地展示解析的基本原理。现在有些软件包含谱图起源的三维图像，展示键的实时扭转、弯曲和伸缩。这些图像通常对特定的谱带范围或分子基团非常有效，但光谱学家不能对图像化进行扩充。

2.10.3　数据传输和交换的光谱格式

振动光谱学家意识到计算机处理光谱进行定量或定性研究的潜力。然而，采用计算机处理时需要先用仪器制造商提供的软件，或者对光谱文件进行艰难而烦琐的处理，以便传输到另一台计算机。随着PC工作站的出现和大型商业数据库的建立，对数据传输通用格式的需求日益增长。1987年，原子和分子物理性质联合委员会（JCAMP）提出了一种国际通用的格式，称为 JCAMP-DX。该格式旨在用一系列长度可变的带标签的 ASCII 字段表示所有数据。很快，主要的仪器制造商们就提供了可将光谱转换为 JCAMP 格式的软件，或将 JCAMP 格式的光谱转换为其他格式。遗憾的是，虽然明确指定了数据格式，但文件抬头的格式却规定得不那么严格，结果逗号、空格等都以不同的方式被用作分隔符，从而导致了每个制造商提供的 JCAMP 文件都略有区别。现在有很多商业光谱文件转换器可以将大多数光谱仪的文件导入和导出到数据处理包。“剪切”“粘贴”技术的日常使用也消除了文件传输的需要，因为光谱图像很容易插入报告和演示文稿中。

2.11 小结

从实用角度出发，本章已经非常清楚地阐述了拉曼光谱的优缺点。拉曼光谱非常灵活，而且可以用许多不同的方式进行配置。现代光学技术的不断进步，包括小二极管激光器、改进的简单探测器和光纤耦合，使拉曼散射可以用来解决以前无法解决的问题。由于这是一项非接触式的技术，可以在有灰尘的化工厂或内燃机的机头里使用。虽然这项技术受到弱效应的限制，但在功率密度较高的情况下，可以通过使用显微镜或特殊形式的光纤在一定程度上克服这一问题。因此，拉曼光谱学未来将朝着特定分析的方向发展。对于一般用途来说，这样做的缺点是需要了解研究主题才能选择合适的范围，而且仅购买一台激光器和一台简单的拉曼光谱仪器并不能获得所有的优势。然而，大多数实验室发现，现代拉曼仪器——可见光或近红外傅里叶变换系统，可以解决许多标准问题，所以通常认为拉曼散射是一项不错的技术选择。

参考文献

[1] McCreery, R.L. (2000). *Raman Spectroscopy for Chemical Analysis,* Ch. 10. New York: Wiley.
[2] Hendra, P., Jones, C., and Warnes, G. (1991). *FT Raman Spectroscopy.* Chichester: Ellis Horwood Ltd.
[3] Bowie, B.T., Chase, D.B., and Griffiths, P. (2000). *Appl. Spectrosc.* 54: 200A-207A.
[4] Everall, N. and Lumsdon, J. (1991). *Vib. Spectrosc.* 2: 257-261.
[5] Pellow-Jarman, M.V., Hendra, P.J., and Lehnert, R.J. (1996). *Vib. Spectrosc.* 12: 257-261.
[6] Wang, H., Mann, C.K., and Vickers, J.V. (2002). *Appl. Spectrosc*. 56: 1538-1544.
[7] Chio, C.H., Sharma, S.K., Lucey, P.G., and Muenow, D.W. (2003). *Appl. Spectrosc*. 57:774-783.
[8] Schrader, B. and Bergmann, G.Z. (1967). *Anal. Chem*. 225: 230-247.
[9] West, Y.D. (1996). *IJVS,* vol. 1, 1e, section 1. www.irdg.org/ijvs.

[10] Hendra, P.J. (1996). *IJVS,* vol. 1, 1e, section 1. www.irdg.org/ijvs.
[11] Chalmers, M. and Dent, G. (1997). *Industrial Analysis with Vibrational Spectroscopy*. London: Royal Society of Chemistry.
[12]]Dent, G. (1995). *Spectrochim. Acta A* 51: 1975.
[13] Chalmers, J. and Griffiths, P. (eds.) (2001). *Handbook of Vibrational Spectroscopy*, vol. 4, 2593-2600. New York: Wiley.
[14] Dent, G. and Farrell, F. (1997). *Spectrochim. Acta A* 53: 21-23.
[15] Asselin, K.J. and Chase, B. (1994). *Appl. Spectrosc.* 48: 699.
[16] Petty, C. (1991). *Vib. Spectrosc.* 2: 263.
[17] Everall, N. (1994). *J. Raman Spectrosc.* 25: 813-819.
[18] Church, J.S., Davie, A.S., James, D.W. et al. (1994). *Appl. Spectrosc.* 48 (7): 813-817.
[19] Louden, D. (1987). *Laboratory Methods in Vibrational Spectroscopy* (ed. H.A. Willis, J.H. van der Mass and R.J. Miller). New York: Wiley.
[20] Rabolt, J.F., Santo, R., and Swalen, J.D. (1980). *Appl. Spectrosc.* 34: 517.
[21] Churchwell, J. and Bain, C. (2013). *Abstracts of Papers, 245th ACS National Meeting and Exposition, New Orleans,* LA (7-11 April 2013), PHYS-12.
[22] Rentzepis, P., Dodson, R., and Taylor, C. (2017). *Abstracts of Papers, 254th ACS National Meeting and Exposition, Washington*, DC (20-24 August 2017), CHED-120.
[23] Rentzepis, P., Dodson, R., and Taylor, C. (2017). *Abstracts of Papers, 254th ACS National Meeting and Exposition, Washington,* DC (20-24 August 2017), CHED-34.
[24] Ngo, D. and Baldelli, S. (2016). *J. Phys. Chem. B* 120 (48): 12346-12357.
[25] Littleford, R., Paterson, M.A.J., Low, P.J. et al. (2004). *Phys. Chem. Chem. Phys.* 6: 3257-3263.
[26] Lewis, J.R. and Griffiths, P.R. (1996). *Appl. Spectrosc.* 50: 12A.
[27] Angel, S.M., Cooney, T.F., and Trey Skinner, H. (2000). *Modern Techniques in Raman Spectroscopy* (ed. J.J. Laserna) Ch. 10. New York: Wiley.
[28] Slater, J.B., Tedesco, J.M., Fairchild, R.C., and Lewis, I.R. (2001). *Handbook of Raman Spectroscopy, Ch. 3* (ed. I.R. Lewis and H.G.M. Edwards), 41-144. New York: Marcel Dekker.
[29] Song, L., Liu, S., Zhelyaskov, V., and El-Sayed, M.A. (1998). *Appl. Spectrosc.* 52: 1364.
[30] Schwab, S.D. and McCreery, R.L. (1987). *Appl. Spectrosc.* 41: 126.
[31] Xu, W., Xu, S., Lu, Z. et al. (2004). *Appl. Spectrosc.* 58: 414-419.
[32] Everall, N.J. (2010). *Analyst* 135: 2512.
[33] Everall, N.J. (2000). *Appl. Spectrosc.* 54: 1515-1520.
[34] Everall, N.J. (2000). *Appl. Spectrosc.* 54: 773-782.
[35] Macanally, G.D., Everall, N.J., Chalmers, J.M., and Smith, W.E. (2003). *Appl. Spectrosc.* 57: 44.
[36] Wood, B.R., Langford, S.J., Cooke, B.M. et al. (2003). *FEBS Lett.* 554: 247-252.
[37] Everall, N.J. (2014). *J. Raman Spectrosc.* 45: 133-138.
[38] McCabe, A., Smith, W.E., Thomson, G. et al. (2002). *Appl. Spectrosc.* 56: 820.
[39] Carter, D.A., Thompson, W.R., Taylor, C.E., and Pemberton, J.E. (1995). *Appl. Spectrosc.* 49: 11.
[40] Fountain, A.W. III, Mann, C.K., and Vickers, T.J. (1995). *Appl. Spectrosc.* 49: 1048-1053.
[41] NIST(2000). www.cstl.nist.goc/div837/Division/techac/2000/RamanStandards.htm (accessed 4 October 2018).
[42] Kayser. www.kosi.com/raman/product/accessories/hca.html (accessed 4 October 2018).
[43] Bowie, B.T., Chase, D.B., and Griffiths, P. (2000). *Appl. Spectrosc.* 54: 164A-173A.

现代拉曼光谱

Modern
Raman
Spectroscopy：A Practical Approach

第3章 拉曼光谱理论

3.1 概述

如第 1 章所述，拉曼光谱的尖锐谱带使其能够进行多种类型的分析，而无须深入了解其作用本质。例如，可以根据谱图原位鉴定分子，并且可以对化合物进行定量分析。但是，若能更好地理解拉曼光谱理论则有利于研究的进行：可以获取更多有关分子及其周围环境的信息、图谱解析更可信、谱带识别可避免更多误区、了解必备的现代发展背景知识。介绍拉曼光谱学理论的书籍很多，有些处理方式应用也很广泛。本章阐述的内容有助于全面解析样品谱图，而非理解散射过程本身，以期帮助不同背景的光谱学家充分理解拉曼光谱理论。例如，在需要数学处理以求出特定点的情况下，能对关键方程式进行解释，但不作完全推导，也不描述所产生的物理信息。读者可参考已报道文献获取更详细的内容[1-7]。

现代拉曼散射理论中常用的方法是基于 Mie 在 1908 年发表论文中的光散射理论[8]。它可以推导证明斯托克斯散射和反斯托克斯散射的产生，以及散射的四次幂定律。拉曼散射是一个很好的量子效应的例子，因此常用在教科书中，并且对于理解散射本质具有重要的意义，但是它不能直接用于解析光谱或帮助理解现代计算机程序如何计算峰强度。这里不再做进一步说明，该理论的说明可参见相应参考文献[1-3]。本章的重点是理解极化率（α），其能够定义拉曼强度的分子性质，并有助于对拉曼散射有更深刻的理解。

3.2 吸收和散射

当光与物质相互作用时，光可以被吸收或散射。在第 1 章中简要讨论的吸收过程要求入射光子的能量与分子的基态和激发态之间的能隙相匹配。这是许多读者比较熟悉的广泛用于光谱技术的基本过程。相反，无论是否存在合适的能级，吸收辐射都会发生散射，且有不同的方法来说明辐射与分子之间的相互作用。

当一束光波被认为是传播的振荡偶极子通过一个分子时，它们会相互作用并扭曲原子核周围的电子云。在可见光区域，光的波长大约在 400 ～ 700nm 之间，而一个小分子（例如四氯化碳）的波长大约在 0.3 ～ 0.4nm 之间。与传播方向成 90°角的光所产生的振荡偶极子的振幅远大于分子的大小。如果光与分子相互作用，光将使分子发生电子极化，再辐射进入短暂的高能结构。在形成更高能量排列的瞬间，光波中存在的能量被转移到分子中，导致分子具有不一样的电子几何结构，但寿命很短，导致原子核来不及移动至最低能级。这种排列不是分子的真实状态，被称为虚态。扭曲电子排列的实际形状将取决于分子的类型以及转移给它的能量大小（即取决于所用激光的频率），此外，激光的频率决定了虚态的能量。

散射过程在许多方面不同于吸收过程。首先，额外的能量并不会使电子进入任何静态分子的激发态。静态分子的所有状态在不同程度上相互影响并混合在一起形成虚态；其次，辐射沿不同方向散射，而不是被分子吸收；最后，激发光子和散射光子的偏振方向之间存在联系，这对确定特定的振动类型可能很有价值，这一点将在本章后面讨论。

散射的两种类型很容易区分。当虚态松弛且没有伴随任何原子核运动时，会发生最强烈的瑞利散射，本质上是一个没有明显能量变化的弹性过程。拉曼散射是一种比较罕见的现象，仅涉及 $10^6 \sim 10^8$ 个散射光子中的一个。受到激发时，电子与原子核相互作用并发生能量转移，发生散射。如果分子最初处于基态，则从虚态散射的光子能量比转移到原子核的能量低，该分子就开始振动，这就是斯托克斯散射。但是，如果分子处于振动激发状态，则散射过程会使分子返回基态，并且通过增加振动能量，散射辐射的能量要高于激发频率，这是反斯托克斯散射。尽管虚态的寿命很短，但在斯托克斯散射中能量已经转移，因此核运动在电子返回其平衡位置后继续进行。第 1 章中的图 1-2 展示了瑞利散射和拉曼散射的简单示意图。在每一种情况下，虚态的能量均由入射激光的能量决定。

分子在室温下被激发前最有可能处于振动基态。因此，大多数拉曼散射是斯托克斯拉曼散射。斯托克斯散射强度与反斯托克斯散射强度的比值取决于分子处于基态和激发态振动能级的数量。这可以根据玻尔兹曼方程计算。

$$\frac{N_n}{N_m}=\frac{g_n}{g_m}\exp\left[\frac{-(E_n-E_m)}{kT}\right] \tag{3-1}$$

式中 N_n ——激发态振动能级（n）中的分子数；

N_m ——基态振动能级（m）中的分子数；

g ——n 级和 m 级的简并；

E_n-E_m ——振动能级之间的能量差；

k ——玻尔兹曼常数，取 1.3807×10^{-23}J・K^{-1}。

本章后文中讨论对称时，有些振动能够以多种方式发生，且不同方式的能量是相同的，因此无法单独识别各个部分。这些部分的数量称为简并度，由方程式（3-1）中的符号 g 表示。由于玻耳兹曼分布必须考虑所有可能的振动状态，因此必须进行校正。对于大多数状态，g 等于 1；但对于简并振动，g 可以等于 2 或 3。

3.3 系统状态与胡克定律

接下来的三个部分将阐述光谱解析。3.4 节和 3.5 节描述了可估算特定振动能量的基本方法以及估算强度的方法。

每个分子都有一系列电子状态，每个电子状态又包含大量的振动和旋转状态。图 3-1 是没有旋转能级的典型分子电子状态的示意图。图中，y 轴表示系统的能量；x 轴表示核间距；曲线表示电子状态。核间距较大时，原子基本是自由的，随着距离的减小，它们相互吸引成键。如果间距过小，内核力将引起排斥，分子的能量急剧上升，如图 3-1 所示。因此，键长处能量最低。但是，该曲线并不能包含所有的能量状态，因为分子的振动能是可量化的，连接线即为量化的振动状态。特定电子状态的振动状态通常称为振动态，该术语将在以下各节使用。

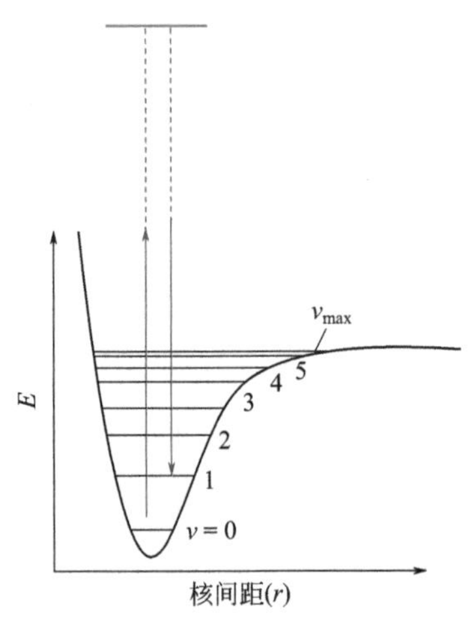

图 3-1 电子状态的典型莫尔斯曲线

（曲线显示了一种以水平连接线表示的振动的基频和重音。拉曼激发和散射过程以红色标记。虚线表示实际上这些线的长度可能更长。）

图 3-1 中所示的是一种振动。第一级（v=0）是基态，第二级（v=1）是第一激发态。分子吸收两者之间一个量子的能量差而引起分子振动。高于第二能级

的能量，大约需要分子从基态0跃迁到第一激发态1所需能量差的2倍、3倍、4倍等。能量差不精确的原因是所示曲线不完全是一个参量振荡器。当吸收涉及一个以上量子的变化时，获得的谱带称为泛音。与拉曼散射中一样，这仅在特殊情况下才会发生，比如在下一章中要描述的共振拉曼散射。在大多数拉曼光谱中，泛音非常微弱或不存在。为了以图3-1所示的方式描述大分子中所有可能的振动状态，每种振动都需要一组类似的但能量不同的连接线。此外，振动可以组合，一个振动的量子和另一个振动的量子可组合得到新的能级。在光谱中，由于这些组合而产生的峰称为组合谱带，与泛音一样，组合谱带仅在某些特殊情况下才会出现。更复杂的是，还需要增加能量比振动能级低的旋转能级，并且在每个振动能级上建立旋转级数。包含所有能级的谱图太复杂以至于无法使用，常通过显示一个振动的所有能级（图3-1），或分子每次振动的基态和第一激发态来简化。在拉曼散射中，激发辐射决定虚态，因为任何一个拉曼散射发生的时间都比完成一个振动周期的时间要短，所以核的几何形状只有很小的变化，显示散射事件的箭头是垂直的。

图1-2和图3-1可能会引起误解。例如，如果使用500nm的激发，则对应的数据为20000cm^{-1}，而碳碳单键和双键的振动低于1600cm^{-1}。特别是对于低频振动，图3-1中的红色垂直线应更长。但是，激光辐射的能量并未按比例表示，这是为了清楚地显示振动间距，绘制出真实的激发能，最终导致基态和振动能级间隔很小，而虚态之间的间隔变得非常大。同样，为了更简单易懂，电子振动能级之间的能量分离差异被夸大了，在实际系统中通常要小得多。另外，由于散射过程中的振动运动很小，因此代表激发和散射过程的箭头实际上应该彼此重叠。为了更清晰，图3-1中将它们分开了。

莫尔斯曲线的形状使计算振动能级的能量有些复杂，因此简单的理论使用谐波近似方法。这种方法中，对于双原子分子，将莫尔斯曲线替换为抛物线，该抛物线通过将分子视为由振动弹簧连接的两个物体计算得到。通过这种方法，胡克定律［方程式（3-2）］给出了频率的计算式，涉及振动原子的质量以及键强度之间的关系。

$$v=\frac{1}{2\pi c}\sqrt{\frac{K}{\mu}} \tag{3-2}$$

式中　c ——光速；

K——原子A和原子B之间键的力常数，是键强度的量度；

μ ——原子A和原子B质量（M_A和M_B）的折合质量，其计算式为式

（3-3）。

$$\mu = \frac{M_A M_B}{M_A + M_B} \tag{3-3}$$

胡克定律让特定振动能量的近似规则变得易于理解。原子越轻，频率越高。因此，对于脂肪族和芳香族体系，C—H 振动分别位于 $3000cm^{-1}$ 以下和略高于 $3000cm^{-1}$，而 C—I 振动小于 $500cm^{-1}$。力常数是键强度的量度，键越强，频率越高。因此，—C ═ C—拉伸的能量将高于—C—C—拉伸的能量。第 1 章给出了不同基团的振动能量图。

另外还有两点值得注意，谐波预测一个分子的泛音是等间隔的，但实际上，谐波的偏离意味着能级之间的能量间隔将减小（图 3-1）；其次，电子密度沿每条连接线分布对于计算共振拉曼过程的效率很重要。基态的最大电子密度基本位于连接线的中间，并且随着振动量子数 v 的增加，电子进一步向两侧移动。第 4 章中讨论共振时将用到这一点。

3.4　基本选择定则

基本选择定则即拉曼散射是由分子极化率的变化引起的，并且仅可能是一个量子单位的变化（即 $\Delta\omega=\pm1$）。稍后将证明对称振动会产生最强烈的拉曼散射。而红外吸收正好相反，在红外吸收中偶极子变化会产生很强的非对称振动，而不是对称振动。相同的 $\Delta\omega=\pm1$ 选择定则适用于拉曼散射和红外吸收，但拉曼选择定则更加严格，除了在某些情况下（例如存在共振的情况），通常不会观察到泛音。这可能是一条重要的信息。除碳碳三键外，C—C 振动出现在约 $1650cm^{-1}$ 以下，而 C—H 拉伸出现在约 $2800cm^{-1}$ 以上，一般 $1650cm^{-1}$ 和 $2800cm^{-1}$ 之间的谱带很少。通常，它们很容易与特定的基团匹配，例如碳碳三键或氰化物。与计算机预测的谱图匹配变得越来越重要（参见第 2 章）。可通过检查间隙是否正确来检验预测是否合理。另外，一些特定基团具有在间隙区域中产生振动的结构，在某些应用中它们被用作标记，因为它们很容易被识别。

3.5　振动数量和对称性

分子的能量可以分为平移能、振动能和旋转能。平移能可以用彼此成 90°

的三个矢量来描述，因此具有三个自由度。大多数分子的旋转能也可以用三个自由度来描述。但是，线性分子只有两种旋转方式：分子可以绕轴线或围绕它本身旋转。因此，除了具有三个平移自由度和两个旋转自由度的线性分子之外，分子都具有三个平移自由度和三个旋转自由度。其他的所有自由度都是振动自由度，每个自由度等效于一个振动。因此，除了线性分子的振动数为 $3N-5$ 之外，具有 N 个原子的分子的预期振动数为 $3N-6$。

由此可以计算出发生振动的数量。但是，这并不能说明振动在拉曼光谱或红外光谱中的表现是活跃的，根据选择定则，不能期望在任何一种光谱法中观察到所有的振动。

如第 1 章所述，线性的简单双原子分子仅存在一种振动。而一个简单的同核双原子（如氧气或氮气），则存在一个对称振动，虽然不期望发生红外吸收，但由于键被拉伸，极化率可能会发生变化。因此，可以在拉曼光谱中看到谱带，而在红外光谱中则没有谱带。但是，在异核双原子中存在偶极子和偏振变化，因此可以在拉曼光谱和红外光谱中都看到谱带。

在更复杂的分子中，当一个分子在结构中具有多个对称元素时，就会有更多的选择定则。考虑一个正方形的平面分子，例如 $AuCl_4^-$，其选定的振动运动由图 3-2 中的箭头表示。该分子具有对称中心，对称中心的定义是分子中通过该中心点反射的任何点都将到达另一侧的同一点。因此，忽略该分子中的振动运动，任何通过金原子中心反射的氯原子都会到达另一侧的相同氯原子。但硝酸根离子不具有此特性，其通过中心的氮原子反射的氧原子会到达空间中的某个点。

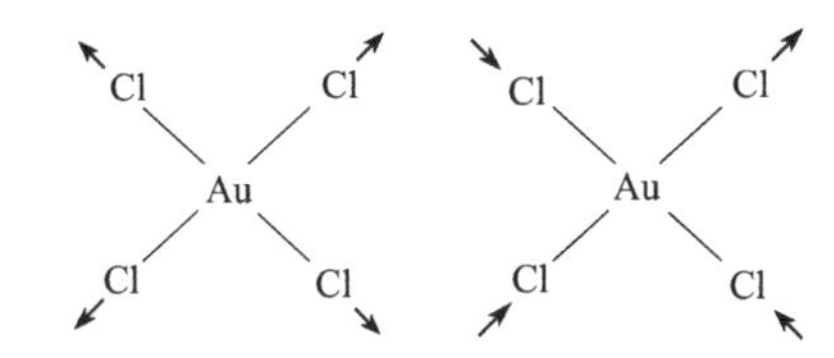

图 3-2　中心对称离子 $AuCl_4^-$ 中两种振动的示意图

（箭头代表运动方向。应当注意，在振动过程中，原子随后都将转至反向以完成振动循环。）

分子中的振动可以用一种方式来描述。原则上，可以用 x、y 和 z 坐标来表示每个原子，并通过这些坐标的变化来解释每个原子的移动方式。但这种方式太复杂，无法轻易理解其本质信息。常用的方法是使用简正坐标，如图 3-2 中所示的 $AuCl_4^-$。分子的简正坐标利用了化学键的原本方向，是所有振动的原子同时通过分子中心的坐标系。简正坐标的价值在于可将振动形式以图形化方式展现。

如图 3-2 所示，在一种振动中所有原子同时移出，而在另一振动中三个原子移入而同时有一个原子移出。代表原子运动的箭头也可以通过与原子相同的方式通过中心反射。认为分子是中心对称的是基于分子静止处于平衡状态时原子的特性。振动运动对此没有影响，但也具有对称性。如图 3-2 所示，两种振动之间显然存在差异。第一种类型的振动是对称的，称为偶数或偶态，标记为 g；而第二种类型的振动是非对称的，称为奇数或奇态，并标记为 u。此标记仅适用于具有对称中心的分子，但不适用于硝酸盐等不含对称中心的分子。

对于具有对称元素的分子，应用群论可以利用对称性来帮助预测哪些振动在拉曼散射中更强，该方法在涉及高度对称的分子实验中非常有效，且大量文献也都采用了基于群论的标记。这种方法的基础知识将在本章后面介绍。但是，该方法对于实验中更复杂的分子并不适用，因此大多数的处理方法超出了本书的范围。Cotton[3] 撰写的书中详细描述了对称性的应用。

3.6 互斥规则

不考虑其他对称性因素时，中心对称分子中只有字符 g 表示的振动才是有拉曼活性的，只有字符 u 表示的振动才是有红外活性的，所以在中心对称分子中没有谱带可以同时具有拉曼活性和红外活性，这称为互斥规则。后文中将看到，拉曼散射可以用表达式来描述，其中关键元素是通过算子耦合振动基态和激发态的积分所得。每个状态和算子上的 g 和 u 标签都可以相乘，并且最终乘积必须包含完全对称的表示形式，即 g。计算规则是 g×g=g、u×u=g 和 g×u=u。下一节将讨论导出极化率的表达式，其分子由两个三重积分相乘而成（公式 3-5）。假设基态为 g、算子为 u，则最终状态必须为 g。相反，红外算子的性质为 u，仅涉及一重积分，因此，允许振动的情况下，激发态必须为 u。非对称中心的分子中则没有这样的特定规则，对称振动和非对称振动都会出现。但是通常情况下，对称振动在拉曼散射中更为强烈，而非对称振动在红外散射中更为强烈。

3.7 极化率

到目前为止，已经有相对科学标准的理论来说明如何预测光谱中谱带的能量和强度。但是，有必要对理论进行进一步的深入研究。$\Delta\omega=\pm1$ 选择定则的原因显而易见：可以更深入地了解拉曼散射过程、解释共振拉曼散射的变化、计算出更准确的强度，还可采用探讨计算机预测光谱强度的方法。重点可以通过分析两个关键方程式来获得。

第一个方程式（3-4）是从光散射理论获得的，给出了拉曼散射的强度：

$$I = Kl\alpha^2\omega^4 \tag{3-4}$$

式中 K——由常数组成，如光速；

l——激光功率；

ω——入射光的频率；

α——分子中电子的极化率。

光谱学家可以设置两个可变的参数：激光功率（l）和入射光的频率（ω）。第 2 章已经讨论了如何利用这些方法来使拉曼散射的强度最大化。

要理解分子性质的作用，还需要第二个方程，即极化率 α 的方程式。此处用来描述分子极化率的方程式被称为科莱默 - 海森堡 - 狄拉克（KHD）表达式。还有其他方法，例如时变理论，但其常出现在许多拉曼散射相关的论文中。KHD 表达式看起来很复杂，但是只需很少的数学知识就可以很容易地理解它。所描述的过程如图 1-2 和图 3-1 所示。

$$(\alpha_{\rho\sigma})GF = k\sum_{\mathrm{I}}\left(\frac{\langle \mathrm{F}|r_\rho|\mathrm{II}|r_\sigma|\mathrm{G}\rangle}{\omega_{\mathrm{GI}}-\omega_{\mathrm{L}}-i\Gamma_{\mathrm{I}}}+\frac{\langle \mathrm{I}|r_\rho|\mathrm{GF}|r_\sigma|\mathrm{I}\rangle}{\omega_{\mathrm{IF}}-\omega_{\mathrm{L}}-i\Gamma_{\mathrm{I}}}\right) \tag{3-5}$$

式中 α——分子的极化率；

ρ，σ——入射和散射的极化方向；

Σ——分子的所有振动状态的总和（可以从散射的非特异性性质中得出）；

k——常数；

G——基态振动态；

I——受激发电子态的振动态；

F——基态的最终振动态。

G和F只是拉曼散射过程的初始状态和最终状态。需分别考虑分子和分母，并在适当时候定义分母中的术语。

公式（3-5）中的分子通过将所有激发电子态、振动态、基态和最终态混合来描述虚态。公式（3-5）由两个积分组成，非常复杂，通常使用 'bra' 和 'ket'（⟨| 和 |⟩）命名法代替标准积分。积分 $\langle \mathrm{I}|r_\sigma|\mathrm{G}\rangle$ 与电子吸收光谱中用于描述吸收过程的积分相似，但是在这种情况下，光被提升为分子的特定激

发态。在拉曼散射中，要求使用分子的所有振动状态来描述散射，并且最好将每个积分视为基态和激发态的混合。上面所有项的总和（Σ）用来描述分子与光之间的复合体中扭曲的电子构型（即虚态）。从表达式的右边开始，$|G\rangle$ 是一个波函数，表示基态电子状态的基态振动状态。算子 r_σ 是偶极子算子，它的数学计算过程即 $|G\rangle$，两者的乘积与激发态 $\langle I|$ 相乘，以混合两个状态。举一个简单的例子，认为一个基态是球形分子，表示为 s 轨道。当辐射与其相互作用形成虚态时，电子层变成椭圆形，则可以近似地表示为将 s 轨道基态与 p 轨道激发态或 $\langle p|r_\sigma|s\rangle$ 混合。其他激发态的加入可以改善这一状况（图 3-3）。

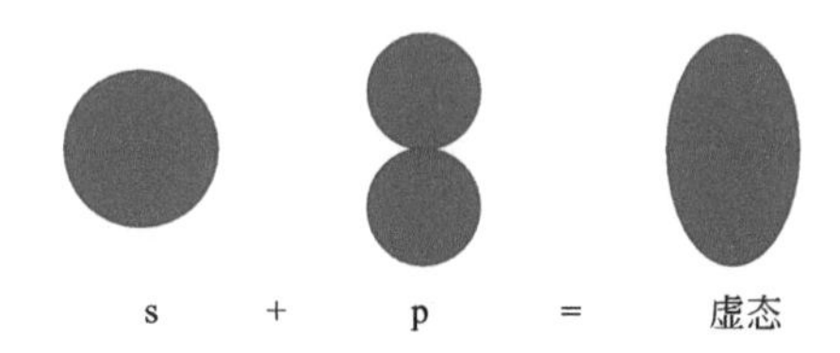

图 3-3　一个解释积分所引导过程的简单例子

（基态s与激发态p混合形成了椭圆形的虚态）

左边的积分描述了从虚态到使分子处于最终状态 $\langle F|$ 的散射过程。因此，两个三重积分中的第一个是将基态和激发态混合，而第二个积分是将激发态和最终态混合。在拉曼散射中，每个振动状态 I 都需要一个二重积分，整个积分的总和如公式（3-5）前面的 Σ 所示。既然这是两种状态的混合，就没有任何理由说这个过程应该从基态开始。因此，在公式（3-5）的第二项中添加了与第一项等效的表达式。表示从激发态开始，并将激发态和基态混合。下一段将阐述该项在拉曼散射中意义并不大。

有些激发态的能量比其他激发态更接近虚态，而能量最接近的激发态对其结构的贡献最大，这些信息包含在等式（3-5）的分母中。只要激光的能量与激发态不是非常接近，则与基态和激发振动态之间的能量差 ω_{GI} 相比，$i\Gamma_I$ 项就很小。第一项中，由于从 ω_{GI} 中减去了 ω_L，所以特定的激发态 I 的能量与 ω_L 越接近，分母越小，分子中该状态的特定表达式将在最终表达式中发挥更大的作用。此外，由于在等式（3-4）的第二项中增加而不是减去 ω_{GI} 和 ω_L，所以分母始终很大。因此，第二项在描述极化过程中的作用较小，现已忽略。如果没有 $i\Gamma_I$，当 ω_L 与特定电子跃迁的能量相同时，则第一项的分母将变为零，结果将导致散射变为无限大。$i\Gamma_I$ 项与激发态的寿命有关，并影响拉曼谱带的自然宽度，因此，尽管很小，但它是基本方程式中至关重要的一部分。

第一项中分子中每个表达式的大小将取决于状态的性质，但是对最终总和的贡献将由分母加权，因此能量最接近激发辐射时贡献更多。

为了了解拉曼散射的选择定则，同时为理解第 4 章中的共振拉曼散射奠定基础，本段中将进一步分析 KHD 表达式。通常使用玻恩奥本海默（Born Oppenheimer）方法将状态分为电子分量和振动分量。在这种方法中，总波函数被分为单独的电子（θ）、振动（Φ）和同式（3-6）的旋转（r）分量。

$$\Psi=\theta\Phi r \tag{3-6}$$

式中 θ ——电子分量；

Φ——振动分量；

r ——旋转分量。

分析 KHD 表达式是解决许多光谱学问题的有效方法，因为电子的振动和旋转跃迁在时间尺度上存在明显差异，因此可近似处理。纯电子跃迁中涉及的极轻电子，将在一段几乎没有原子核运动的时间范围内（10^{-13}s 或更短）从基态变为激发态。振动跃迁大约在 10^{-9}s 内发生，比旋转跃迁更快。尽管旋转状态可能值得研究，尤其是在气相拉曼光谱中，但对于这里给出的有限理论而言，旋转的贡献将被忽略。对于想更深入了解该理论的读者，这是一个有趣的近似值，可用来描述拉曼散射，其中电子状态和振动状态的相互作用是过程的核心，其工作原理如下所述。

分析 KHD 表达式可以分别处理电子项和振动项。θ 是电子项部分，取决于核坐标和电子坐标（分别为 R 和 r），而涉及较重核位移的振动部分 Φ 将完全取决于核坐标（R）。这种分离允许将 KHD 表达式中分子的振动和电子函数分开。

$$\langle I|r_\sigma|G\rangle=\langle\theta_I\cdot\Phi_I|r_\sigma|\theta_G\cdot\Phi_G\rangle=\langle\theta_I|r_\sigma|\ \Phi_G\rangle\langle\ \Phi_I|\Phi_G\rangle \tag{3-7}$$

如前所述，拉曼过程发生得太快，以至于在虚态的生命周期中核运动只有开始的时间，核几何结构只能发生很小的变化。这意味着波函数的电子部分可以近似于当原子核处于静止状态时所发生的变化，通过修正项来考虑原子核运动时电子结构的变化。上面表达式中的电子项可以简化为：

$$\langle\theta_{\mathrm{I}}|r_\sigma|\theta_{\mathrm{G}}\rangle=M_{\mathrm{IG}}(R) \tag{3-8}$$

用泰勒级数描述运动，静止值是第一项也是最大项 $M_{\mathrm{IG}}(R_0)$，其中 R_0 表示平衡位置的坐标。第二项和更高项描述了沿特定坐标 R_ε 的运动效应，甚至第二项也相对较小。因此，除了第一项和第二项之外的所有项都可以忽略。为简单起见，第一和第二项分别写为 M 和 M'：

$$M_{\mathrm{IG}}(R)=M_{\mathrm{IG}}(R_0)+\left[\frac{\delta M_{\mathrm{IG}}}{\delta R_\varepsilon}\right]_{R_0} R_\varepsilon+\text{更高项} \tag{3-9}$$

这样就可以求解 KHD 表达式。参考文献 [6] 中有更加详细的解释，此处不作数学运算。执行此过程将得到以下方程式，方程式看起来很复杂，但很容易简化。

$$(\alpha_{\rho\sigma})_{\mathrm{GF}} = kM^2_{\mathrm{IG}}(R_0)\sum_{\mathrm{I}} \frac{\langle \Phi_{R_\mathrm{F}} | \Phi_{R_\mathrm{I}} \rangle \langle \Phi_{R_\mathrm{I}} | \Phi_{R_\mathrm{G}} \rangle}{\omega_{\mathrm{GI}}-\omega_{\mathrm{L}}-i\Gamma_{\mathrm{I}}} \text{(A项)}$$

$$+kM_{\mathrm{IG}}(R_0)M'_{\mathrm{IG}}(R_0)\sum_{I} \frac{\langle \Phi_{R_\mathrm{F}} | R_\varepsilon | \Phi_{R_\mathrm{I}} \rangle \langle \Phi_{R_\mathrm{I}} | \Phi_{R_\mathrm{G}} \rangle + \langle \Phi_{R_\mathrm{F}} | \Phi_{R_\mathrm{I}} \rangle \langle \Phi_{\mathrm{I}} | R_\varepsilon | \Phi_{R_\mathrm{G}} \rangle}{\omega_{\mathrm{GI}}-\omega_{\mathrm{L}}-i\Gamma_{\mathrm{I}}} \text{(B项)} \tag{3-10}$$

等式中显示的两项称为 A 项和 B 项。在求和符号之外，存在与拉曼散射的电子成分相对应的项（M）。在 A 项中它被平方处理，在 B 项中它是 M 乘以较小的校正因子 M'。因此，表达式的这一部分在 A 项中要比在 B 项中大得多。

在 A 项中，求和符号内的分子仅由所有可能的振动波函数的乘积组成。闭合定理指出，当所有振动波函数相乘时，最终结果为零。因此，无法从 A 项获得拉曼散射。B 项中分子存在一个算子，即坐标算子 R_ε。该算子描述了振动过程中沿分子轴运动的影响。该算子的一个特征是，仅当它所运行的初始状态与最终状态之间存在一个量子能量差时，积分才存在有限值。即只有在两个能级之间相差一个量子的振动时才会产生拉曼散射——这是前文提到的基本选择定则。此外，这也说明在拉曼散射中不应出现泛频峰，这是一个很好的选择定则。除非特殊情况（如共振），否则不会看到泛音。

3.8 极化性测量

辐射源发出辐射时会发射许多光子，每个光子由一个振荡偶极子组成。在与传播方向成 90°处观察，光束看起来像一个波。沿着观察者和光源之间的线路观察，每个光子都是一条由振荡偶极子引起的线。一般来说，从像灯泡这样的光源到观察者的线路角度是随机的，但是通过合适的光学元件，如尼科尔棱镜或一块宝丽来胶片，可以使所有的偶极子向一个方向传播。这就是所谓的平面或线性偏振辐射。通常用于拉曼散射中激发的激光至少是部分偏振的。许多拉曼光谱仪还有一个光学元件——偏振器，放在光束中以确保光是线性偏振的，并在需要时改变偏振方向。要获得良好的拉曼光谱，激发光束不一定必须是线性偏振的，但如果要进行下文所述的进一步分析，则需要这样做。

当光子与分子相互作用时，电子云会发生扭曲，扭曲的程度取决于电子的极化能力（即极化率，α）。引起效应的光在一个平面上偏振，但对电子云的影响则在各个方向上，可用分子在三个笛卡尔坐标 x 轴、y 轴和 z 轴中各自的偶极变化来描述。因此，为了描述光束对电子云的影响，需要考虑三个偶极。简单的表达式如式（3-11），入射光能量 E 的场在分子中产生偶极矩 μ，其大小也取决于极化率 α。

$$\mu = \alpha E \tag{3-11}$$

式中　E ——入射光能量；

μ ——偶极矩；

α ——极化率。

这其中的三个偶极子（μ_x、μ_y 和 μ_z）用于描述线性偏振光的偏振角度与分子之间的关系，通常将分子中的极化分量标示出来，如 α_{xx} 中，第一个下标 x 是分子在 x 方向上的极化率，第二个 x 是入射光的极化方向。在 x 方向上产生的偶极子由下列公式给出

$$\mu_x = \alpha_{xx}E_x + \alpha_{xy}E_y + \alpha_{xz}E_z \tag{3-12}$$

μ_y 和 μ_z 的表达式类似。

因此，分子的极化性是一个张量。

$$\begin{bmatrix} \mu_x \\ \mu_y \\ \mu_z \end{bmatrix} = \begin{bmatrix} \alpha_{xx} & \alpha_{xy} & \alpha_{xz} \\ \alpha_{yx} & \alpha_{yy} & \alpha_{yz} \\ \alpha_{zx} & \alpha_{zy} & \alpha_{zz} \end{bmatrix} \begin{bmatrix} E_x \\ E_y \\ E_z \end{bmatrix} \tag{3-13}$$

这种复杂的排列方式有其特定的优势。在拉曼散射中，入射和散射的光束是相关的。如果使用特定偏振的辐射来产生拉曼散射，那么散射光束的偏振与入射光束的偏振有关，但不一定相同。鉴于这个原因，拉曼光谱仪用一个光学元件（偏振器）来控制入射光束的偏振，从而确保辐射是平面偏振的，并可确定入射辐射的平面角度。第二个要素是分析仪，可分析散射光束的偏振。分析

仪的工作原理是允许偏振光只在一个平面上通过检测器。如图 3-4 所示，可以将其设置为仅允许散射辐射在入射辐射的平面（称为平行散射）内传输。然后可以将其旋转 90°以允许已被散射过程改变偏振方向的光到达检测器（称为垂直散射）。

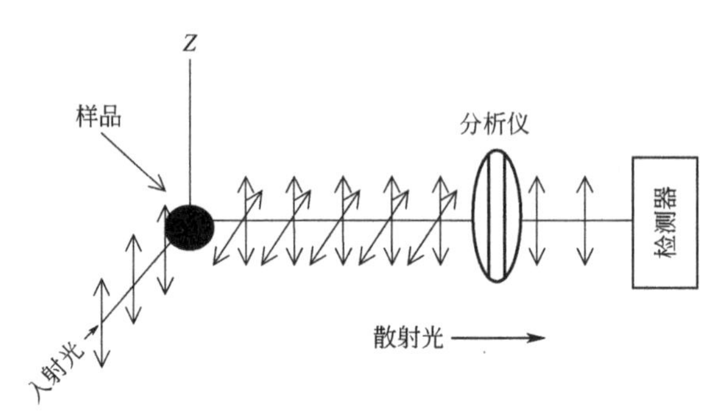

图 3-4　监测极化性的平行排列示意图

［双箭头表示振荡偶极子的方向。如双箭头所示，来自激光的线性偏振入射光被偏振器清除。散射后，两种极化都存在，分析仪只传输与入射光方向相同的极化。分析仪可以旋转 90°，只传输被散射过程旋转的光（垂直散射）。］

如果将单个晶体安装在测角仪或类似的设备上，则可以将入射辐射的偏振方向设置为依次沿着每个晶体的轴线方向。这种方法最适合用于高对称空间群的晶体，但不适用于立方晶体。光具有偶极性，即它可以被解析成互成直角的三个分量，其中一个分量沿着光照射晶体的方向，另外两个分量在垂直于第一个分量的平面上互成 90°。在一些高对称空间群（如四边形空间群）中，光轴和晶轴可以对齐。z 方向上的偏振光，当偶极子平行于 z 轴且分子轴平行于 z 轴的晶体时，就会得到分量 a_{zz}。通过旋转样品，可以得到其他分量。没有沿着晶体轴发出的光线将会在晶体内部旋转，在许多晶体空间群中，晶体轴线不是直角，与分子轴线有着复杂的关系。此时，该技术仍可使用，但分析过程相当复杂。这种方法是非常有用的，但只适用于有限数量的晶体，这里不做进一步的讨论。当使用单晶样品或其他带有定向分子的样品时，谱带的强度可能会受入射光束与样品角度的影响。

通常情况下，被检测的样品处于气相或在溶液中。在这两种情况下，分子的轴线与光的偏振方向没有排序，但仍可从偏振测量中获取一些信息。对于这样的样品，可用两个独立的、对旋转不变的量来表示平均极化率，即各向同性散射和各向异性散射。测量各向同性散射时，分析仪与入射辐射平面平行；测量各向异性散射时，分析仪与平面垂直。各向异性散射与各向同性散射之比称为去极化率。可以求解式（3-13）所示的张量，并计算出这个比值（见参考文献[1]）。这就是所谓的退极化率（ρ）。此处只说明了主要的公式，没有给出细节，因为这个比值通常是定性使用的，经常被提及但很少计算。它还取决于仪器的几何形状。

张量的各向同性和各向异性部分用式（3-14）和式（3-15）表示：

$$\overline{\alpha}=\frac{1}{3}(\alpha_{xx}+\alpha_{yy}+\alpha_{zz}) \tag{3-14}$$

$$\gamma^2=\frac{1}{2}\left[(\alpha_{xx}-\alpha_{yy})^2+(\alpha_{yy}-\alpha_{zz})^2+(\alpha_{zz}-\alpha_{xx})^2+6(\alpha_{xy}^2+\alpha_{yz}^2+\alpha_{yz}^2)\right] \tag{3-15}$$

式（3-7）和式（3-8）为对平行和垂直极化率的影响。

$$\overline{\alpha}_{\parallel}^2=\frac{1}{45}(45\overline{\alpha}^2+4\gamma^2) \tag{3-16}$$

$$\overline{\alpha}_{\perp}^2=\frac{1}{15}\gamma^2 \tag{3-17}$$

从而给出平行散射和垂直散射的比值为

$$\rho=\frac{\overline{\alpha}_{\perp}^2}{\alpha_{\parallel}^2}=\frac{3\gamma^2}{45\overline{\alpha}^2+4\gamma^2} \tag{3-18}$$

对于在溶液或气相中具有明显对称性的分子来说，这种信息的重要性在于，退极化比取决于振动的对称性。对称振动的去极化率最低，因此，用分析仪测量平行散射和垂直散射可获得对称分子的退极化比，光谱中特定波段匹配的检查不依赖于初始匹配，而由强度和预测频率匹配。此项检查不适用于红外等吸收光谱仪。

还有最后一个实际问题需要考虑。当通过单色器检测来自分析仪的辐射时，用于分离光线的光栅效率取决于偏振平面。即无论是平行还是垂直偏振，光栅将更有效地将辐射传输到探测器，因此表观退极化比是错误的。克服这个问题最传统的方法是增加一个额外的元件，即扰流器，在光进入单色器之前对其偏振进行扰流，使探测器对进入的辐射的所有偏振方向都同样有效。还有其他方法可以克服这个问题，如插入一个半波板，可使光线旋转 90°，只在分析仪的一个方向上摆动进入光束，两个分析仪位置上的光线就会以相同的方向进入单色器。

忽视这种影响的后果很严重。通常激光辐射在很大程度上是线性偏振的，在没有偏振器和分析仪的情况下，如果没有扰流器，激光器就充当偏振器，单色器充当分析仪。商业化系统的设置是为了提供最大的通量，使激光的偏振方向对齐以提供最大的光栅散射，不会明显影响大多数较大分子的光谱，但如果加入偏振 90°的激光且分子具有对称性，则效果显著。

3.9 对称元素和点群

很多大的有机分子很少有对称性，许多论文直接忽略了对称性的影响。然而，对称性存在时对光谱有很大的影响，尤其是对解释四氯化碳等小分子或 $AuCl_4^-$ 等无机物的光谱至关重要。许多例子表明较大的分子具有对称性，而对称性不精确也能产生重要影响。例如，互斥规则适用于中心对称的偶氮苯分子。酞菁和卟啉基本 D_{4h} 对称，许多其他分子至少有一部分是高对称构型。下文列出了一些基础知识，有助于光谱学家理解许多文章中的内容，并在自己的研究中认识到对称性的影响因素。需要更深入研究可查阅更专业的文章 [3]。

分子都可以通过其对称性元素（即轴和平面）进行分类。可将具有相同元素的分子分配到一个叫作点群的组中，从而用来预测哪些谱带是红外活性谱带、哪些是拉曼活性谱带。要做到这一点，就需要计算出分子中的对称元素。需要识别的对称元素主要有以下几种:

E——身份元素。这将使分子回到原来的位置，也就是说，分子的每一部分都要旋转 360°。

C_n——分子围绕分子轴旋转的对称轴。n 表示分子回到起始点需要旋转的次数。图 3-5 所示的硝酸根离子中，一个可能的轴是直指纸面外的轴。如果分子围绕它旋转，每个氧需要旋转三次才能到达起始点，表明这是一个 C_3 轴。在一个分子中很可能存在若干个轴。例如，在硝酸根离子中，也存在三个 C_2 轴。它们位于 N—O 键上，旋转分子需要围绕它们旋转两次才能使分子回到起点。对于硝酸盐 C_3 来说，拥有最高 n 值的轴，称为分子的主轴。

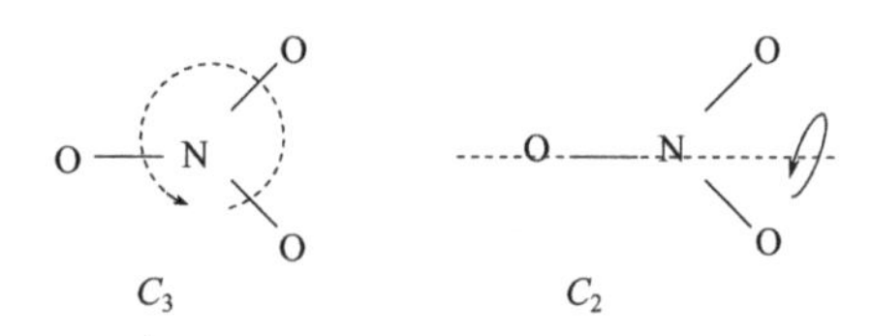

图 3-5　硝酸根离子中的 C_3 和 C_2 轴

σ_h——与分子的主轴垂直的对称平面。

σ_v——与分子的主轴平行的对称平面。

i ——反转中心，其中每一个点通过中心反转到另一边的相同点。

S_n——旋转和反转的轴。

硝酸根离子有一个 σ_h 平面和三个 σ_v 平面。这些对称元素定义了一种特殊类型的分子。

具有相同对称元素集的分子属于同一个点群。为了将一个分子归入点群，首先要识别对称元素，然后根据一套规则进行分析。对于如立方体点群、八面体点群和四面体点群等高对称点群，不作对称元素分析即可归类。下面依次列出了在分析时提出的问题：

（1）分子的主轴是什么？

（2）是否有一组 n 条 C_2 轴与它成直角？如果答案是否定的，继续下面的问题。若答案是肯定的，则转到问题（6）。

（3）是否有一个垂直于主轴的平面？如果有，即为 σ_h 平面。有 C_n 主轴和 σ_h 平面的分子，可以归入点群 C_{nh}。

（4）如果没有 σ_h 平面，是否有平行于主轴的对称平面？应该有和 n 值一样多的对称平面。如果是这样，则归入点群 C_{nv}。

（5）如果没有平面，则被归入点群 C_n。

（6）如果分子有一条主轴和一组与之成直角的 n 条 C_2 轴，是否有一个垂直于主轴的对称平面（即 σ_h 平面）？如果是这样，这个分子属于 D_{nh} 点群。

（7）如果没有 σ_h 对称平面，是否存在一组平行于主轴的 n 个 σ_v 平面？如果这个问题的答案是肯定的，那么这个点群就是 D_{nd}。

（8）如果没有对称平面，分子将属于 D_n 点群。

其他分子将属于较低的对称点群。例如，某些分子存在一个 S_n 轴或 σ_v 平面，或者根本没有对称元素，则可通过检查识别并指认一个点群。

在给分子指认了一个点群后，可以用群理论来预测一个谱带是否具有拉曼活性或红外活性。特别需要注意的是，对称性的考虑只能确定一个谱带是否会出现在拉曼光谱或红外光谱中，并不能确定其强度，强度需要通过计算获得。

有一个所有点群的群论表，它定义了属于该点群分子的每个振动的对称行为。下面列出了水分子的 C_{2v} 点群表（表 3-1）。

表3-1 水分子C_{2v}的点群表

C_{2v}	E	C_2	σ_v（xz）	σ'_v（yz）		
A_1	1	1	1	1	z	x^2, y^2, z^2
A_2	1	1	-1	-1	R_z	xy
B_1	1	-1	1	-1	x,R_y	xz
B_2	1	-1	-1	1	y,R_x	yz

表格顶端展示的为对称性元素。第一列是一系列字母和数字，第一项 A_1 是一种描述振动的方式，或者说是一种电子的函数，描述的是分子中每个对称元素的振动情况。第一列中的这些符号称为不可约表示，这些符号代表在通过对称操作而进行旋转或反射时最对称的振动。在有对称中心的较高对称点群中，也会有 g 或 u 的下标。例如，分子 $AuCl_4^-$ 所属的 D_{4h} 点群中最对称的振动表示为 A_{1g}，其对应的振动是图 3-2 中左边的振动模式。有四种可能的字母: A、B、E 和 T。A 和 B 表示振动是单一简并的; E 表示双重简并; T 表示三重简并。在 C_{2v} 点群中，所有的振动都是单一简并的，A 比 B 更对称。在不可约表示符号的每一行中，每个符号都对应一系列的数字，这些数字不是 1 就是 -1（1 比 -1 更对称）。例如，表格中 A_1 的不可约表示为每个对称元素的值均为 1。

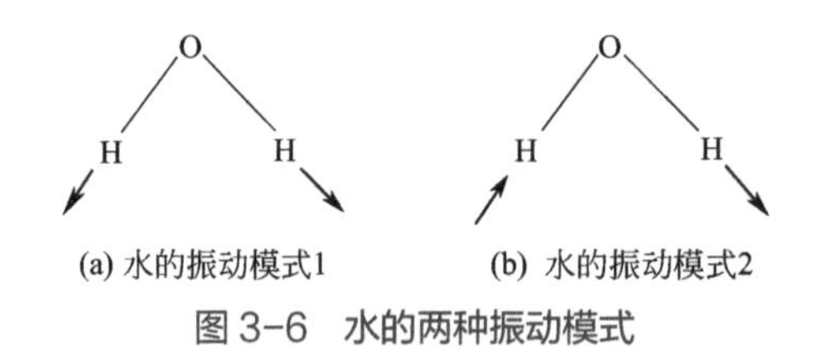

(a) 水的振动模式1 (b) 水的振动模式2

图 3-6 水的两种振动模式

图 3-6 是水的两种振动模式。通过观察分子的形状，可以用上文所述的方法将其归入点群 C_{2v}。对于图 3-6（a）中的振动，当分子绕 C_2 轴旋转时，代表振动的箭头方向不改变，这是最高的对称性，表示为 1。此外，当箭头被任何一个对称平面（纸面和与之垂直的一个平面，该平面将氧一分为二）反射时，方向不会改变。因此，振动（a）归属于 C_{2v} 点群的最高对称性不可约表示（A_1）。在振动（b）中，C_2 和一个平面的箭头符号是相反的。此时，其值为- 1 表示振动（b）属于较低的对称性表示。实际的标记取决于表中哪个对称平面被优先考虑，通常给出的是不可约表示 B_1。

通过上述方法，可以使用上文列出的问题将一个振动指认给特定点群中的特定不可约表示。对于更复杂的分子，可以遵循一个程序来做到这点，详细信息请参见相关书籍[1,4]。

这个指认的主要优点是，表格包含的一些信息能够计算出对称性是否允许振动发生。对于红外光来说，可通过将振动的不可约表示乘以 x、y 或 z 的不可约表示来完成，在大多数（但不是所有）点群表中，其末尾一列中给出了 x、y 或 z，对应于分子的三个笛卡尔坐标，是偶极子算子的不可约表示。如果这个结果包含了完全对称的表示（在点群 C_{2v} 中特定点群 A_1 的最高对称表示，在点群 D_{4h} 中则是 A_{1g}），那么就允许振动。因为只有当基态、算子和激发态的不可约表示的乘积是完全对称的（即 3.5 节中讨论的三重积分分量的不可约表示的乘积），才会产生振动。由于基态总是完全对称的，只需要将另外两项相乘即可。拉曼散射也采用了类似的方法，但方程比较复杂。此时，在表中寻找更加复杂的二次函数 x^2、y^2、z^2、xy、x^2-y^2 等，这些都是乘以振动的对称表示。对于具有简并表示的简单点群，不可约表示的乘法规则是 $A \times A = A$、$B \times B = A$、$A \times B = B$、$1 \times 1 = 1$、$2 \times 2 = 1$、$1 \times 2 = 2$。

大多读者不需要对这些进行深入地分析，需要更多信息的读者可以参考群体理论的书籍，以获得更全面的解释[3]。然而，光谱学中经常使用这些符号，不可约表示可以用来显示谱带是否产生，对光谱学有浓厚兴趣的读者需要了解它们的含义。

3.10 晶格模式

至今还有一种振动类型没有考察，即在固体样品中通过辐射与晶格而不是分子的相互作用而产生的振动。例如，氯化钠和硅会产生拉曼光谱，但没有确定的分子来提供散射。晶格模式的位移方向是参照入射辐射来定义的。纵向光学模式（LO）将沿着入射辐射的方向运动，相邻的离子也会沿着这个方向运动，但彼此方向相反；纵向声学模式（LA）将沿相同的方向传播，但相邻实体将彼此沿相同的方向移动；双重简并的横向光学模式（TO）以直角向传播方向展开，相邻实体又在彼此相反的方向上移动；横向声学模式（TA）的方向是相似的，但相邻实体沿相同方向移动。所有这些模式都是低频的，但是声学模式比光学模式的频率更低，光学模式通常可通过拉曼光谱进行研究，尽管在某些材料中可以从声学模式获得光谱，也可以从包括它们的组合模式获得光谱。图 3-7 是简单模式（单线氯化钠原子）的 TO 和 TA 图。这些振动遍布整个晶格，并且存在许多不同的可能性，能够产生许多频率略有不同的个体振动。因此，实验观察到的每种模式都是一个由大量单独振动组成的宽谱带。这种类型的谱带可以很好地诊断包括碳和硅在内的多种固体中的固态排列方式，如后面第 6 章中所述。

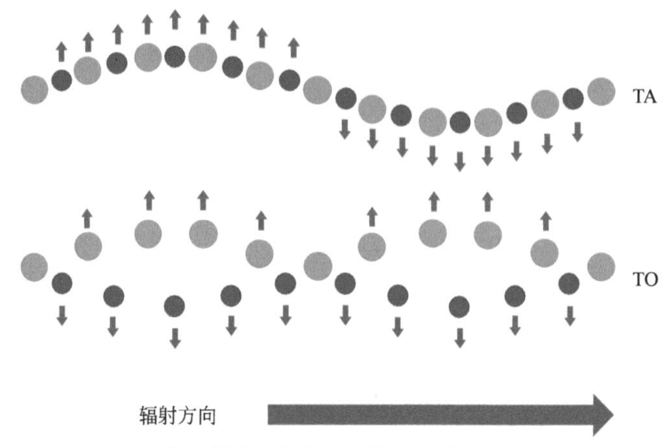

图 3-7　简单模式（单线氯化钠原子）的 TO 和 TA 图

［与横向声学模式（TA）相比，单线氯化钠原子的晶格模式在横向光学模式（TO）中表现出更大的电荷分离。带正电荷的钠离子为红色，带负电荷的氯离子为绿色。］

3.11　小结

本章的目的是加深对光谱解析基本方法的理解。本章内容中涉及的数学知识可能相当复杂，因此只列出并解释了重要的方程。因为方程必须描述激光辐射和分子相互作用的瞬时分子的扭曲状态，所以涉及的内容相对复杂。不过，有些结论很简单，上文的分析提供了深入了解拉曼散射的背景理论，有助于解决问题及更详细的解释问题。同时这也为第 2 章讨论的计算机预测方法做出了解释，并为简化下一章的共振拉曼散射奠定了基础。对称性在文献中很常见，光谱学家需要了解其基础层面上的含义，有助于更好地理解很多文章。对称性的运用提高了对振动性质的认识，能够更深入地了解构成选择定则的科学基础。散射理论对于深入理解拉曼过程、解释如泛音和共振的弱点等特征至关重要。然而只需对本章的内容略加了解即可理解本书第 4 章之后的大部分内容。

参考文献

[1] Long, D. (1977). The Raman Effect: A Unified Treatment of the Theory of Raman Scattering by Molecules. Wiley.
[2] Ferraro, J.R. and Nakamoto, K. (1994). Introductory Raman Spectroscopy. San Diego:Academic Press.
[3] Long, D.A. (2002). The Raman Effect. Chichester: Wiley.
[4] Cotton, F.A. (1990). Chemical Applications of Group Theory. Wiley Interscience.
[5] Clark, R.J.H. and Dines, T.J. (1986). Angew. Chem. Int. Ed. Engl. 25: 131.
[6] Clark, R.J.H. and Dines, T.J. (1982). Mol. Phys. 45: 1153.
[7] Rousseau, D.L., Friedman, J.M., and Williams, P.F. (1979). Top. Curr. Phys. 2: 203.
[8] Mie, G. (1908). Ann. Phys. 330: 377.

现代拉曼光谱

Modern
Raman
Spectroscopy： A Practical Approach

第4章 共振拉曼散射

4.1 概述

当激发频率与吸收谱带的激发频率相同时，会发生共振拉曼散射。早期，许多光谱学家会尽量避免使用有色化合物，因为如果使用强烈的可见光辐射来激发有色分子，样品会吸收光，这可能会导致样品发生光分解或热分解，也可能会引起强烈的荧光效应，从而无法检测到拉曼散射。然而，很多有色物质并不能有效地发出荧光，在共振条件下，已观察到高达 10^6 的散射增强，通常只能达到 10^3 或 10^4 数量级。共振拉曼光谱学是一种敏感的技术，且由于仅有生色团能够增强散射，因此选择性很强。与普通拉曼散射不同，共振拉曼光谱可以获得分子的电子结构信息，可用于在混合物中选择性地识别特定成分。例如，可以对油墨中的染料或颜料、绘画或古物中的颜色、含有生色团（如血红素）的蛋白质、示踪 DNA 和抗体等反应中的有色物质进行原位研究。这对普通拉曼光谱分析有更广泛的意义。共振拉曼散射并不遵循四次幂定律，更高效的散射意味着低浓度的杂质也可以在光谱中产生强峰，很容易产生误解。这一理论在许多综述文献[1, 2]中都有很好的描述。本文将不进行严谨的数学推导，而是集中讨论共振拉曼散射和普通拉曼散射之间的差异以及这些差异对实际光谱学家的意义。

4.2 基本过程

为了获得共振拉曼散射，需要选择与电子跃迁所需要的接近或相同的激发波长。理想情况下，应该使用可调谐的激光仪提供使散射最大化的频率，但是实际上通常使用实验室中与共振频率接近的激光。在共振中，分子可能吸收或散射与其相互作用的每一个光子。吸收和散射的相对效率是分子的特性，其中某些分子能更有效地散射。从第 3 章可知，实际激发中，散射过程比吸收过程快，散射发生在原子核到达平衡位置之前。因此，共振拉曼散射和吸收的过程可通过时间来区分。此外，吸收后分子是通过非辐射过程还是通过荧光获得能量取决于分子的性质，因而生色团的散射更容易观察到。

在吸收光谱中，照射样品的辐射通常是多色的，并且会跃迁至多个激发态，最强烈的跃迁会到一个更高的振动能级。大多数吸收谱带呈圆形，是由于跃迁到很多振动态以及在基态激发能级中的电子热带的存在。但是，本章后续将讨论拉曼散射理论预测了两种不同类型的共振增强，即A型和B型。B型增强在大分子中很常见，并且仅来自共振中激发态的前两个振动能级。A型则没有这种限制，但是每个振动能级的散射效率与电子光谱学中的吸收效率不同，导致电子跃迁的最大吸收往往是在吸收谱带的较低能量侧，而不是对应最大共振拉曼散射时所获得的能量。

本章后文将讨论在最大吸收的低能量侧进行激发还有其他实际原因。简言之，激发辐射的吸收会限制激发光束的穿透深度，更重要的是，较弱的散射辐射会被介质吸收，该过程称为自吸收。仅在吸收谱带的低能量侧测试将减少这些影响并提高测试灵敏度。此外，在跃迁的低能量侧使用激发辐射也会降低荧光现象的影响。

4.3 共振拉曼散射和普通拉曼散射的主要区别

直观地讲，如果激发辐射拥有与激发振动态相同的能量，将在激发态与分子之间产生更强的相互作用，引起更大的极化变化和更强的散射。然而，共振过程比生色团中某些谱带选择性增强的过程更加复杂，涉及两个不同的过程，从而对光谱有着不同的影响。

4.3.1 强度增强

通过研究第3章的KHD方程[方程式(3-5)]了解到是共振带来的强度增强，本节将使用第3章中介绍的方程，在不改进的情况下解释如何通过数学方法预测共振所带来的变化。更完整的数学描述和更深入的参考资料见参考文献[1,2]。对于方程式(3-5)中第一项的分母来说，当电子基态G的最低振动态与共振振动态I[或方程式(3-5)中的ω_{GI}]之间的能量差与激发光ω_L的能量相同时，就满足了斯托克斯散射的共振条件。这意味着第一项的分母缩减为$i\Gamma_I$，这个小的校正因子与激发态的生命周期有关。因此，在共振条件下，方程式的分母很小，这将导致适用于该状态的情况非常多，增加了极化率，并产生非常强的拉曼散射。由于该状态下散射占主导地位，所以其他状态的散射可以忽略，并且如第3章所述，方程式(3-5)中的总和第二项都可以去掉，最终简化为方程式(4-1)。

$$(\alpha_{\rho\sigma})_{GF}=k\frac{\langle F|r_\rho|I\rangle\langle I|r_\sigma|G\rangle}{\omega_{GI}-\omega_L-i\Gamma_l} \tag{4-1}$$

式中　α ——分子的极化率；

ρ，σ ——入射光和散射光的极化方向；

ω ——入射光的频率；

G ——基态振动态；

I ——受激电子态的振动态；

F ——基态的最终振动态。

k ——常数。

选择一种振动态的直接结果是观察到的实际强度取决于共振所选择的特定激发态 I 的电子性质，因此，产生的某些振动的强度会强于其他振动的强度。虽然预测特定振动的强度需要通过计算来完成，但也可以通过其他方法来预测。在对称的情况下（如在血红素系统中），只能产生振动，所以可以将这些振动作为预测强度的起点。假设没有对称性或者已经考虑了对称选择定则，强谱带更有可能是由于振动使分子从电子基态跃迁至共振激发态的几何结构变化而产生的。这是因为散射过程比振动过程快，所以在散射过程中只会发生很小的几何变化。因此，经过一段时间的振动，在每种可能的几何结构中，电子基态和激发态之间的重叠将最大限度地提升散射发生的频率。

5,5′-二硫代双-2-硝基苯甲酸（ESSE）及其产生的离子（ES^-）的共振拉曼光谱是一个很好的例子（图 4-1）。因为反应会提供一个有色离子，所以电子吸收光谱中将它作为分析分子中硫醇的标准试剂。该化合物称为 Ellman 试剂，故用 ESSE 表示。

$$\mathrm{ESSE+RSH=ESSR+ESH}$$
$$\mathrm{pH7.4}$$
$$\mathrm{ESH=ES^-+H^+}$$

ESSE 在 325nm 处有一个吸收谱带，而中性 pH 值下生成的有色离子 ES^- 在 410nm 处有一个吸收谱带。当用激发波长为 457.9nm 的激光（这是当时实验室中最接近 410nm 的波长）激发 ESSE 时，得到一个典型的拉曼光谱，谱带是由苯基环（ϕ）、硝基和 S—S 的振动产生的。这只是一个普通或预共振光谱的例子，其中大多数振动预计会发生在光谱学研究的光谱范围内。来自 ES^- 的拉曼光谱接近共振光谱，并且更强。ESSE 的光谱是从浓度为 10^{-2}mol/L 的溶液中获取的，但为了获得大致相等的散射强度，ES^- 的光谱是在浓度为 10^{-5}mol/L 的溶液中记录的。由于 ES^- 的光谱接近共振，在光谱中占主导地位的强共振增强谱带可以清楚地显示出共振效应的选择性。强谱带是由 NO_2 基团位移造成

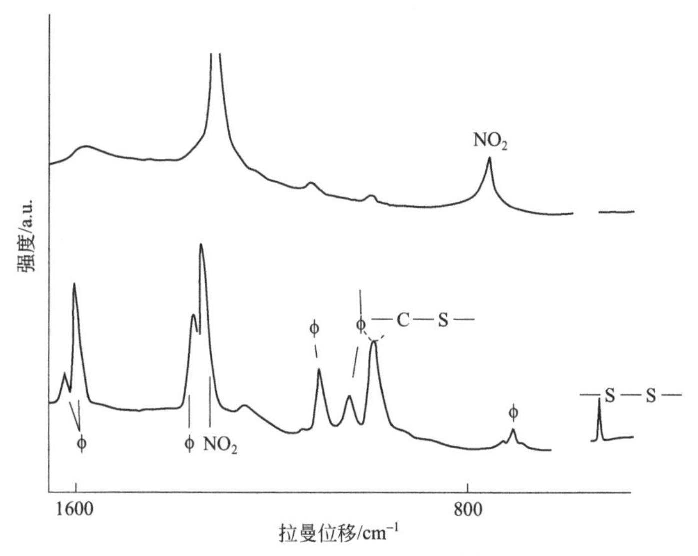

图 4-1　浓度为 10^{-2} mol/L 的 Ellman 试剂的光谱（底部）和浓度为 10^{-5}mol/L 的阴离子 ES^- 的光谱（顶部）

的，其中最强的谱带是由对称拉伸位移造成的。这说明激发态的电子几何结构是沿着 N—O 拉伸的，因此在振动过程中的任何一点，基态和激发态之间都有良好的重叠。

4.3.2　Franck Condon 散射和 Herzberg Teller 散射

只考虑共振中的单一状态过于简单，因为能量相近的其他状态下方程的分母很小，但是可能会有显著的贡献，但是这不影响一般结论，所以仍然只考虑单一状态。由于效应产生于单一状态，所以闭合定理（即分子所有振动态的贡献之和为零）不再有效，该定理是方程式（3-10）中 A 项不能预测拉曼散射的原因。既然它不再有效，那么 A 项和 B 项都可以产生共振拉曼散射，因而会有完全不同性质的、两种形式的共振拉曼散射。这两项通常分别称为弗兰克 · 康登（Franck Condon）散射和赫茨伯格 · 泰勒（Herzberg Teller）散射。

在 A 项（或者 Franck Condon 散射）中，引发散射的激发光只是将基态和激发态耦合在一起。方程式（3-10）中，利用玻恩 · 奥本海默（Born Oppenheimer）近似地将状态波函数分为电子和振动两部分，A 项散射中的电子项（M）为 M^2，而 B 项中的 $M{\times}M'$ 为 M 的导数。这表明 A 项散射比 B 项散射更强，但这只是其中的一个因素。共振散射中有两种特定的状态，所以方程中分子部分的大小取决于所涉及的两种波函数。

电子跃迁会产生强烈的散射，对称选择定则适用于具有对称性的分子。此外，当基态和激发态之间的核的几何结构存在差异时，就会出现强烈的A项共振增强，如上述例子ES^-中NO_2基团的情况。通常小分子有很强的A项增强，但这种情况也会出现在大分子中，如在苯环中，即使每个键上只有很小的位移，但这些位移的总和是显著的。

方程式（3-10）中B项（或Herzberg Teller散射）表达式中的坐标算符R_ε可以将来自起始几何构型的状态混合，使之成为激发态。例如，如果在可见光区域有两个距离很近的$\pi \rightarrow \pi^*$发生跃迁，就像卟啉那样，那么坐标算符可以将其混合。这使得禁阻电子跃迁的共振振动态能够从允许的振动态中借用强度，并产生共振散射。这对于卟啉很重要，因为引起Q带（500～700nm范围内的弱吸收）的卟啉低能量$\pi \rightarrow \pi^*$跃迁是禁阻的，并在吸收光谱中很微弱，但是，如果该跃迁所产生的B项散射小于B带（420nm附近的强吸收）允许跃迁所产生的A项散射，则该B项散射可以得到显著体现。此外，由于卟啉的高对称性，适用对称选择定则。对于B带的A项增强，如上文所述，对称性最强的振动获得最大增强（A_{1g}振动）。产生于禁阻跃迁的较低能量的Q带，借用B带的强度增强了B项散射。即使如此，在B项中混合电子跃迁所需的额外项仍使得非对称直线型的B_{1g}振动和B_{2g}振动最强[1-4]。

图4-2为具有血红素基团的蛋白质在406nm激光激发下的吸收光谱和拉曼散射。从禁阻的Q带借用B项的强度或B带允许跃迁的强度比禁阻的Q带更强。如果把卟啉环看成是扁平的，忽略组成血红素的外围基团（如乙烯基团），则其属于D_{4h}点群。406nm的激光将与允许的B带产生共振，共振最强的完全对称的A_{1g}模式代表了A项散射。该谱图之所以引人注目，不仅因为它显示了A_{1g}模式的明显增强，还因为血红素共振增强，以致没有观察到蛋白质其余部分的谱带。图4-2所示为三个最强峰的位移。Q带的吸收光谱显示出一些在室温下无法观察到的振动结构，这是因为发生了大量重叠跃迁并结合起来构成了光谱。这代表可以获得基础的0-0和0-1电子跃迁的共振拉曼光谱。如上所述，B_{1g}跃迁和B_{2g}跃迁占主导地位，会形成一个丰富而复杂的光谱，可以用于研究激发态的性质。参考文献[1]中给出了光谱和相关分析。

强A_{1g}谱带在406nm激光的激发下占主导地位，被用作离子氧化态和自旋态的标记物。当环中心的铁离子的氧化态发生变化时，氧化态标记ν_4的频率比其他谱带频率变化更大。具有最大位移之一的是附着在中心金属离子上的四个氮原子，它们对称地向内和向外同步移动，以改变中心孔的大小。因此，填充这个孔的金属离子的大小以及随着氧化态的改变而改变的金属离子的大小，将对这种振动的频率产生显著的影响。选择 ν_3 和 ν_{10} 作为铁的自旋态标记的原因更为微妙，它们的共同特点是在卟啉的内环体系上有显著的位移。

A 项增强和 B 项增强之间的关键区别在于，由于坐标算符的存在，B 项增强只发生在共振激发态的基态和第一振动态，对可以使 A 项增强激发的振动态没有限制。最初认为较大分子的每个键的核位移较小，只会产生 B 项增强，例如含有芳香环体系的分子，但目前可以得出清晰的结论，位移之和是显著的，而且较大的分子中都可以产生 B 项增强和 A 项增强。

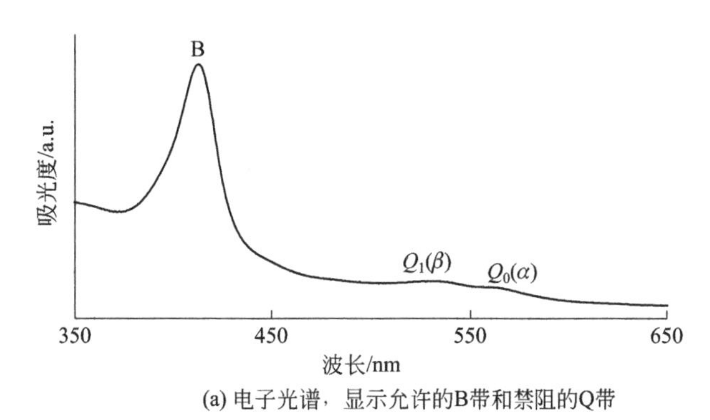

(a) 电子光谱，显示允许的B带和禁阻的Q带

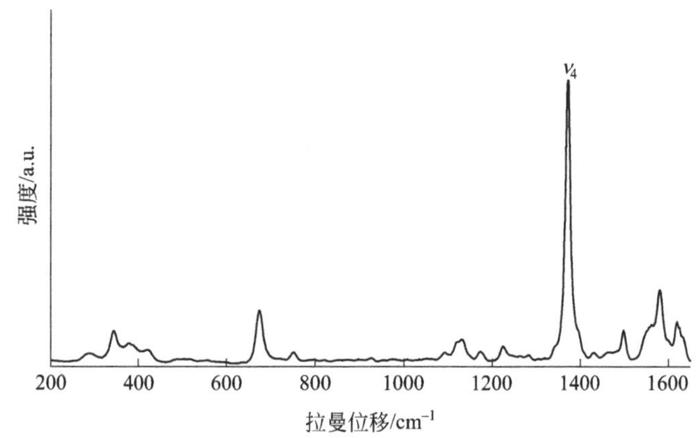

(b) 使用406 nm激光激发的拉曼光谱

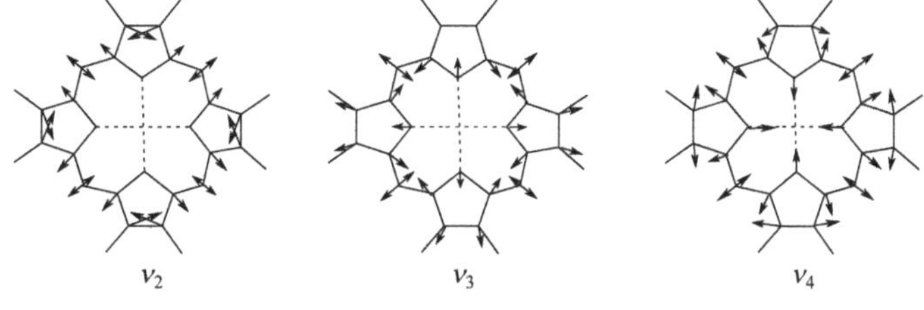

(c) 卟啉环的三种A_{1g}振动

图 4-2 蛋白质中血红素色团的光谱和位移图

4.3.3 泛频峰

如第 3 章所述，在仅由 B 项产生的普通拉曼散射中，只有当基态和激发态之间存在一个振动量子能量差时，坐标算符 R_ε 才允许跃迁 [见式（3-10）]。也就是说，不应该出现任何泛频峰。然而，在 A 项散射中，分子中没有坐标算符。因此，当 A 项增强引起共振时，将出现泛频峰并且其理论强度较强。碘的拉曼光谱是典型的小分子 A 项共振增强的例子。通过加热气体容器中的碘获得的碘蒸气，可以激发产生由一系列非常强烈的尖峰组成的显著光谱（见参考文献 [1]）。如第 1 章所述，气相中的双原子分子预计会有一个振动，其频率大致与从胡克定律中预估的能量相当。然而，得到的是一长串有规律的谱带，它们之间的能量差大约是单个基本振动预期能量的一个量子。用碘溶液或碘晶体很容易进行类似的实验。图 4-3 为记录的碘晶体（固体碘）的光谱，同样，也是有规律的谱带模式。

与传统的拉曼散射相比，能够从这个光谱中了解到更多碘的性质。其显然是 A 项散射，没有选择定则阻止泛频峰出现。期望用谐波法使泛频峰在能量上是等分的。然而，如第 3 章所述，在真正的莫尔斯曲线中，由于曲线的非调和性，分离度朝着更高的能量方向减小。因此，通过研究分离度的变化，可以计算出莫尔斯曲线的形状。这就是拉曼散射提供电子信息的一个例子。

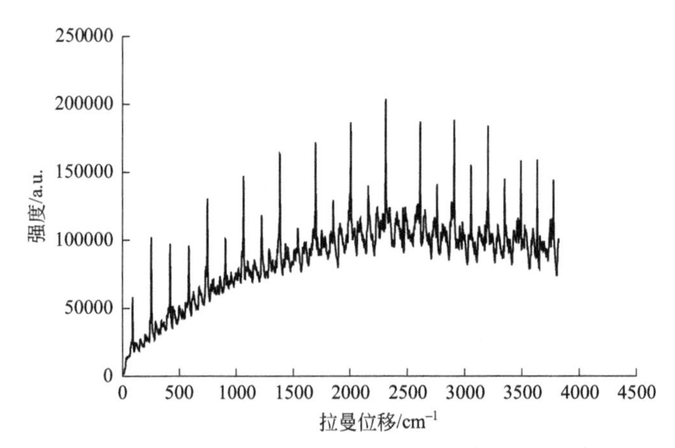

图 4-3 在 514.5nm 辐射条件下使用拉曼显微镜获得的固态碘的光谱

大分子在共振条件下也会产生泛频峰，通常它们的强度较弱，而且衰减很快。图 4-4 为酞菁铜的泛频峰光谱，这些光谱分析起来相当复杂。它们不仅包含由多个相同振动的量子组成的泛频峰谱带，还包含由两个不同振动的一个量子组成的组合谱带。基频谱带出现在拉曼位移约 1600cm^{-1} 处，随后主要是位移高达 3200cm^{-1} 的第一泛频峰和位移更高的其余一些较弱的第二泛频峰。最强烈的第一泛频峰对应最强烈基频谱带的两个量子，被指定为 v_3，并且具有与 A 项增强一致的 A_{1g} 对称性。

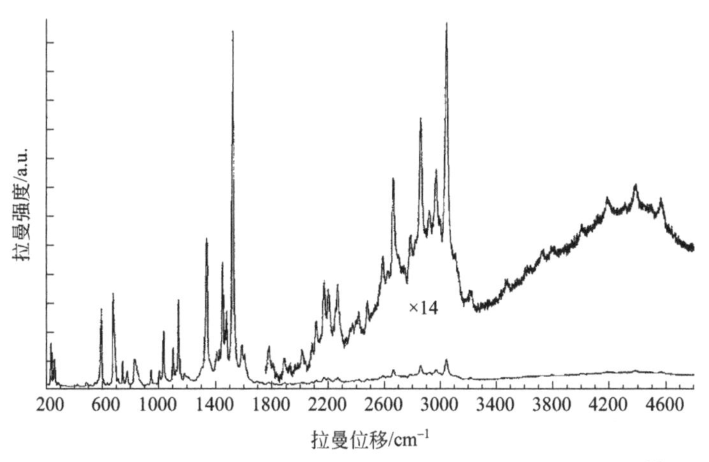

图 4-4　在 514nm 的激发频率下获得的酞菁铜的泛频峰光谱 [5]

4.3.4　波长的影响

普通拉曼散射与频率的四次方相关，并且根据四次幂定律绝对强度随着激发频率的增加而增加。然而，不同激发频率下得到的谱带的相对强度应相同。在共振拉曼散射中，振动的散射强度随着共振条件的接近而增强，所以谱带的相对强度将发生变化。因此，谱带的相对强度随频率的变化而变化，主要取决于电子结构的性质。图 4-5 所示的酞菁铜光谱就是一个例证。由于酞菁在该区域没有明显的电子跃迁，1064nm 激光条件下的光谱可能接近于普通拉曼光谱。以该光谱为参考，在可见光区域内，显然谱带强度的上升和下降取决于两个 **π-π*** 跃迁附近引起的每个特定振动的增强。

尽管 1064cm^{-1} 的激发频率远离任何电子跃迁的频率，但该频率光谱可能会接近普通拉曼光谱。问题是激发频率要离共振频率多远才不会出现共振。如前文所述，在共振条件下，分母非常小，然而随着激光激发频率与跃迁频率差值的增大，共振增强会迅速下降。如果用任意单位使分子的值为 1，那么在距离共振 10 个波数时，忽略 $i\Gamma_1$，共振增强将下降到十分之一左右；在 100 个波数时，共振增强将下降到百分之一左右等（这是一种过度简化，因为当从其他状态进入共振时，分子会随着频率的变化而变化，但可以通过忽略这一点来得出一个定性的结论）。很明显，必须非常接近共振才能得到最大

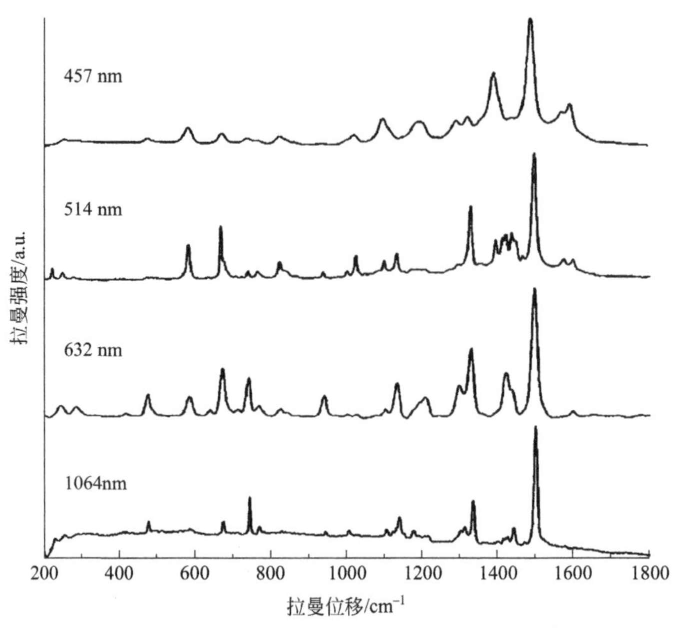

图 4-5　酞菁铜在四种不同激发频率下的光谱[5]

的增强，而两三个数量级的增强对距离共振条件几百个波数的光谱影响很小。更重要的是，许多拉曼光谱学家并没有普遍认识到，远离共振条件时，更大的增强将会产生什么结果。例如，假设获得的总增强值为 10^4，那么只有当距离共振 10000 个波数时，增强值将降至 1。因此，共振增强过程的频率依赖性有一个很长的拖尾，可能是当光谱的红光区存在生色团并且使用红外光激发时，可以获得小的增强因子。与接近共振的增强相比，这似乎微不足道，但它确实意味着生色团的谱带可能比分子中其他部分的谱带更强烈。此外，如果混合物中的一个次要成分是强共振拉曼散射体，则可以有选择性地将其挑选出来。

接近共振条件但不在共振条件下进行的散射通常称为预共振散射，在强散射体作用下会产生明显的增强。如果激发频率低于吸收谱带的频率范围，则共振状态不会产生荧光和吸收，这使得拉曼光谱的记录变得简单。第 6 章将举例描述喷墨染料被红外光激发产生的拉曼散射。

4.3.5　电子信息

上文已经描述了两种获得电子信息的方法，即用碘的泛频峰来确定莫尔斯曲线的形状，以及从 Ellman 试剂 ES^- 离子中的 N—O 键拉伸增强来推断电子结构。然而，使用良好的可调谐激光仪很容易进行更详细的分析。由于共振光谱中各谱带的绝对强度和相对强度取决于激发频率与共振频率的接近程度以及电子状态的性质，因此，绘制谱带强度与所用激发光频率的对比图非常有用。该对比图称为共振激发曲线（REP），在密集的频率下采集大量的光谱可构建共振激发曲线。在最简单的共振激发曲线中，谱带的最大强度出现在产生共振的点。如果绘制强度的振动与一个以上的振动能级发生共振，则在曲线图中应该观察到多个峰值。此外，不同的振动对电子结构的耦合方式不同，所以曲线图会因振动而异。获得的曲线为深入研究特定分子的电子和振动结构提供了独特的、极有价值的信息。图 4-6 是两种不同振动下酞菁铜的共振激发曲线。其中，v_3 处于相对较高的频率，曲线上的结构涉及许多振动状态，是 A 项增强。在较高能量范围内，谱带仍在上升，表明更多的振动态带来增强。v_7 作为低频振动，是更典型的 B 项增强，从基态和激发态的 υ=0 态出现一个强峰，而 υ=0 和 υ=1 态之间的耦合较弱。在主带的低能侧也可以看到一个较弱的峰，这是因为酞菁的激发态被动态的姜 - 泰勒（Jahn-Teller）效应分裂，额外的弱谱带来自第二电子态。

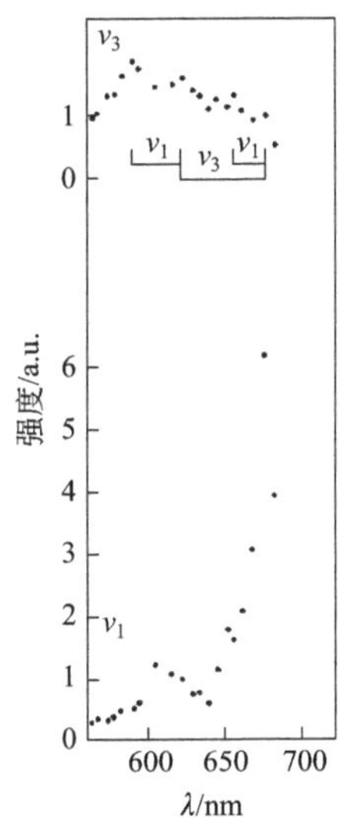

图 4-6　酞菁铜振动 v_3 和 v_7 的共振激发曲线 [6]

（通过紧密间隔的波长上获取光谱并测量所选振动的强度获得。）

以上的描述只是对共振拉曼散射性质进行了定性分析，提出了一些问题但并没有真正证明它。参考文献 [1] 和 [2] 对此问题进行了更深入的探讨。当然，为了能够实际使用共振拉曼散射和解析光谱，本文已基本涵盖所有要点。表 4-1 是普通拉曼散射和共振拉曼散射的主要差异。

表4-1 普通拉曼散射和共振拉曼散射的主要差异

普通拉曼散射	共振拉曼散射
B 项有效	A 项和 B 项有效
无泛频峰	泛频峰常见
光谱中观察到更多模式	某些模式选择性增强
无电子信息	存在电子信息
散射较弱	散射较强

4.4 实际应用

选择最佳频率以提供最大的增强较难实现，但使用可调激光仪建立实验往往较为容易。图 4-7 为众多可能跃迁中一种振动的简化图，该跃迁有助于吸收过程和可能的共振拉曼过程。这里假定没有对称选择定则。激发态通常比基态略宽，在核间距略大时最小。在基态和激发电子态的最大重叠处会出现吸收光谱的最强峰。通常，这是从 v_0 基态的中心到接近激发态的高振动态侧的跃迁，但也有许多其他跃迁发生。相反，在拉曼光谱中，如果仅 B 型增强是强烈的，则前两个振动能级将提供散射，仅显现一个过程（v_0-v_0）。在吸收光谱中，由于基态激发振动能级的跃迁而引起的热带将出现在该谱带的低能侧。因此，与 v_0 和 v_1 共振所需的激发频率通常在吸收带的低能侧，并稍微进入吸收带，但不在峰值处。最大的 A 项增强可能在谱带上分布更广，但不可能在与吸收光谱中的最大值相同的频率处达到其最大值。因此，通常最好是激发到吸收带的低能侧，从而可以减少激发和散射辐射吸收的问题。

在共振拉曼散射中激发能量与吸收过程相对应，吸收很容易引起样品分解和（或）产生荧光，因此，光谱学家必须制订使这些影响最小化的策略。通过观察暴露于激光束之前和之后的样品，可以评估问题的严重程度。在共振拉曼散射中，样品变质时可以清楚地观察到颜色变化或出现黑点。但是，在某些情况下样品变质会更细微，例如在含有血红素基团的蛋白质中，辐射可以改变血红素的结构及其在蛋白质中的键合而不破坏它。检查样品是否变质的一种简单方法是测试吸收光谱。但在溶液中，拉曼散射和吸收光谱法所测的样品量通常存在非常显著的差异，这可能导致误导性的结论。在大多数吸收光谱仪中，样品放置在 1cm 的比色皿中，光束会穿过样品体积的很大一部分，需要从较小体积但功率密度更高的集中区域获得同一比色皿中的拉曼散射。此时样品的变质会影响拉曼散射谱图，但在样品的大部分吸收光谱中可能并不会观察到变质样品的影响。在固体样品中，反射吸收光谱通常取自较大区域，且在大多数情况下主要来自未变质的样品。

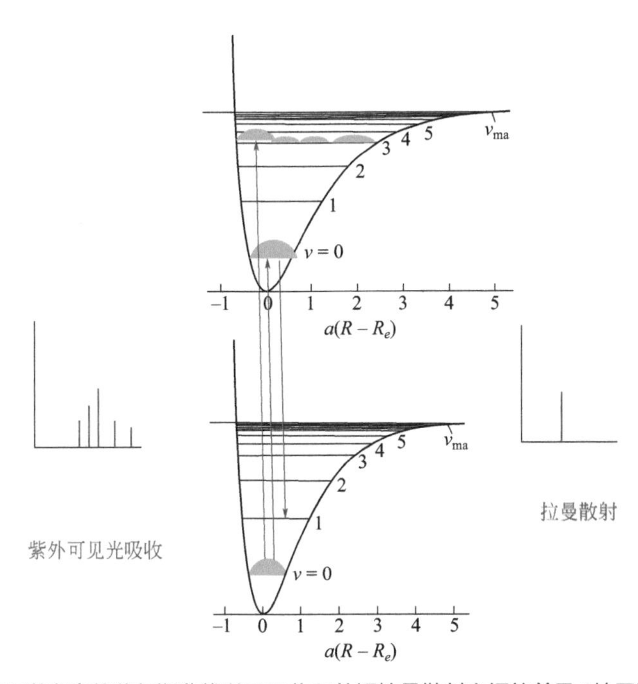

图 4-7　基态和激发态的莫尔斯曲线以及吸收和共振拉曼散射之间的差异（处于激发态时除外）

[图中仅显示了构成吸收光谱的诸多跃迁之一。在没有特殊选择定则的情况下，吸收带的强度取决于基波和激发态波函数之间最大的重叠程度，通常是在v=0基态的中间和较高激发态的偏心部分之间（如图4-7所示）。为了清楚起见，仅显示了最大吸收状态（蓝色箭头）。左侧的光谱展示了一系列跃迁的贡献，但对于许多分子来说，贡献如此之多以至于得到的是一个平滑的宽峰。对于B型增强，由于仅允许涉及第一和第二态（v=0和v=1）的跃迁，因此，最大增强将在吸收峰低能侧的一个激发频率处发生。只显示了一种振动（红色箭头）是因为此图显示的是单一振动的基态和激发态振动能级。较弱的第二个峰值表示泛频峰。A型增强不受此限制，并且可以从更高激发态发生，但选择定则与吸收光谱法所遵循的原则不同。]

有一种采样方法可以使光降解最小化，即测试过程中样品穿过激光束，但在整个测试过程中不停留在光束中，然后从大面积或大体积样品的累积光谱中获得拉曼散射。例如，对于固体样品，可以使用第 2 章所述的旋转盘。在该技术中，样品被压入盘中或压缩在黑色支撑盘切出的通道中，然后设置激光束聚焦在盘的外部或通道上并旋转盘。从光束被聚焦的点开始收集散射，但是样品通过旋转穿过光束的方式限制了任何一个区域的曝光时间。这也允许激发态在圆盘完成一次旋转之前加热并从任何一点扩散出去，样品的同一部分会被再次检测。或者，可以设置光学器件使光束聚焦偏离中心，并在圆周上旋进样品。尽管在某些样品中可以清楚地看到样本分解的轨迹，但这种方式依旧有效。如果存在样品变质的情况，则可以通过更改参数来解决，如使用较低的激光功率、较短的曝光时间或增加光斑大小。通过比较两种光谱的差异，可以在一定程度上评估分解效果。溶液样品也可以采用类似的方法（详见 2.5 节）。测试设备通常使用一个旋转的样品容器（例如，将光束紧紧聚焦在溶液中的核磁共振管），或使用小型流动池，样品可以在其中流过或在激光束的作用下前后摆动。

如本章前文所述，共振的贡献可延伸至随着共振频率和激发频率之差的增加而减小的频率范围内。因此，通过将激发频率从共振频率移开以提供预共振，有可能避免由于吸收激发而导致的最坏影响，同时仍保持一定程度的增强。预共振激发时，越远离共振记录光谱，记录的状态越多，也越适用于通用拉曼散射选择定则。另外，对于具有高对称性的分子，随着扫描频率远离共振，不同对称性的振动对频率的依赖性也不同。

在非共振样品中，可见激光束可以在介质中紧密聚焦，尽管可能会导致某些样品变质，如第 2 章所述的折射、反射和加热效应，但聚焦点可以有效地将成像结果返回至检测器上。但是，聚焦到有色溶液中获得共振会引起其他变化。激光会被介质吸收，并且穿透的深度越深，光的强度就越弱。因此，聚焦点在样品中足够深的位置会出现最大功率密度，以致残留的功率相对较小。另外，吸收的能量会使环境变热，引起更复杂的折射（透镜化），从而导致测试点形状改变以及散射辐射的收集效率降低。光束聚焦在表面附近有助于减少这些影响，但会带来更复杂的问题。最重要的问题是散射辐射比激发辐射弱很多，并且在传播回溶液的过程中被吸收，尽管具有增强作用，但这种自吸收效应使得从任何深度都难以获得共振拉曼散射。

溶液中通常存在有效的共振散射浓度范围。如果样品浓度太高，散射辐射的自吸收将阻止拉曼散射的有效收集。如果样品浓度太低，拉曼散射则太弱而无法被检测到。因此，重点是在测量溶液共振拉曼散射时要认识到，如果得到的散射很差，则可能需要稀释样品以允许光束穿透，或者需要增加浓度以增加生色团的数量。通过反复实验可找到合适的浓度。

为了最大限度地减少这些影响，可以将光束聚焦在靠近样品表面的位置，但这样做效果有限。在固体中，如果光束直接聚焦在固体表面，则会发生镜面反射；在溶液中，聚焦太靠近样品前面的玻璃壁会导致玻璃强烈反射。突然出现强烈的辐射意味着激光聚焦在玻璃上而不是溶液中，这种强烈的散射会误导光谱学家记录容器壁而不是溶液的光谱。一次性塑料比色皿的使用让这一问题变得更加严重。当通过它们聚焦时一般不会观察到塑料的光谱，但如果将光束聚焦在比色皿壁上，则可以记录到极好的聚合物材料光谱，而这很容易被误认为是样品的光谱。如果未使用任何容器（例如测试显微镜载玻片上的液滴或培养皿中的溶液时），加热可能会产生电流和蒸发，并且难以获得长时间稳定的信号。

4.5 小结

有色分子是否可以获得有效的共振拉曼散射，在很大程度上取决于散射和荧光过程的相对效率。在某些情况下，荧光可以主导光谱，所以很难通过实验手段获得共振拉曼散射。同时，样品的分解和自吸收也是影响共振拉曼散射的因素。然而，对于许多系统来说散射很强而荧光很弱，且采用一些策略可以避免在其他系统中最严重的干扰。这些策略包括使用预共振来避免严重的荧光问题，以及使用旋转的样品架或流动池来减少光降解。共振拉曼散射的关键优势使其独具价值。它能提供更强的光谱，从而可以选择性地挑选出并可靠地识别出基质中的某个分子。关于分子的电子学信息可以通过以下方式获得：共振中发现的谱带强度、泛频峰过程中的能量分离以及获得的泛频峰形态。对于如蛋白质，尤其是水等分子的普通拉曼散射的弱性质，使得在存在其他材料的情况下，可以直接通过生色团获得共振拉曼散射。这使得共振拉曼散射在添加了标记或天然生色团（包括紫外线生色团）等领域成为一种特别有用的拉曼光谱学形式，这是后续章节中介绍的一些工作的基础。

参考文献

[1] Clark, R.J.H. and Dines, T.J. (1982). Mol. Phys. 45: 1153.
[2] Rousseau, D.L., Friedman, J.M., and Williams, P.F. (1979). Top. Curr. Phys. 2: 203.
[3] Spiro, T.G. and Li, X.-Y. (1988). Biological Applications of Raman Spectroscopy, vol. 3(ed. T.G. Spiro), 1. New York: Wiley.
[4] Hu, S.Z., Smith, K.M., and Spiro, T.G. (1996). J. Am. Chem. Soc. 118: 12638.
[5] Tackley, D.R., Dent, G., and Smith, W.E. (2001). Phys. Chem. Chem. Phys. 3: 1419.
[6] Bovill, A.J., McConnell, A.A., and Nimmo, J.A. (1986). W. E. Smith. J. Phys. Chem. 90: 569.

现代拉曼光谱

Modern
Raman
Spectroscopy： A Practical Approach

第5章 表面增强拉曼散射和表面增强共振拉曼散射

5.1 概述

表面增强拉曼散射（SERS）要求测试前将分析样品吸附到合适的粗糙表面，通常吸附到金或者银的表面。SERS 备受关注除了因为其超高的灵敏度外，还因为它可以在未经分离纯化的混合物中选择性地鉴定所需的物质。实际上对于合适的样品，非常容易获得光谱。但是相对于拉曼散射而言，SERS 具有不同的选择定则，使 SERS 光谱的解析比普通拉曼散射更具挑战性。因此，需要特别小心地控制体系以获取可靠且重现性好的结果。对于合适的分析物，已报道的 SERS 增强因子达到了 $10^6 \sim 10^{15}$，这对于希望将拉曼光谱作为非常灵敏和信息量大的分析方法的研究者来说是非常有吸引力的。此外，了解液面下金属表面的性质也是非常重要的，例如在研究电解、腐蚀以及哪种金属适应于哪种 SERS 的过程中，它能够提供有用的原位信息。

SERS 最早是在 1974 年由 Fleischman，Hendra 和 McQuillan 发现的 [1]。文献报道了吡啶的强拉曼散射。在水溶液中将吡啶吸附在经过连续的氧化还原循环而变粗糙的银电极上，制备得到了吡啶样品。作者认为这种强拉曼散射效应的产生是因为电极表面粗糙化过程中其表面积大幅增加，从而使更多的吡啶分子吸附在表面上。但是，Jeanmarie 和 Van Duyne[2] 以及 Albrecht 和 Creighton[3] 发现，拉曼散射信号强度增加不仅仅是因为表面积的增加。他们认为，由于表面粗糙而引起的强度增加应该小于 10 倍，但是却得到 10^6 倍的信号增强。作者用一个电池重复了第一个实验，图 5-1 是吡啶在不同电位下的光谱和获得光谱的简易电化学装置。从图 5-1 中可以看出，表面增强的量级以及峰的相对强度随着电压变化而变化。

所以，除了给特定金属提供适当粗糙表面之外，还必须考虑其化学性质。分析物的有效表面吸附非常重要，在测量时最好保持表面稳定。如果忽略了这些关键点，有可能会得到截然不同的结果。例如，本来可以通过将铁表面粗糙化得到一定程度的表面增强，但是实验却发现该方法对铁通常是无效的，这是由于铁的表面会迅速形成一层厚氧化物，该氧化物阻隔了金属与分析物的接触，同时它也可能降低铁表面的粗糙度。

表面增强拉曼散射实验可以在不同的环境中进行。比如含有少量纯基底和待测物的大气控制室或真空环境，或者装有生物材料和待测物的敞口表面皿。通常，只有少数作者会详细描述制作样品基底时采取的化学预防措施。例如，

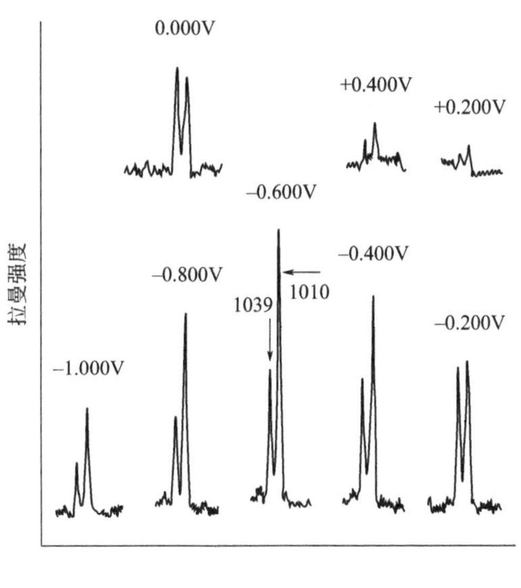

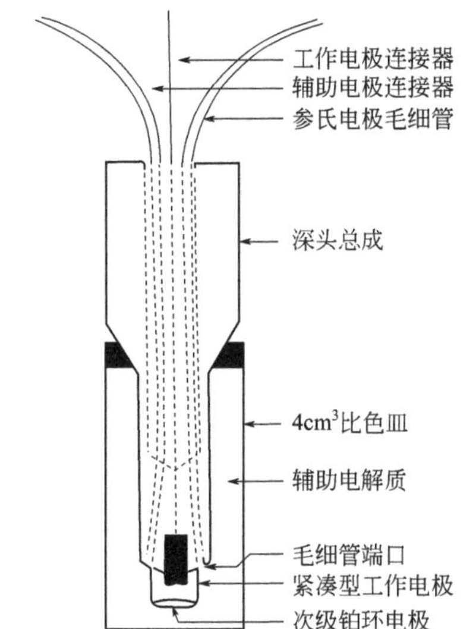

图 5-1 不同电位下的吡啶光谱和获得光谱的简易电化学装置

（峰值单位为cm^{-1}。）

银在水溶液中容易氧化，在基底形成过程中，溶液中释放的氧气或氮气对形成的基底会有很大的影响。同时，颗粒的大小和形状也会受到影响，在有些情况下甚至会形成银线。此外，对于复杂的检测系统，比如生物样品，除分析物外其他组分的优先吸附会阻止待测物质的有效吸附。因此，在做SERS实验之前，最好能够对吸附过程有一定程度的了解。同时，选择合适的金属和制作适当的粗糙表面也非常有必要。

有很多种方法可以增强参考样品在特定表面测量的拉曼散射强度，有些论文将其称为SERS。不同的表面会产生不同的散射强度，原因有很多，其中包括不同的粗糙度、不同的光束穿透深度、不同的晶体取向，对于基底而言，包括吸附在特定表面或形成共振物种的分子数量。薄膜可以捕获光，同时可以通过多次内反射增强散射强度。靠近金属的散射增强可能来自大于光波长的粒子，在激发时，光被捕获在粒子内部，在表面上产生强场，从而使吸附在表面的分子产生强散射。但是，本书中提到的SERS是由国际纯粹与应用化学联合会（IUPAC）定义的，在微观粗糙金属、金属胶体和金属纳米颗粒表面数纳米范围内，分子拉曼光谱振动谱带强度增加了好几个数量级。如下所述，理论上的关键特征是该过程涉及表面等离激元辅助。

银和金是表面增强拉曼散射特别好的基底。通过可见光或近红外（NIR）光激发能够提供长期稳定结果的表面从而获得大的增强因子。铜虽然具有良好的增强作用，但其活性太强，因此稳定性较差。铝（可通过紫外线激发而增强）、铂、锂和钠等金属也有一定的增强效果。人们制备了许多不同类型的粗糙表面，包括纳米工程层和颗粒、胶体颗粒和结构、电极和冷沉积金属岛状薄膜。

因为表面增强拉曼散射是通过实验发现的，所以在发展早期，研究者提出了许多理论。从某种程度上而言，这些理论大多包含了部分真理。正如本章后面要讲到的一样，理论的研究仍然是一个活跃的领域，但是理论必须由多年积累的实验证据支持这一基本观点现在已经达成了普遍共识。

拉曼散射增强的主要原因是分析物与表面等离激元共振的相互作用。通常，金属主体中松散附着的导电电子仅在金属表面的一侧，因此，在离表面一定距离的地方就会产生电子密度，从而使电子沿其横向移动。当辐射与这些电子相互作用时，它们可以作为一个集体在整个表面上振荡，这些振荡称为表面等离激元。当通过可见光或近红外光激发时，表面等离激元会延伸到金属表面的前几层，金属的性质和表面几何形状会影响等离激元的频率、频率范围和强度。银和金的等离激元都在可见光区频率处振荡，因此它们适用于拉曼散射中常用的可见光和近红外激光系统。在光滑的表面上，振荡会沿着表面平面发生，并且不会散射任何光。为了获得散射，需要有一个垂直于表面平面的振荡，可以通过表面粗糙化来实现。粗糙金属表面凹处的电子密度相对较高，当振荡电子向峰值移动时，就会产生垂直于表面的振荡分量，从而引起散射。粗糙度的性质也能控制等离激元振荡的频率及其范围。

金属既可以散射辐射也能吸收辐射，但两者的比例取决于金属本身和激发频率。在可见光区域激发时，银散射比例比金高，当激发向近红外光区域移动时，金的散射比例会增加。在光与材料相互作用的基本理论中，金属的介电常数分为实部和虚部。散射与实部有关，吸收与虚部有关。一些有关 SERS 的论文中使用了这一术语，但这大部分超出了本书的范围，如果需要了解更多的信息可以参考文献 [4]。实际上，表征等离激元的一种简单方法是测量吸收光谱。如果基底是胶体悬浮液，光谱可以从含有悬浮液的样品池中获得，测量特别简单。但是，当光束通过样品时，将同时发生吸收和散射。大多数散射光不会到达检测器，所以测量到的为吸收光。因此，得到的光谱不是吸收光谱，而是由吸收和散射成分组成的消光光谱。了解这些虽然很有用，但要获得单独的散射和吸收组分还需要做更多的工作。例如，使用荧光光谱仪，通过收集 90°的光到输入光束来测量散射光组分。然而，根据光学器件的不同，只能收集到散射光的一部分。通常输入光束是宽的，它能够照亮样品到一定的深度，这样一部分散射可以被胶体自我吸收或在被检测到之前重新散射。但是，这样得到的测量结果可能需要进一步修正。

除了吸收与散射比之外，粗糙度的性质也很重要。例如，通过电化学或金属沉积的方法粗糙化的金属表面会因为尺寸的不同有不同的粗糙度性质，每个都有其特定的共振频率和自然带宽。而且，表面等离激元的波长范围会比通过单个粗糙度性质所预测的波长范围更宽。此外，热点的强散射区域会出现在特定特征产生高场并因此产生高强度的位置，这将在后文详细讨论。

总之，要获得良好的表面增强拉曼散射，最好使用具有适当粗糙表面的材料，而且在测量期间材料表面稳定。这种材料需要能在激发激光器的频率范围内诱导出等离激元，同时具有有利的散射和吸收比。除此之外，在分析物和表面之间不能有太厚的氧化层或其他屏障层。下面将讨论拉曼增强理论的基本知识。

5.2 电磁增强和电荷转移增强

历史上有两种不同的表面增强理论[4-8]。其中一种理论认为，待测物吸附在金属表面或紧贴金属近表面，并与表面等离激元相互作用，从而使散射增强，这种理论被称为电磁增强。另一种称为电荷转移（CT）或化学转移增强，待测物通过化学键吸附在金属表面。最初的 CT 增强理论认为激发辐射被金属吸收，形成空穴对，然后将能量从空穴对转移到分子引起拉曼散射，在散射之前使减少的能量返回到金属中而产生拉曼增强作用。现在，大多数理论研究认为电磁增强是主要原因，但是化学吸附，产生的新表面物种会显著增加拉曼增强作用。也就是说 CT 理论的键合部分对拉曼增强仍然是有作用的，但是金属吸收的光对拉曼增强作用似乎很弱。因此，如果考虑表面形成的任何新键的作用，就可以将 SERS 视为基于等离激元增强的单一过程。

在分析原始的吡啶数据时，估计电磁增强约为 10^4 倍，CT 增强为 10^2 倍。这种增强的变化主要取决于分子。由于 CT 增强要求吸附质与金属成键，所以它只发生在待测物附着表面的第一层，而电磁增强则会发生在第二层和后续层。早期的实验是在清洁条件下进行的，使用间隔物来分隔每一层。实验结果清楚地表明，从直接与金属接触的第一层开始，就产生了非常大的散射增强，超过了电磁增强的预期[9]。图 5-2 显示了这种效应在苯中对称拉伸的情况。除了第一层外，还添加了环己烷层将苯与表面隔开。

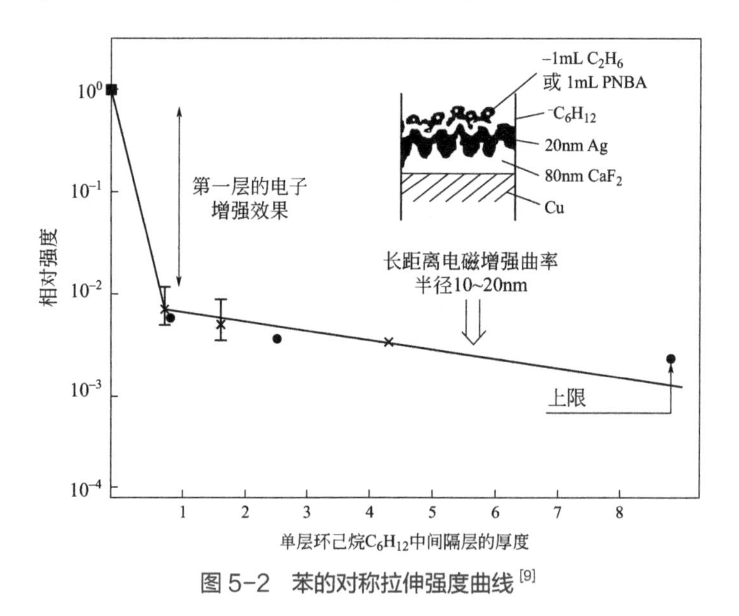

图 5-2 苯的对称拉伸强度曲线[9]

（在清洁条件下进行的早期实验，将苯吸附在粗糙的银表面上，形成第一层，然后加入环己烷将已形成表面与后续层中的苯隔开。从图 **5-2** 中可以清楚地看出第一层的重要性。）

5.2.1 电磁增强

简单来讲，电磁增强 SERS 就是一个分子吸附在一个小金属球上。当球体受到激光器施加的电场作用时，表面的电场用以下公式表达：

$$E_r = E_0\cos\theta + g\frac{a^3}{r^3}E_0\cos\theta \tag{5-1}$$

式中　E_r——距球面 r 处的总电场；

a ——球体的半径；

θ ——相对于电场方向的角度；

g ——常数。

g 的表达式如下：

$$g=\frac{\varepsilon_1 v_L-\varepsilon_0}{\varepsilon_1 v_L+2\varepsilon_0} \tag{5-2}$$

式中 ε_0，ε_1——介质和金属球的介电常数；

v_L——入射光的频率。

式（5-2）中分母为最小值时，g 达到最大值。当 ε_1 等于−2 时，ε_0 通常接近于 1。在等离激元共振频率下，表面等离激元的激发大大增加了金属表面吸附分子的局部电场。实质上，被吸附的分子处于一个能够自由移动和振荡的电子云（即等离子体）中，这就诱导了分子的极化。在金属表面，总电场在小球表面平均分布。电场在表面的任何一点都由两种组分组成，即垂直于表面的平均电场和平行于表面的平均电场。垂直于球体表面的电场大小对 SERS 非常重要。

事实上粒子很少是球体，最大的单个粒子增强通常发生在诸如棒和星等形状粒子的投影或点上。图 5-3 是表面干燥的银胶体颗粒透射电子显微照片（TEM）。从高分辨率图像可以看出，粒子之间有大小和形状的差异，并且这些粒子的等离激元频率不同，所以需要格外注意。大多数测量在包含许多粒子的区域进行，因此，整个等离激元被加宽，其中可能会显示一些单独的特征。等离激元增强发生于更长的频率范围内，但是每个不同的激发频率下粒子和结构有不同的贡献。此外，当实验设置是从单个或小的纳米颗粒中获得增强时，

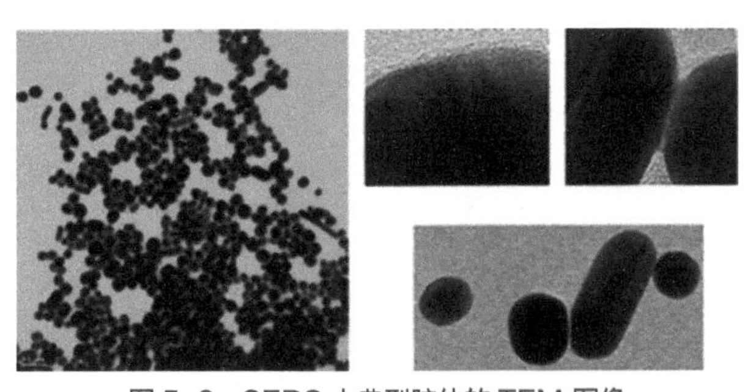

图 5-3　SERS 中典型胶体的 TEM 图像

（胶体是由柠檬酸盐还原硝酸银制备得到的，平均粒径约为 35nm，图像显示了一些粒径变化和一些针状物。高分辨率的 TEM 图像中的线条来自银原子层，较粗的线条是由于晶体中的缺陷和颗粒之间的间隙排列引起的，只有当间隙和激发频率合适时才会产生热点。）

在任何一个激发频率下，结构变化都会引起增强的显著变化。但是，在很多体系中，大部分的增强源于粒子之间的相互作用，所以需要考虑单个粒子以及它们的排列，我们将在下一段对此进行详细解释。

在许多体系中，最强的散射不是由单个颗粒引起的，而是由颗粒间隙中产生强场的区域引起的，这个区域称为热点，它们能够产生大部分的拉曼散射增强 [4,5]。因此，如果使用图 5-3 中所示的干膜作为基底，则大部分增强来自膜内产生有效热点的区域。像这样的随机阵列虽然能产生一定共振频率范围的等离激元热点，但是对于二聚体和三聚体等简单体系目前已有很好的建模研究 [10,11]。电场的强度与颗粒间间隙的大小息息相关。间隙太窄，量子隧穿或传导将使电场均匀；间隙太宽，电场强度就会减弱。通常，约 1nm 的间隙可提供最大的增强。热点包含许多粒子，并且热点的共振频率通常比单个粒子的共振频率低。

无论是在较大的不规则薄膜上激发还是在足够大的胶体悬浮液中激发，许多活性位点在 1s 或更长累积时间内散射多次，从而产生可定量的平均效果。但是，在单个粒子或单个热点层面，增强可能差别很大。

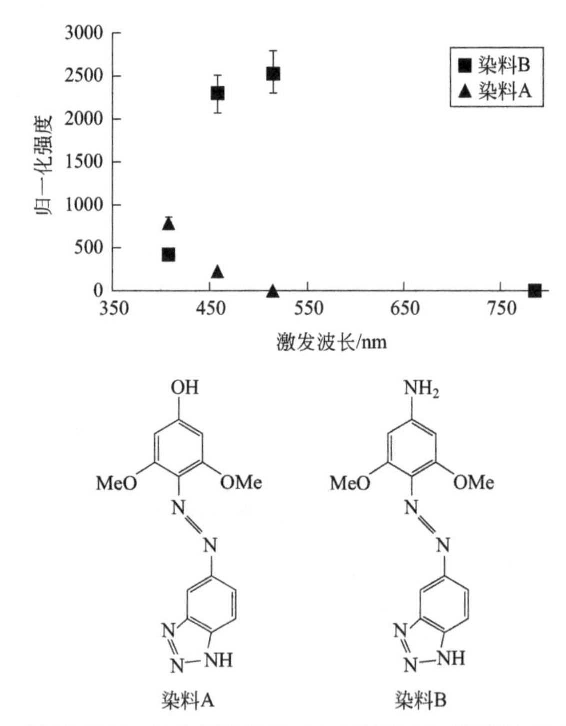

图 5-4　非聚集染料（A）和聚集染料（B）峰的强度与激发波长的关系图 [12]

［非聚集染料（A）在未聚集胶体的等离激元最大值（406nm）附近产生单粒子增强，而聚集染料（B）主要是从包含低能热点的集群产生最大共振获得增强。］

图 5-4 是专为 SERS 设计的两种染料主峰的 SERS 强度。由图 5-4 中染料结构底部可以看出，两种染料通过苯并三唑环与金属表面结合。它们的区别在于，在中性 pH 值下，羟基以 O^- 形式存在，因此，在吸附到银颗粒上时，颗粒表面会附着满负电荷。而负电荷可以使颗粒保持单独悬浮，因此不会发生聚集（染料 A），也不会形成热点。另一种染料含有一个胺基，胺基在吸附时会使负电荷减少，从而导致聚集和热点形成（染料 B）。由于形成了许多不同的热点，染料 B 会产生在较低能量达到峰值的宽等离激元。电荷和尺寸的测量结果也证实了这一点。图 5-4 是在不同激发波长下产生的 SERS。染料 A 最强的散射在未聚集胶体的等离激元共振频率处（406nm），而染料 B 更强的散射增强发生在较低的能量区（即在较长的波段）。不同热点的共振频率不同，因此，只有有限数量的振动会与任一激发频率产生共振。如果所有聚集体在相同的激发频率下都有活跃的热点，那么拉曼增强的效果会比预期小很多。

目前人们已经测量到单一二聚体和聚簇相对于最大等离激元的最大 SERS 增强频率。在最明显的情况下，SERS 增强可在比最大等离激元更低频率下获得，但是等离激元共振最大值和 SERS 最大增强之间似乎并不是简单的关系[13]。图 5-5 是金纳米颗粒二聚体的拉曼增强情况，纳米球表面吸附了 1,2- 二（4- 吡啶基）乙烯（BPE），并包覆在二氧化硅层中以保证其稳定性（“纳米天线”从 Cabot 安全材料公司购买）。

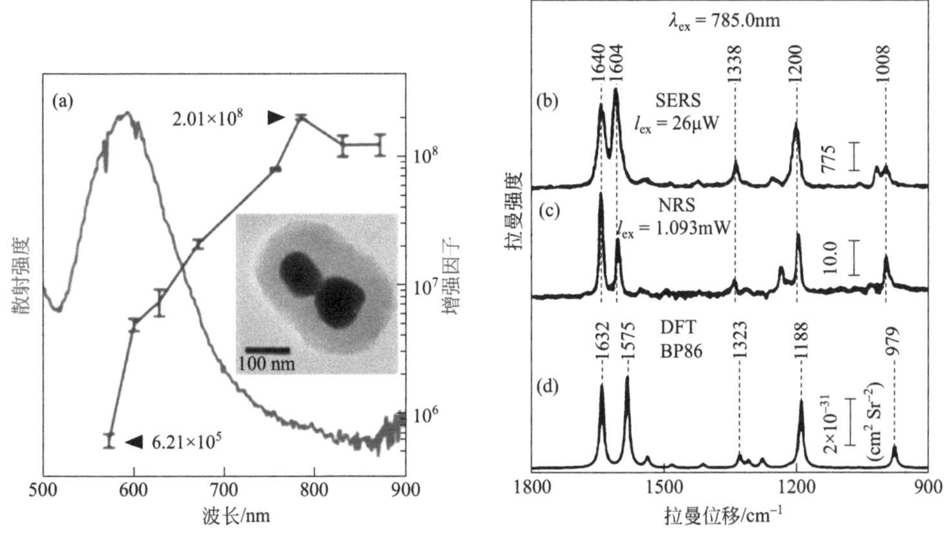

图5-5 （a）BPE 在 1200cm^{-1} 波段强度与涂覆了 BPE、硅壳的金纳米粒子二聚体波长的关系（蓝色）以及其与该二聚体等离激元共振的关系（红色），（b）~（d）SERS 光谱（拉曼光谱和计算光谱）[13]

（这清楚地表明，最大的增强在低于等离激元最大值的频率处。）

5.2.2 电荷转移或化学增强

如前所述，CT或化学增强会在分析物和金属表面之间形成一个键，从而产生新的表面物种。最初，该理论认为散射来自金属表面激发射线的吸收和发射，而不是等离激元。虽然通过这种方式会产生一些增强，但是通过比较分子吸附在光滑和粗糙表面上的实验发现，这种方式产生的增强作用比等离激元的增强作用弱很多。由此可以看出表面形成的化学键，产生新的且极易极化的表面物种对于产生散射增强更加重要。这种键是否形成以及它的强度如何，在很大程度上取决于被分析物和特定的表面，因此不同的待测物的CT差异很大。

图5-6展示了CT的基本概念。在特定能级下，表面上的分子具有最高占有分子轨道（HOMO）和最低未占有分子轨道（LUMO）。表面金属具有跨越一定能量范围的能带，其中HOMO一半充满电子。通过改变电势，可以改变表面最高能级电子的能量以匹配被吸附物的一个能级，从而使能量转移变得更加容易，也改变了整个表面的电子分布，进而影响极化率。有的分析物是路易斯碱，可以提供电子，使得CT跃迁更加容易发生，跃迁是从金属到待测物还是从待测物到金属，由能级和电极电位决定[14]。

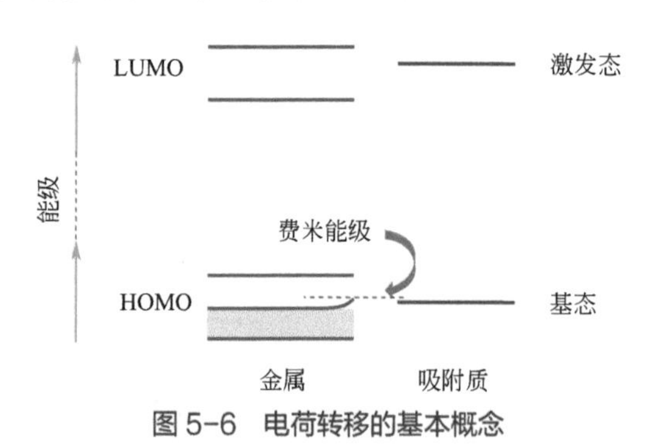

图5-6 电荷转移的基本概念

（电荷转移的基本概念阐明了金属和吸附质可能排列方式的能级。金属HOMO带一半充满了电子，但是在表面，电子的最高能量取决于表面电位，而表面电位通过改变电极的电位来改变。吸附质的HOMO和LUMO轨道能量相对于金属是可以任意设定的，所以可以使最高填充轨道在金属HOMO带的电子范围内。通过改变电极电位，电子可以流向或远离吸附质，从而改变极性，影响电荷转移对SERS的作用。）

上述基本概念已经使用了很多年，很多文献都采用这种方法，本文也不例外。现代的计算方法能够模拟金属表面上实际的键合，从而利用吸附质和表面金属离子形成的新的分子轨道计算电位效应，如图5-7所示，可以计算出电位对新的、易极化的分子状态极化率的影响。在可能的情况下，这将是一种较好的描述 CT 的方法。

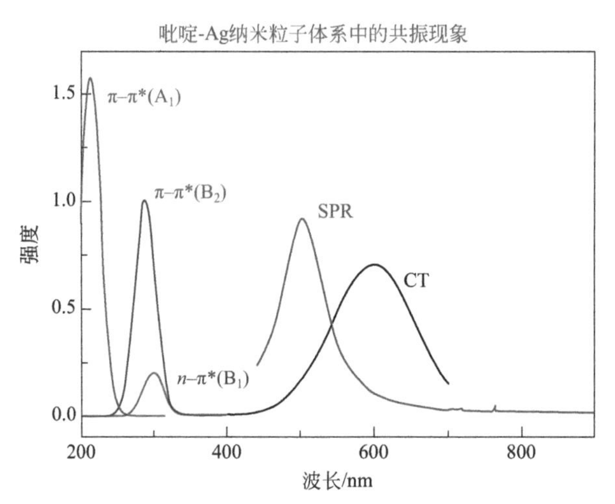

图 5-7　吡啶的共振包括电荷转移项（CT）以及表面等离激元共振项（SPR）和依靠激发频率的分子状态[14]

Lombardi 和 Burke 在电磁理论中增加了一个额外的项或共振来解释 CT[14]。该理论本质上使用了与第 4 章中定义 B 项增强类似的数学方法，即通过混合较高能量的轨道来创建 CT 状态。因此，除由表面等离激元产生的电磁项以及分子共振的贡献外，还通过混合金属 HOMO 和 LUMO 的激发态创建了一个新项来解释 CT。图 5-7 是这种理论对吡啶的应用情况。近紫外光区的 π-π^* 跃迁会导致分子共振和等离激元共振（在 SPR 中 S 代表表面），图 5-7 中还显示了用于解释 CT 的第三项。在图 5-7 中，当激光在靠近红外光区激发时，SPR 和 CT 占主导地位，但有时候，比如当分析物是染料时，π-π^* 跃迁会发生在可见光区域，分子共振也会有助于产生共振增强。

虽然这是一种通用方法，但 CT 或化学增强意味着存在特定的键合，其性质取决于所用基底和吸附质。形成的键是特定的物种，表面层的性质如 pH 值、离子强度和介电常数以及紧密间隔吸附质之间的填充力都很重要。通过一些简化，可以计算出新形成的表面物种的性质，从而直接了解金属对分子态的影响。图 5-8 是吡啶吸附在金簇上时产生键合的计算结果。吡啶吸附在金属表面上，与金属原子直接形成新的键，并引起周围金属原子电子结构的扰动，这种影响随着其与键合原子距离的增加而减小。这也是为什么吸附质金属原子团簇能够成为计算 CT 状态的合理模型。扩展到金属表面的轨道使新物种的偶极子

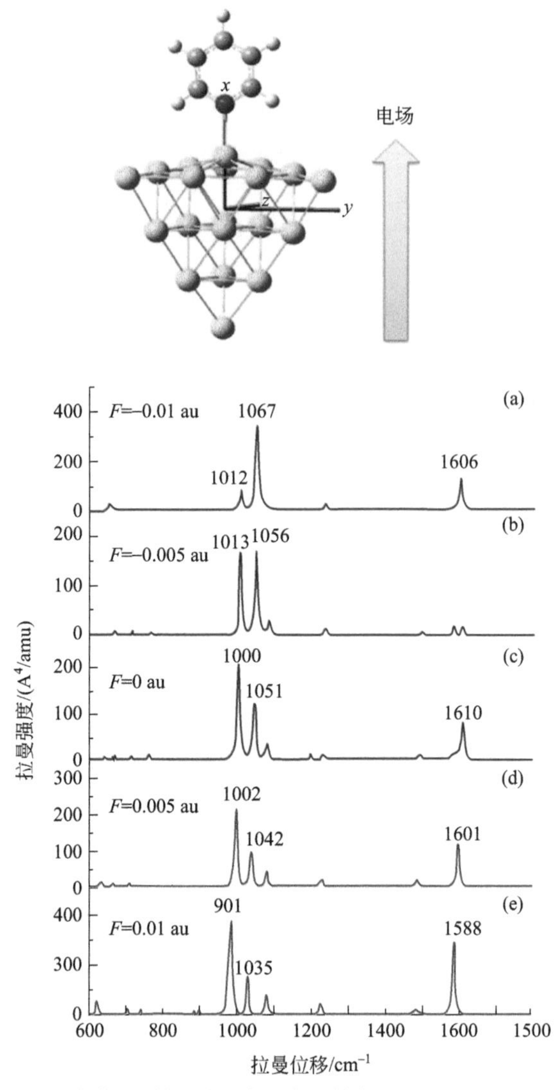

图 5-8　吡啶吸附在金 20 簇上的示意图以及其在不同表面电位下的计算光谱[15]

对电极电位非常敏感，其影响可以通过模型计算出来。图 5-8 中的结果表明，现代的计算方法可以对 SERS 进行合理的预测，同时也能够对 SERS 整个研究领域有更好的理解[14,16]，但它们也不是完美的方法。例如，SERS 通常是在水中进行的，其表面环境具有特定的离子强度和 pH 值，所以任何计算都必须考虑到这些因素。另外，表面成键可能会使金属层变形，吸附质也可能以一定角度键合，而且分子之间的堆积力也会对 SERS 有影响。

虽然 SERS 理论的基本原理已经非常清楚，人们对该技术的使用也有一定的信心，但是 SERS 未来仍然会有更大的发展。正如在第 7 章将介绍尖端增强拉曼散射（TERS）时指出的一样，热点只能从极少的原子中产生，但是在其他体系中，通常假定小体积产生的局域等离激元也可以产生 SERS。此外，分析物和表面之间的键合性质比简单地以特定角度添加像吡啶类单齿配体要复杂得多，这将在后续关于表面化学的章节进行阐述。

5.2.3 表面增强拉曼散射过程的各个阶段

表面增强拉曼散射（SERS）由两种不同距离尺度的活动产生。在图 5-9 中，激发辐射的波长在 500nm 时表示为红色水平线，也代表传播方向。与此垂直的是辐射的振荡偶极子（太大无法显示）会诱导出等离激元，其方向和近似波长由蓝线表示。这个尺度比任何分子过程的尺度都要大得多，这个尺度的光场称为远场。过程的第二阶段发生在分子尺度上，且靠近吸附分子。吸附分子所处的局域场与分子相互作用［放大图 5-9（b）中的红色部位］，从而诱导极化变化。发生在这个尺度的光场称为近场。因此，散射过程发生在两个尺度上，远场部分主要是等离激元的形成和拉曼事件后的散射，近场部分则是近场对分子的极化诱导，拉曼事件以及减少的能量返回等离激元［图 5-9（b）中的绿色箭头］。因此，散射辐射的频率低于等离激元的共振频率。分子中能量的传进和传出都与激发辐射频率的平方成正比，在整个过程有四次方的依赖关系。此外，图 5-9 展示的是柠檬酸盐胶体中单个银粒子的高分辨率 TEM 图，该粒子可以通过简单地复制生成二聚体。不过，这也说明该粒子是结构化的，而不是球体。

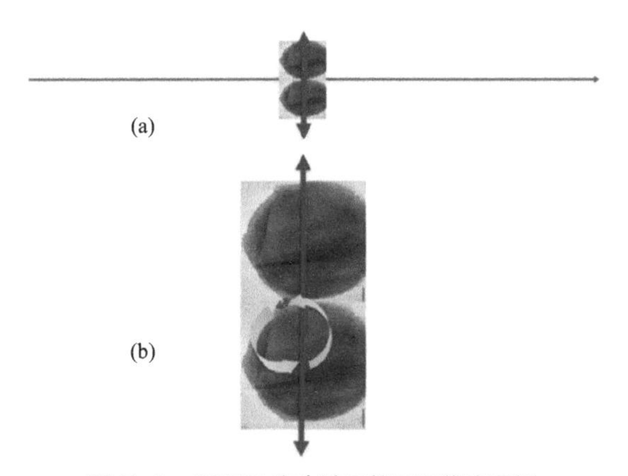

图 5-9　SERS 产生涉及的不同维度图解

［图 5-9（a）中，红线表示激发辐射相对于纳米粒子波长的长度和传播方向，但不是波的振幅。蓝线表示与光的方向成 90° 诱导的等离激元的方向和近似大小。图 5-9 中所示大小约是其与具有显著电子密度表面的距离。此维度称为远场。图 5-9（b）是这对粒子的放大图，红色表示吸附分子的位置，绿色箭头表示能量进出转移产生增强的拉曼散射。此维度称为近场。］

5.3 表面增强共振拉曼散射（SERRS）

在 SERS 发展初期，已经有关于超高增强作用的研究报道，第一例单分子 SERS 报道使用的是染料，尤其是罗丹明，据报道其增强因子约为 10^{14}[17,18]。其他报道估计增强因子较低的约为 10^{12}，较高的约为 10^{15} 或更高，但是无论哪种方式，这都是一个巨大的增强，该现象可以通过图 5-7 所示的 CT 和分子共振的结合及分子的容许跃迁与激发辐射具有相似能量得到很好的解释。一些论文认为 SERS 并不适用于所有分子，SERS 和表面增强共振拉曼散射（SERRS）之间存在区别。但是，有研究表明使用不同的激发波长，染料具有特殊效应。如图 5-10 所示，在低浓度下，假设没有聚集，最大吸光度与激发频率不同的染料在吸光度最大值处而不是等离激元最大值处产生最大增强。而且这种增强非常显著，部分原因可能是由于等离激元对散射辐射的自吸附，但这也说明 SERS 没有分子共振的显著增强效果产生。

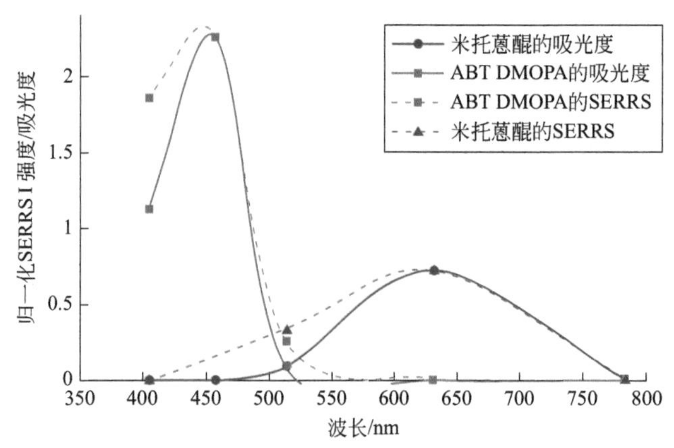

图 5-10 两种吸附在悬浮银颗粒上的低浓度染料在四种波长下的 SERS/SERRS[19]

［没有任何聚集的迹象，并且在406nm处测得等离激元共振现象。ABT DMOPA（图5-4中的染料B）在453nm处具有最大吸光度，并且在这个频率附近显示最大的SERS强度和可能达到的准确度水平。相比之下，米托蒽醌在约600nm处具有最大强度，接近染料吸光度最大值的位置，并且远离等离激元共振最大值。CT项的位置未知。］

SERS 和 SERRS 的一个关键优势是，当一种荧光团吸附在金属表面时，荧光会有效地淬灭。因此，与共振拉曼散射或荧光相比，荧光团和非荧光团可以作为 SERRS 的有效标记，有更多的染料可供选择。另外，由于染料的增强因子很高，所以使用浓度非常低，这样染料在溶液中散射的自吸附问题就比共振拉曼散射时小。

使用 SERS 和 SERRS 两个术语有时会使报告变得复杂，因为在许多研究中，在一个波长处的 SERS/SERRS 活性标签仅仅是一个标记，两者之间的差异并不重要。但是在涉及 SERS 基本原理或波长的研究中二者的差异就很重要。在本书中，除非有重要区别，否则都使用术语 SERS。

5.4 选择定则

通常，我们无法直接解析 SERS 光谱。SERS 中可能会出现普通拉曼散射光谱中看不到的新谱带，而一些在普通拉曼散射光谱中的强谱带也可能在 SERS 中变弱或消失。随着表面浓度的变化，光谱也会发生变化。由于散射效率取决于垂直于表面的诱导分子极化组分，因此吸附质的角度将严重影响强度。例如，如果在吡啶或巯基苯甲酸等分析物吸附时使芳香环平面垂直于金属表面，散射过程就非常有效，因为强烈的面内 C—C 键振动会有垂直于表面的位移，从而产生垂直于表面的极化组分。如果芳香环平面平行于金属表面，这些振动模式会在垂直于表面的方向上产生较小的极化率变化。但是，有些振动模式（特别是完全对称的模式）会产生一些散射，因为在振动过程中，随着分子收缩，电子密度会减小，从而导致垂直于表面的极化变化。

分析物的浓度会影响强度。如果有足够的可用表面，分析物和金属的最低能量排列将决定其是处于水平、垂直或者其他角度。但是，如果表面拥挤，分析物可能会重新定向，以分子之间的堆积力尽可能少地占用表面空间，这有助于整体的稳定性，达到最低能量状态。因此，在接近单层覆盖时 SERS 对浓度的依赖性是非线性的，并且会在谱带相对强度上有显著变化。

中心对称的分子吸附在金属表面时，会破坏其对称中心，所以 SERS 中会出现新的谱带[7]。互斥规则（参见第 3 章）在此时就不再适用，一些红外活性谱带会出现在 SERS 光谱中。在早期实验中广泛使用的吡嗪，其 SERS 中就出现了红外活性谱带和拉曼非活性谱带。另外，当化学吸附作为关键因素时，表面物种中新分子轨道的性质可以帮助确定哪些振动是强烈的。

当激发频率合适时，中心对称的卟啉会产生 SERRS，但与等效共振拉曼散射相比，变化比吡嗪小，这是 SERRS 的一个共同特点。强烈的分子共振降低了取向对光谱的影响。对细胞色素 c 从下到上单层覆盖的研究中可以观察到这种现象。正如第 4 章中关于共振的解释，对称性导致强度高度依赖于激发频率。在可见光区域，血红素既有禁阻电子跃迁也有允许电子跃迁。允许 Soret 谱带能量区域中的激发会因完全对称的 A_{1g} 振动而产生强烈散射，禁阻跃迁区域中的激发也会因 B_{1g} 和 B_{2g} 模式而产生散射，同样的散射强度在分子共振和 SERRS 光谱之间也会有所不同。但是，当发色团在蛋白质中时，蛋白质的结构会阻止其与表面的直接接触，因此不会产生 CT 贡献。

在 SERS 发展初期，Creighton[7] 提出了选择定则。在没有考虑任何化学吸附形成的新物种时，它们适用于物理吸附的分子。在大多数情况下这些定则也可以有效地定性解释为什么有些谱带是强烈的。新谱带的出现和已有谱带的消失使表面获得的光谱与普通拉曼散射光谱的联系变得困难。另外，由于 SERS 比普通拉曼散射灵敏度更高，所以光谱的主要特征由表面强烈吸附的痕量污染物所决定，并且具有较高的增强因子。在大多数情况下，可以识别明显的谱带，并且能够从混合物中识别并区分分析物与其他物质。但是，如果出现异常谱带，在分析时必须要非常小心，因为它们可能是由于 SERS 选择定则或者是由于少量污染物产生的。

前文已经讨论过，当形成二聚体或团簇时，等离激元频率会发生位移。图 5-11 显示了两个粒子表面电子的波函数耦合形成两个新的等离激元，一个是产生散射的亮模式，并且具有比单个粒子更低的能量，而另一个则是能量较高的暗模式，在粒子相同的情况下不会产生散射。但是，如果粒子大小不同，其对称性就会降低，则暗模式也能够产生散射。如果考虑 SERS 热点的波长依赖性，就需要考虑粒子间的相互作用。

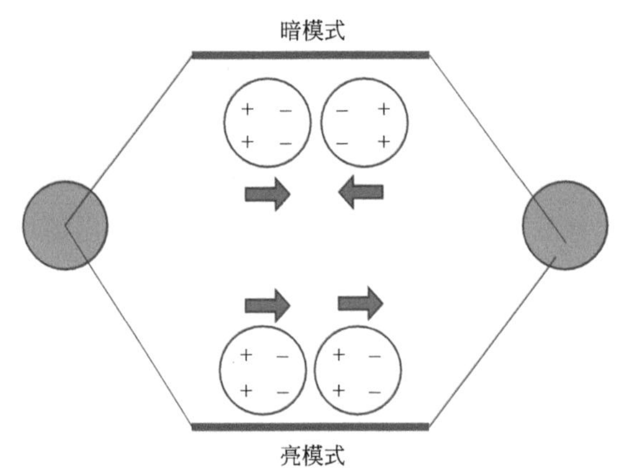

图 5-11　两个粒子表面电子的波函数耦合形成两个新的等离激元

（即能量较低的亮模式和能量较高的暗模式。）

5.5 表面化学

通过对表面化学的了解可以帮助设定条件以获得对分析物的有效吸附，也能帮助预测新的 CT 络合物的性质。通常金属表面是在水中，水中有溶解的氧气和电解质（例如氯化钠）。以金为例，金的表面覆盖一层黏附层，该黏附层含有溶剂和电解质，使金的表面具有独特的性质，例如介电常数、pH 值和电荷的改变，这些因素都会影响分析物的吸附。由于金属表面层的特殊性质，一些分析物会以非特异性的方式吸附在表面上。当发生化学吸附时，含有特定黏附基团的分析物（例如硫醇）会与金原子结合，同时一些带电物质会与带电表面缔合。显然，当上述因素都不适用时，则可以在真空中制备样品并使用干净的金和银基底，但是这些基底表面通常是先在真空中制备，然后再在空气中与溶液一起使用。在这种情况下，金属基底必须真空包装储存，因为大气中的污染物会在表面产生信号，而且银表面在空气中的降解速度很快。有些金表面具有很强的疏水性，这会抑制弱附着分析物的有效吸附。后面将要讨论获得光谱的常用方法是增加浓度或使金属表面更加干燥。但这通常会产生不均匀的多层结构，这些多层结构会产生拉曼散射而不是 SERS。

银表面的反应活性比较强。无论是在水中还是在空气中，除非实验操作非常小心，否则表面都会被氧化，所以制备稳定的可重复性的银基底非常困难。通过硼氢化钠制得的银溶胶，因表面不断被氧化所以寿命很短。但是，如果在制备过程中形成保护层，就可以得到稳定的胶体。例如，通过柠檬酸盐还原法制得的银溶胶表面有一层柠檬酸盐，这已经通过 SERS 和置换该层并检测柠檬酸盐的方法得到证实。如图 5-12 所示，柠檬酸银（Ⅰ）是一种聚合物，由于未连接羧基而存在一些负电荷基团，这种聚合物层非常稳定。其他稳定的胶体，例如用 EDTA 或羟胺制得的溶胶可能也具有类似的保护层，但对于柠檬酸盐体系的了解相对较多。图 5-12 中显示了分析物与柠檬酸盐覆盖层通常结合的三种不同方式。柠檬酸盐层可以防止许多（但并不是所有）带负电荷的被分析物直接与表面结合。那些负电荷仍可以通过氢键或极性键与表层的正离子进行较松散的结合。在这种情况下，溶液中较高浓度的分析物有助于阻止这种黏附，但是也会降低其灵敏度。实验通常是在中性 pH 下进行的，所以如果胺类物质被质子化后带上正电荷，就可以通过极性键与阴离子表面结合。另外，巯基能够与银（Ⅰ）形成强键，所以未质子化的胺类物质可以直接与银（Ⅰ）结合。如图 5-12 所示，如果将它们电离，就会带上负电荷，但是强键也会使柠檬酸盐剥落。

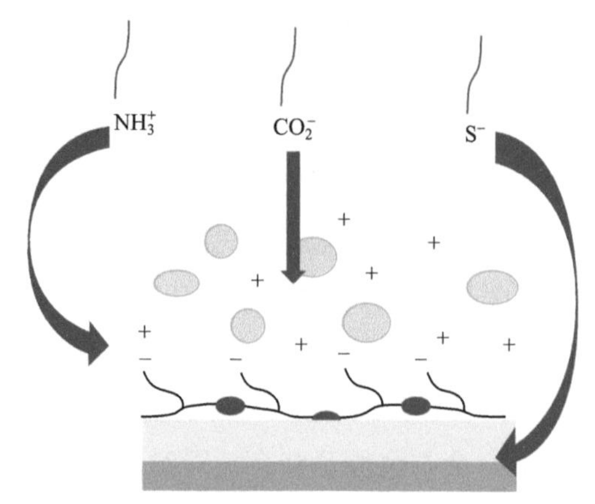

图 5-12　分析物与柠檬酸银溶胶表面相互作用的三种方式

（绿色带代表银，灰色带代表氧化银。上面一层是柠檬酸银（Ⅰ）聚合物由蓝色椭圆表示。）

如果分析物没有非常牢固地黏附在金属表面，那么表面就可以被改变，例如，添加能够与表面牢固结合的配体，将表面电荷从负电荷改变为正电荷，或者在表面形成新层，如具有不同介电常数的脂质层。同时，也可以使用包合物将分析物带入结构中，其自身则吸附在金属表面。

5.6　基底

有效的基底种类繁多，并且有更多新的基底不断出现。基本上，任何合适的金属粗糙表面都会产生增强效果，但是如果要获得高、可重复和稳定的增强效果则需要在制备基底过程中更加小心谨慎。几种常见的基底类型包括溶胶悬浮液，设计的表面，稳定的纳米颗粒，棒状、星状和其他形状的粒子，中空金纳米球和粗糙的金属薄膜。每一种基底都有其独特的优势。虽然通过谨慎制备可以得到比较稳定的悬浮液，但是图 5-3 中所示的银粒子仍然是许多悬浮液中典型的粒子类型。银溶胶和金溶胶都可以制备成不同的尺寸，从而获得不同的等离激元。如前文所述，已经能够得到单粒子的 SERS，如果粒子以可控的方式聚集并产生热点通常能够获得更大的增强效果。胶体如果制备得当，也可以长时间保持稳定，此时需要相对较高的表面电荷，表面电荷可以通过 zeta 电位等技术测量。聚集产生热点最常见的方式是通过无机盐（如氯化钠或硫酸镁）或有机物（如带正电荷的多聚 L- 赖氨酸或精胺）等来降低表面电荷。但是聚集的悬浮液并不稳定，随着时间的推移，聚集体会不断增加，最终导致沉淀。因此，需要控制聚集的程度，使悬浮液的稳定时间长于测量期，例如本章后面所述的定量实例。使用胶体有很多优势，比如高增强因子、直接使用溶液（如滴定法）、每次测量都有一个新的表面以及易去除多余的分析物（通过离心分离或再悬浮）等。此外，只有黏附在表面的分析物才会产生强烈的信号，而使用基底时，沉积的分析物会形成多层结构，从而产生拉曼散射而不是 SERS。

固体表面的优点是它们非常适合在显微镜下使用。测量时，只需要在预先准备好的基底上滴一滴液体，然后聚焦在表面就可以了。设计的表面旨在为整个表面和每个载玻片之间提供可重复和可靠的增强效果。可以通过理论计算获得特定频率的等离激元所需的粗糙度，并制造出尺寸可控的器件来设计表面[20]。例如 Klarite（在本文付印之时，已经无法通过商业途径买到）是用半导体技术制造一个有金字塔凹坑的硅表面，然后在凹坑上镀金，每个凹坑处都会产生一个规则的局部等离激元。每个凹坑的内部都镀有一层粗糙的金，从而使凹坑内产生强烈的局域场（图 5-13）。这种程度控制的一致性会使整个表面和器件之间具有良好的重复性。现在，可以使用电子光刻技术对表面形貌进行必要的控制，从而生产需要的基底。已能够生产出有高增强效果的薄膜，但如果要广泛使用，器件之间和整个表面的重复性非常重要。此外，等离激元可以被拓宽，虽然产生的增强效果较低，但能在更广泛的激发频率范围内起作用。Klarite 在一定波长范围内有效，并具有可重复性和时间稳定性。

图 5-13　Klarite 中的金字塔形凹坑

（它形成了一个规则的表面，表面上每个凹坑上都有由尺寸决定的特定局部等离激元。可以看到覆盖在凹坑上的粗糙金属层和每个凹坑中产生的更局部的域场。）

许多表面都是简单地通过对不完整薄膜刻蚀或冷沉积形成相邻的金属“岛”，或通过在表面固定胶粒等技术来制作的。这种表面的增强效果在不同样品之间有很大的差异，主要取决于表面的制作质量。固体基底的优点是可以随时制备和使用。但是它们很难清洗，所以通常是“一次性”的器件，如果使用电子光刻等技术，它们会老化，而且价格昂贵。电极是一种可以有效清洁的表面，能够为每次测量提供一个新的表面从而循环使用。

使用固体基底时必须小心。大多数 SERS 发生在表面第一层的分析物上，但是如果在表面加入一滴溶液并使其干燥，通常会出现“咖啡环”效应（环状边缘的物质相对密集，而中间的覆盖率则低很多）。这时，即使许多裸金属薄膜是疏水性的也无济于事。一种常见的做法是聚焦于咖啡环中间的较厚层。此外，即使分析物分布均匀，信噪比差的光谱也会诱使分析人员添加更多的材料。从厚层中获得的光谱通常是由表面的很多层引起的普通拉曼散射，而不是主要来自第一层的 SERS，而且 SERS 很容易因为层间干扰和散射光的自吸收而丢失。因为分析物必须被正向吸引，并且必须黏附在要检测的表面上，从而获得更均匀的覆盖，一种较好的办法是将薄膜浸入溶液中，然后洗涤。但是，即使采用这种方法，也要进行多次洗涤，并在每次洗涤后都要记录光谱，因为随着薄膜的干燥，湿表面上仍然会积累溶液中的非吸附材料。为了测试 SERS，可以将等量的分析物应用于粗糙和光滑的金属薄膜上，并比较其信号。巯基苯甲酸是常用的检测分析物，它是水溶性的，并且巯基能够牢固地黏附在金和银的表面上，因此，即使进行严格的洗涤也会留下一层表面层。

薄金属层可以通过冷沉积直接附着在分析物上。如果该金属层足够薄，其表面将变得粗糙，并且等离激元会通过沉积层振荡，使两侧均具有活性。因此，在远离分析物一侧的激发会使等离激元与分析物表面相互作用，在这一侧进行信号收集，可以在表面得到 SERS。金属层会阻止大部分或所有的激发辐射通过薄膜直接透射，也会阻止较弱的拉曼散射通过其返回，能够很好地区分 SERS 和普通拉曼散射。例如，当聚对苯二甲酸乙二醇酯（PET）表面上沉积一层约 15nm 的银薄膜时，通过激发样品，然后从远离聚合物的银侧收集散射信号，就可以获得良好的 SERS。由于 SERS 的选择定则，图 5-14 所示的光谱与普通拉曼光谱不同。特别是，由于羧基谱带在 SERS 光谱中比在拉曼光谱中弱，所以在 SERS 中出现了新的谱带，并且归属于 $1700cm^{-1}$ 以上。本示例不仅是一种有用的分析技术，而且还说明了理论部分所讨论的 SERS 的两个关键特征。首先，在远离基底一侧的散射可以根据具有等离激元增强的极薄薄膜来预测，但很难用任何其他理论来解释；其次，SERS 有不同的选择定则。

有些分析方法使用了标签，例如吸附带有 SERS/SERRS 活性标签的金属粒子，通过在表面覆盖保护层来降低其反应活性并提高稳定性。最常见的涂层方法是使用二氧化硅外壳覆盖纳米粒子形成 SERS 标签[22]，图 5-5 所示的光谱就是用这种方法获得的。涂层能使粒子稳定，延长其寿命，并且能抑制表面的化学侵蚀。这种类型的标签可以通过商业途径或内部制作获得，但是结果成功与否取决于能否获得完整覆盖的二氧化硅表面并保留单个离散标签。然后可以对标签进行功能化处理，从而黏附生物分子。该标签可以在诸如抗体检测等反应中作为示踪剂。还有其他方法也可以得到类似的结果，如可以使用有机聚合物[23]将标记的银粒子小团簇制成大的团簇，或者使用诸如聚乙二醇（PEG）的聚合物和标签进行功能化处理将其制成粒子（或标签）。然后将功能化的粒子黏附至合适的分子上，例如 DNA 或抗体。

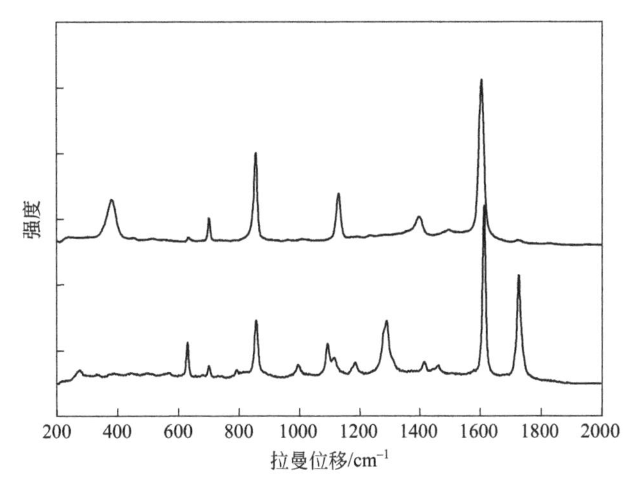

图 5-14　表面银薄膜冷沉积得到的对苯二甲酸乙二醇酯（PET）的 SERS 光谱（顶部）与同一样品的拉曼光谱（底部）[21]

（通过从远离聚合物层的银薄膜一侧激发和收集来记录的SERS。）

很多方法可以制作成功的标签，其中，中空金属纳米球（HGN's）的应用非常广泛[24，25]。中空纳米球体的制备方法是通过在钴粒子上涂上一层金，然后将钴溶解掉，从而留下一个中空球体。产生的等离激元取决于壁厚和尺寸。纳米粒子的形状对散射效率影响显著，棒状粒子具有两个等离激元：一个是沿棒振荡的等离激元，另一个是穿过棒状粒子振荡的等离激元。从端部沿棒振荡的等离激元产生的散射非常有效，金可以控制棒的尺寸和形状来调整等离激元。目前，已经制造出一种“通用”探针，可以使三种染料在不同频率下共振，在一定激发频率范围内产生良好的 SERS[26]。研究发现，不同形状的粒子均会产生良好的 SERS，例如星形粒子就非常有效，参考文献 [24] 论述了星形粒子的研究进展。对 SER 感兴趣的学者，还深入研究了增强效果背后的表面等离子体光子学，讨论了由于广域和局部等离激元模式之间的干扰而产生的 Fano 共振。

发光体具有良好的发展前景 [27]。它们是被非常薄的二氧化硅层覆盖的金粒子，因此被保护粒子的电磁增强效果仍然可以增强吸附在外部的 SERS 活性分析物上。图 5-15 是在光滑金表面上添加发光体，通过表面和发光体之间产生的等离激元来检测表面的分子。

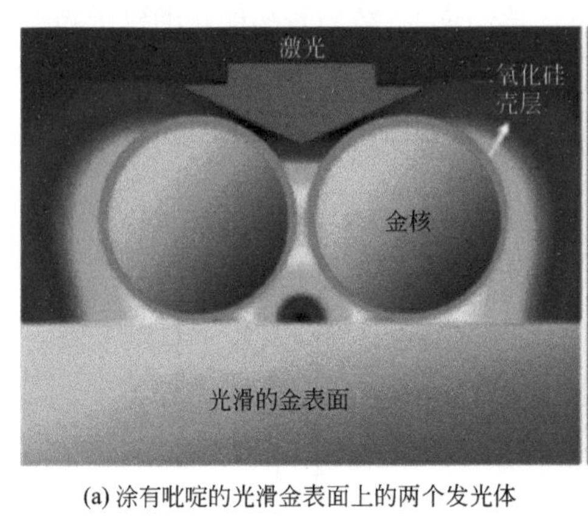

(a) 涂有吡啶的光滑金表面上的两个发光体

(b) 激发极化的计算

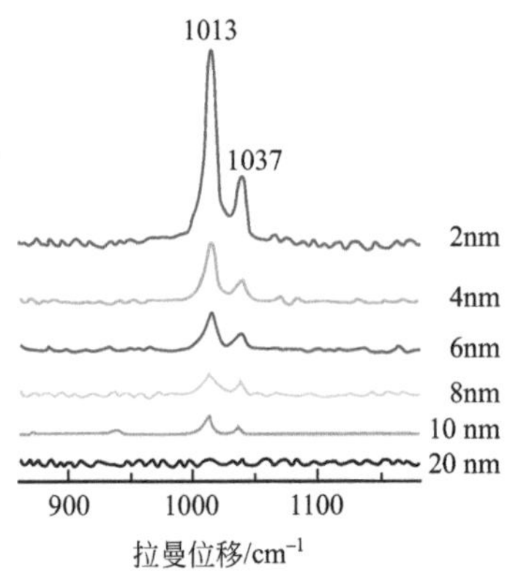

(c) 不同壳层厚度下的吡啶光谱图

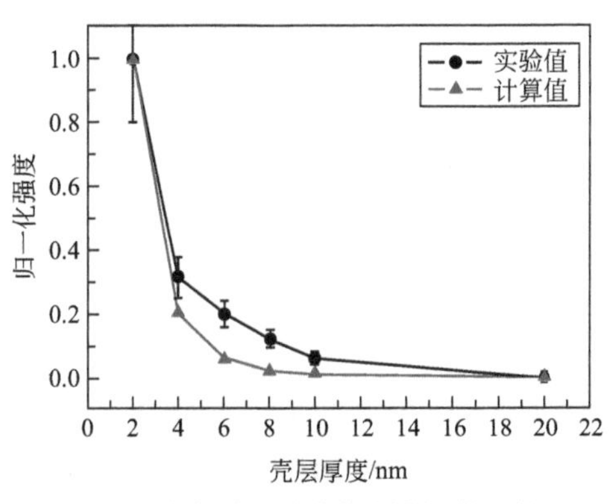

(d) 随着二氧化硅薄膜厚度增加的强度图

图 5-15 涂有吡啶的光滑金表面上的两个发光体及其激发极化，吡啶在不同壳层厚度下的拉曼光谱图及其强度与厚度的关系 [28]

虽然 SERS 是极少数可以在水溶液中原位提供金属表面单层吸附物分子特异性信息的有效方法之一，但是，它并不需要特殊粒子即可应用。例如，苯并三唑广泛用作铜的防腐剂和银的防变色剂。将银溶胶添加到用苯并三唑处理过的铜表面，可以得到良好的 SERS 和关于表面配体相互作用的信息，但是如果表面没有干燥，就无法采集表面的一些信息[29]。在所有这些情况下，最难的是判断分析物是否从分析物表面脱离并黏附在添加的粒子上，因此需要仔细解析获得的光谱。这种技术已经应用到印刷油墨，纤维染料、普通油墨，艺术品上的颜料和其他表面中的颜料[30-32]。粒子的浓度对于实验的成功与否至关重要。薄膜层太薄则没有热点，薄膜层太厚则激发和散射辐射不能充分穿透，无法从粒子和材料之间的界面收集有效信号。SERS 的分子特异性也可以用来制作用于远距离产品识别的标签。例如，使用连接了伸缩透镜的手持式拉曼光谱仪，通过 532nm 波长激发 3.6mW 的激光器，在 10s 内检测出长达 20m 距离内吸附在溶胶上并固定在聚合物中的染料的 SERS（图 5-16）。这很好地证明了 SERS 的灵敏性。

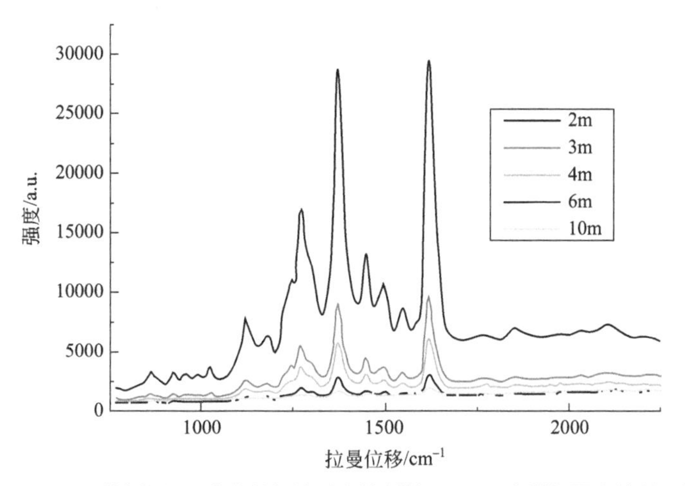

图 5-16　吸附在加入聚合物的银溶胶上染料的 SERS 光谱与距离的关系[33]

5.7　定量分析与复合检测

当分析物具有较高的 SERS 横截面并紧密地吸附在基底上时，可以设计出简单、灵敏的分析方法。强吸附可以确保分析物集中在表面，有助于提高检测限。有色抗癌药米托蒽醌在血液中很难进行分析，通常是将米托蒽醌从血清中分离，然后进行色谱分析。使用流动系统控制聚集，将正在接受米托蒽醌治疗患者的一滴血浆滴加到流动池中，通过可见光激发，米托蒽醌可产生共振和预共振，预期血浆会产生荧光背景。然而，当含有血浆的溪流与含有溶胶和聚集剂的溪流混合时，会稀释血浆，能获得极好的几乎没有荧光背景的米托蒽醌光谱[34]。如图 5-17 所示，其光谱强度与浓度具有良好的线性关系。这个实验的浓度范围包含了在患者体内发现的浓度，因此这项技术无须经过分离即可直接应用。但是这种检测方法使用的是一种能够强烈吸附在银表面的有色药物，对于其他药物而言，用这种检测方法可能比较困难。

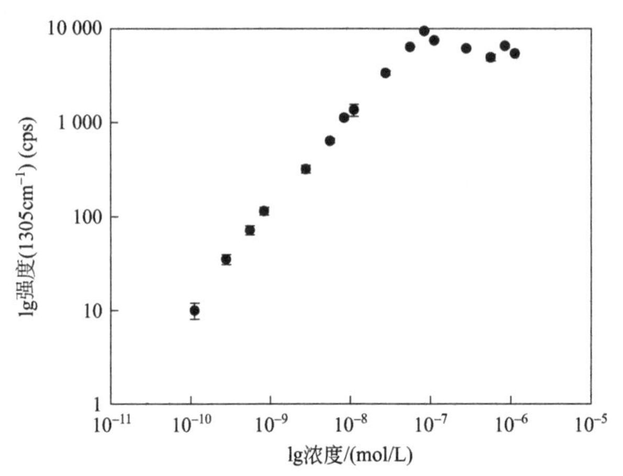

图 5-17　血浆中米托蒽醌的 SERS 光谱强度与浓度的关系[34]

这个例子证明了前面讨论的平均效果。当焦点体积足够大到在任何时间都能够容纳很多团簇在其中，并且积累时间足够长到每个团簇都会产生足够的散射活动时，就会产生一个平均结果。相反，如果胶体聚集程度比较高，那么聚集体就会少而大，光束就会非常紧密地聚焦，积累时间会减少到 10^{-1}s，可以观察到单个大聚集体穿过测量体积的拉曼散射光线。在这种情况下，平均次数会较少，如果需要定量分析，应避免这种情况发生。

可以将定量分析与复合检测相结合通过 SERS 直接检测 DNA。DNA 主链上的磷酸基团是一个负电荷表面，因此可以使用带正电荷的表面实现黏附。带有负电荷表面的单链 DNA 通过碱基或与带正电荷的基团（如用于胶体聚集的镁离子）相互作用黏附在表面。四种碱基都可以被区分出来，并得到每种碱基的相对浓度[35,36]。染料标记的寡核苷酸使 SERS 具有与荧光相当的灵敏度。所以，已经开发的 DNA 分析程序能够应用于荧光，其优势是更容易检测多个标签且无须分离，同时变异性问题较小（荧光可能因为实验条件相对微小的变化而发生淬灭或强度变化）。使用多种激发频率可以增加可检测标签的数量。在下述示例中，基底是银溶胶，它与精胺聚集在一起，在中性 pH 值下多胺能够质子化，从而带正电荷。这就减少了银表面和 DNA 上的电荷，控制与 DNA 的聚集。在这种情况下，因为 SERS 的增强效果太高，只能观察到染料标记的信号，所以可以用不同的染料标记不同的寡核苷酸，而且能够在混合物中将其单独鉴别出来。通过数据分析技术，已经可以使用一种激发波长对六种不同的探针进行定量和灵敏性的检测 [37]。获得的光谱非常复杂，通常需要使用数据分析方法，并利用光谱中所有数据才能对每种寡核苷酸进行定量分析，但是一个与疾病检测直接相关的三个生色团的例子形象化地展示了其潜力 [38]（图 5-18）。

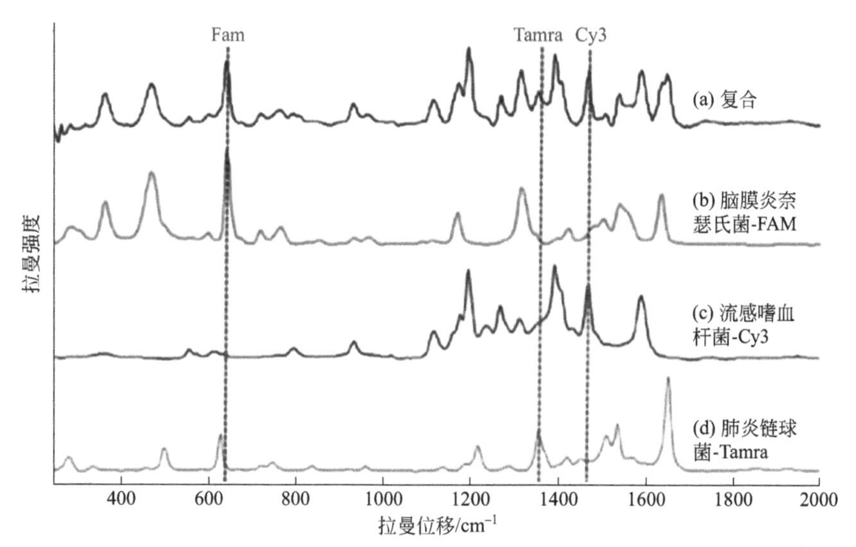

图 5-18　不同染料 FAM、Cy3 和 Tamra 标记的三种寡核苷酸的 SERS[38]

［寡核苷酸序列与病毒中的序列是互补的，而且可以通过寡核苷酸序列检测病毒序列。检测方法是 exoSERS（参见第 7 章），在这里使用该图只是为了说明在混合物中可以很容易地区分出来自三个独立序列的 b、c 和 d 的 SERS。］

现在已经发表了一些有效的 NDA 检测方法，强调了研究表面化学的必要性。这些体系可以采集临床样品，并且能够检测出用于诊断疾病的序列。许多体系用银溶胶作为基底，实验证明精胺和氯化镁在该体系中特别有效。

上面的示例都用了具有大 SERS 横截面的标签，如果可以设计出能够强烈附着分析物的表面，就可以有效地测量较弱的散射。VanDuyne 及其同事研发了一种有效的葡萄糖检测方法，该方法使用的表面是将粗糙的金属涂层沉积在大小均匀、规则排列的聚苯乙烯（FON' s）球体上制成的。为了附着葡萄糖，最初是将癸硫醇和巯基己醇混合物组成的表面层添加到二氧化硅球体中，取得了很好的结果，但是对葡萄糖的选择性（区别于果糖）达不到所需的要求，现在通过使用硼酸替代已经获得了更好的选择性 [39, 40]。

目前还开发了很多其他成功的检测方法。例如，笼型分子（包合物）可用于获得包合在其中心分子的 SERS[41]。即使在弱吸附的情况下，也可以获得有效的 SERS。虽然检出限会受到影响，但如果散射体较强时，仍能够得到合理的结果。只要把安非他明添加到聚集的银溶胶中就可以简单地从溶液中检测到 SERS。通过离心分离溶胶，分析上层清液 SERS 发现几乎所有的安非他明仍然在溶液中[42]。此外，在流动系统和芯片实验室系统中 SERS 是一种非常有效的检测技术，这将在第 6 章中进一步讨论。

5.8 小结

SERS 是一种潜力巨大的技术，具有极高的灵敏度，无须分离即可对混合物中的分析物进行鉴定。而且在现有适用于该领域的手持式光谱仪的帮助下，近年来该领域发展迅速。随着对技术和理论的深入了解，新的 SERS 方法也随之诞生。如 TERS、表面增强超拉曼散射（SEHRS）、微流体、表面增强空间偏移拉曼散射（SESORS）和 3D 细胞粒子测绘等技术将在后面的章节中讲解。前面选择的示例只是为了说明使用 SERS 的不同方法，省略了大量其他内容，例如，现在已经存在有效的抗体检测方法。

虽然该领域的发展由于对电磁和 CT 存在性和相对重要性的争议而受阻，但是目前该领域也已经开始向前发展。归根结底，真正的理解不仅取决于对物理学的理解，还取决于对表面键合性质的理解，不只是对于 SERS 的研究，这本身仍然是一个活跃的研究领域。不管怎样，当基底得到非常大的改善时，可以更好地理解这种效果，同时定量分析也将成为可能。因此，在许多实际应用中 SERS 的使用范围正在迅速扩展。本章旨在介绍 SERS，并使读者能够酌情使用这些方法。但是 SERS 的理论发展仍在继续[43]，不时会有一些书籍和研讨会发表许多开创性的文章，如参考文献 [44-46]。

参考文献

[1] Fleischman, M., Hendra, P.J., and McQuillan, A.J. (1974). Chem. Phys. Lett. 26: 163.
[2] Jeanmarie, D.C. and Van Duyne, R.P. (1977). J. Electroanal. Chem. 84: 1.
[3] Albrecht, M.G. and Creighton, J.A. (1977). J. Am. Chem. Soc. 99: 5215.
[4] Moskovits, M. (1985). Rev. Mod. Phys. 57: 783-826.
[5] Ding, S.-Y., You, E.-M., Tian, Z.-Q., and Moskovits, M. (2017). Chem. Soc. Rev. 46: 4042.

[6] Campion, A. and Kambhampati, P. (1988). Chem. Soc. Rev. 27: 241.
[7] Creighton, J.A. (1998). Spectroscopy of Surfaces (ed. R.J.H. Clark and R.E. Hester), 27.Wiley.
[8] Otto, A., Mrozek, I., Grabhorn, H., and Akemann, W. (1992). J. Phys. Condens. Matter 4:1142.
[9] Mrozek, I. and Otto, A. (1989). Appl. Phys. A: Mater. Sci. Process. 49: 389.
[10] Ross, M.B., Mirkin, C.A., and Schatz, G.C. (2016). J. Phys. Chem. C 120: 816.
[11] Schatz, G.C., Young, M.A., and Van Duyne, R.P. (2006). Topics in Applied Physics,vol. 103 (ed. K. Kneipp, M. Moskovits and H. Kneipp), 19-45. Berlin: Springer.
[12] Faulds, K., Littleford, R., Graham, D. et al. (2004). Anal. Chem. 76: 592.
[13] Kleinman, S.L., Sharma, B., Blaber, M.G. et al. (2013). J. Am. Chem. Soc. 135: 301.
[14] Lombardi, J.R. and Birke, R.L. (2009). Acc. Chem. Res. 42: 734.
[15] Zhao, X. and Chen, M. (2014). J. Raman Spectrosc. 45: 62.
[16] Gieseking, R.L., Ratner, M.A., and Schatz, G.C. (2017). Faraday Discuss. 205: 149.
[17] Kneipp, K., Wang, Y., Kneipp, H. et al. (1997). Phys. Rev. Lett. 78: 1667.
[18] Nie, S. and Emory, S.R. (1997). Science 275: 1102.
[19] Cunningham, D., Littleford, R.E., Smith, W.E. et al. (2006). Faraday Discuss. 132: 135.
[20] Zoorob, M.E., Charlton, M.D.B., Mahnkopf, S., and Netti, C.M. (2006). Opt. Express 14: 847.
[21] McAnally, G.D., Everall, N.J., Chalmers, J.M., and Smith, W.E. (2003). Appl. Spectrosc.57: 44.
[22] Liu, S. and Han, M.-Y. (2010). Chem. Asian J. 5: 36.
[23] McCabe, A.F., Eliasson, C., Prasath, R.A. et al. (2006). Faraday Discuss. 132: 303.
[24] Halas, N.J., Lal, S., Chang, W.-S. et al. (2011). Chem. Rev. 2011 (111): 3913.
[25] Xie, H., Larmour, I.A., Smith, W.E. et al. (2012). J. Phys. Chem. C 2012 (116): 8338.
[26] McLintock, A., Cunha-Matos, C.A., Zagnoni, M. et al. (2014). ACS Nano 8: 8600.
[27] Li, J.F., Huang, Y.F., Ding, Y. et al. (2010). Nature 464: 392.
[28] Li, J.-F., Zhang, Y.-J., Ding, S.-Y. et al. (2017). Chem. Rev. 117: 5002.
[29] Wilson, H. and Smith, W.E. (1994). J. Raman Spectrosc. 25: 899.
[30] Rodger, C., Dent, G., Watkinson, J., and Smith, W.E. (2000). Appl. Spectrosc. 54: 1567.
[31] Bersani, D., Conti, C., Matousek, P. et al. (2016). Anal. Methods 8: 8395.
[32] Pozzi, F. and Leona, M. J. Raman Spectrosc. 47: 67. 92016.
[33] McCabe, A., Smith, W.E., Thomson, G. et al. (2002). Appl. Spectrosc. 56: 820.
[34] McLaughlin, C., MacMillan, D., McCardle, C., and Smith, W.E. (2002). Anal. Chem.74: 3160.
[35] Papadopoulou, E. and Bell, S.E.J. (2010). J. Phys. Chem. C 114: 22644.
[36] Papadopoulou, E. and Bell, S.E.J. (2011). J. Phys. Chem. C 115: 14228.
[37] Faulds, K., Jarvis, R., Smith, W.E. et al. (2008). Analyst 133: 1505.
[38] Gracie, K., Correa, E., Mabbott, S. et al. (2014). Chem. Sci. 5: 1030-1040.
[39] Lyandres, O., Shah, N.C., Yonzon, C.R. et al. (2005). Anal. Chem. 77: 6134.
[40] Sharma, B., Bugga, P., Madison, L.R. et al. (2016). J. Am. Chem. Soc. 138: 13952.
[41] de Nijs, B., Kamp, M., Szabó, I. et al. (2017). Faraday Discuss. 205: 505.
[42] Faulds, K., Smith, W.E., Graham, D., and Lacey, R.J. (2002). Analyst 127: 282.
[43] Schmidt, M.K., Esteban, R., Benz, F. et al. (2017). Faraday Discuss. 205: 31.
[44] Kneipp, K., Moskovits, M., and Kneipp, H. (eds.) Topics in Applied Physics, vol. 103,19-45. Berlin: Springer.
[45] Graham, D., Moskovits, M., and Tian, Z.-Q. (2017). Surface and tip enhanced spectroscopies themed issue. Chem. Soc. Rev. 46: 3864-4110.
[46] (2017). Faraday Discuss. 205: 1-621.

现代拉曼光谱

Modern
Raman
Spectroscopy： A Practical Approach

第6章 现代拉曼光谱的应用

6.1 概述

前几章已举例说明了拉曼光谱在材料检测方面的应用，突出了拉曼光谱的技术特点。然而，随着光谱检测器的设计、软件、数据分析和抗干扰能力等方面的不断改进，拉曼光谱的应用范围从星际探索到医学诊断变得越来越广泛。本章旨在说明拉曼散射是如何应用于主要领域，并介绍一些可用于指导未来发展的例子。作者根据自己的经验，详细介绍了一些应用领域，通过举例说明该技术的优缺点，供读者在自己感兴趣的领域作参考。

6.2 无机物、矿物及环境分析

拉曼光谱学自发展初期就用于无机材料的鉴定或结构的探测[1-4]，是为数不多的能对元素和分子进行正面识别和定性分析的技术之一。拉曼光谱法可以对碳、锗、硫、硅和卤素的纯度和物理形态进行明确的鉴定。例如，从无定形碳开始，随着结晶度的增加，谱带逐渐变尖，然后达到极致，纯金刚石在1365cm^{-1}处出现一条尖锐的谱带（图6-1）。用可见光激发可以很容易地记录到无定形碳和石墨的光谱[5,6]，但当用1064nm光源激发时，由于经常使用高功率，除非严格控制功率和积累时间，否则就会发生燃烧。拉曼光谱法探测应用碳元素形式的功效将在6.6节中详细讨论。元素硫是另一种强拉曼吸收剂，在约200cm^{-1}处有强谱带。有时用它作为仪器性能检查的标准物质，不过，其光谱会随着物理形态的不同而变化。硫化结构（单系）与其他的硫形态有不同的光谱[7]。图6-2为硫的斯托克斯和反斯托克斯谱带。

拉曼光谱学的早期工作凸显了其在分析无机材料方面的优势。城市粉尘中的颗粒物[8]，如无水石、方解石、白云石和石英等，都可以通过拉曼光谱方法进行

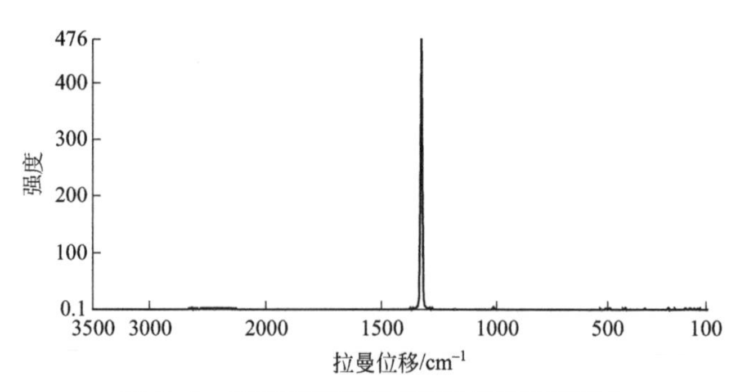

图6-1　金刚石的近红外傅里叶变换拉曼光谱

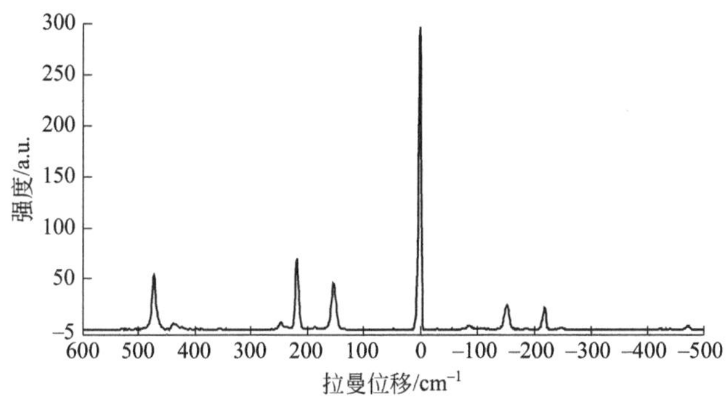

图 6-2 硫的近红外傅里叶变换拉曼光谱

（斯托克斯和反斯托克斯位移）（斯托克斯光谱位于激发线的左侧）

鉴定并定性。早期的微探针[9-11]记录了矿物中气态、液态和固态包裹体的光谱。其中包括了气体 $CH_4/CO_2/N_2$ 的比例以及固体如磷灰石、方解石、钠晶石和硫黄等[12]。在生物样品中也能鉴定出无机物，如欧洲玉黍螺溶酶体内的硫化铜针[13]。

图 6-3 展示了用作白色颜料和聚合物填料的二氧化钛的金红石型和锐钛型两种拉曼光谱的差异。性质上的差异对于使用不同类型的 TiO_2 至关重要，如 6.8 节所述的拉曼光谱法已经应用于工厂的定量控制。TiO_2 谱带的宽度对于氧化物和其他材料来说是正常的，但许多无机化合物的光谱都有尖锐的谱带，在混合物光谱中比较容易辨认出。很多情况下，有机材料拉曼光谱与红外光谱中的某些波段在同一位置都有强谱带，但相对强度不同；对于无机材料而言，则有明显的例外。硫酸盐的两种光谱谱带形状迥异，但在光谱中的位置却相似；而碳酸盐谱带的位置则有很大不同（图 6-4）。这是对称振动和不对称振动的相对强度不同所致。

附录 A 列出了一些常见的无机化合物的谱带位置。这些光谱所用激发波长为 1064nm。PDF 格式的光谱副本可在互联网上获得[14]。已发表的文章[15,16]中也有收集特定的拉曼谱带位置。使用其他波长的光源一般不会影响波段位置，但是也有明显的例外[17]。除了正常的背景荧光外，有报道称矿物中的某些特定

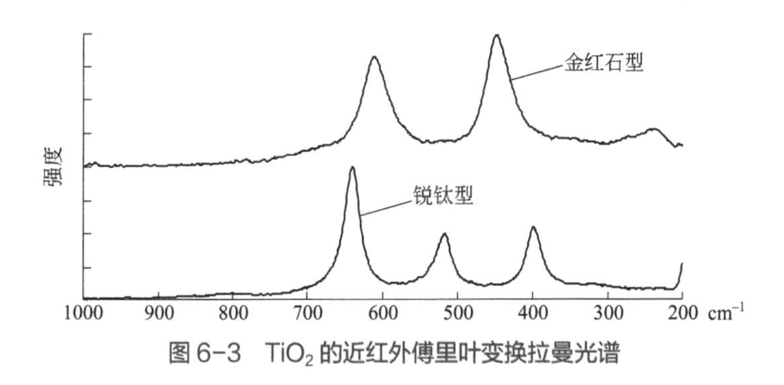

图 6-3 TiO_2 的近红外傅里叶变换拉曼光谱

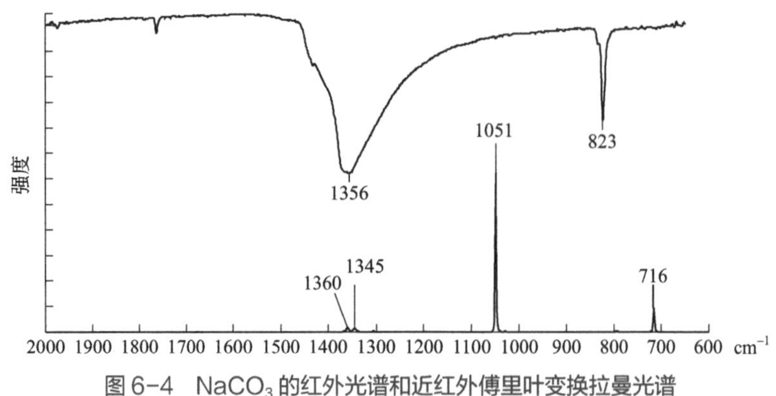

图 6-4 $NaCO_3$ 的红外光谱和近红外傅里叶变换拉曼光谱

尖锐谱带也是荧光效应，这些有可能被误解为拉曼谱带。如第 3 章所述，研究无机材料的拉曼光谱时要特别注意由于晶体在光束中的形态或取向而产生的变化。无机化合物往往比很多有机化合物更容易结晶，因此更容易受到这些因素影响。正如第 2 章所讨论的那样，粒径效应也会改变光谱。

早期的很多拉曼光谱和显微探针研究工作都是针对矿物进行的，用于鉴定杂质和包裹体 [18]。这一技术在地质学中研究陆地 [19,20] 和陆地外 [21-23] 材料方面都有应用。一些已知矿物的谱带位置表也已公开发表 [24]。

手持式和区域外检测拉曼光谱设备的发展，使野外地质勘探和空间探测更易实现 [23,25-27]。较少的样品处理工作、测量的非接触性、易于测绘并且能够原位检测和识别有机物和无机物，都是拉曼光谱的显著优势。在撰写适合未来纳入的探测器系统时，火星着陆器已经在地球上开发和测试。据报道，在地球上进行的测试已经可以鉴别不同的矿物，甚至同一矿物的不同类型，如图 6-5 所示，实验是在阿塔卡马沙漠进行的。拉曼光探测和测距（LIDAR）系统 [28,29] 也已开发出来，并用于研究水、气溶胶和大气中的污染等。

除了地质样品外，拉曼散射还用于研究农药、涂料和污染物（如塑料）[30, 31]。表面增强拉曼散射可以原位检测涂有合适基底（如银纳米颗粒）的分子样品，如农药。水中的金属离子与配体反应形成络合物，然后用表面增强拉曼检测并定量分析 [32]。图 6-6 表明，可以很好地检测和识别水中的金属离子。在混合物中，表面增强拉曼散射可以定量检测到远低于 WHO 建议限值的三种离子。

无机化合物的拉曼光谱具有商业应用价值，如 TiO_2 工厂检测、储罐中无机物的定量检测 [34]、钻石和蓝宝石的质量检查 [35-37] 以及各种玉石矿物的检测 [38]。拉曼光谱还有一个优点是可以在光谱中区分和识别有机物种，例如矿物中不同种类的碳 [38]。

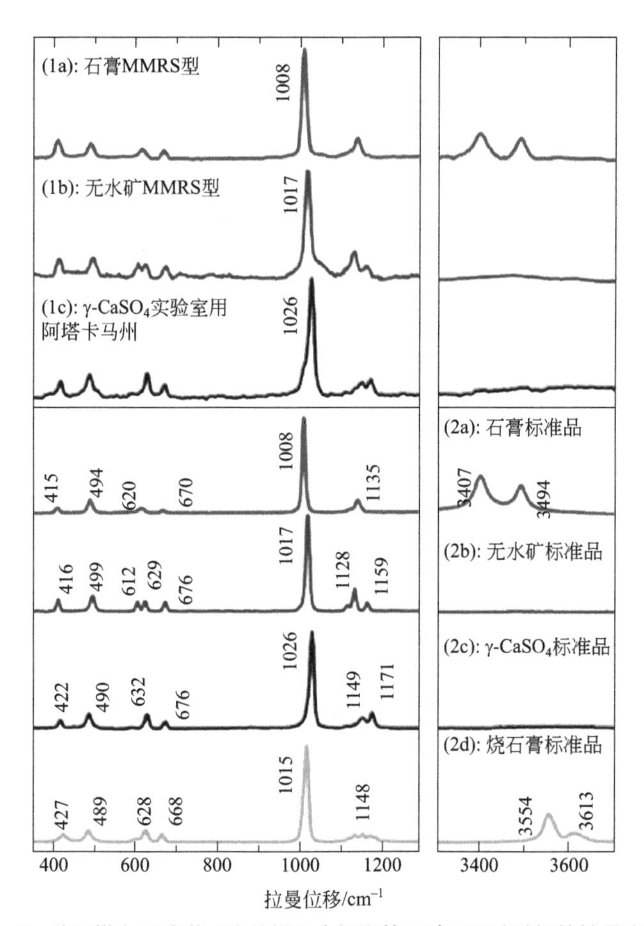

图 6-5　从阿塔卡马沙漠采集的样品中提取的三种不同硫酸钙的拉曼光谱与四种标准品谱图的比较 [26]

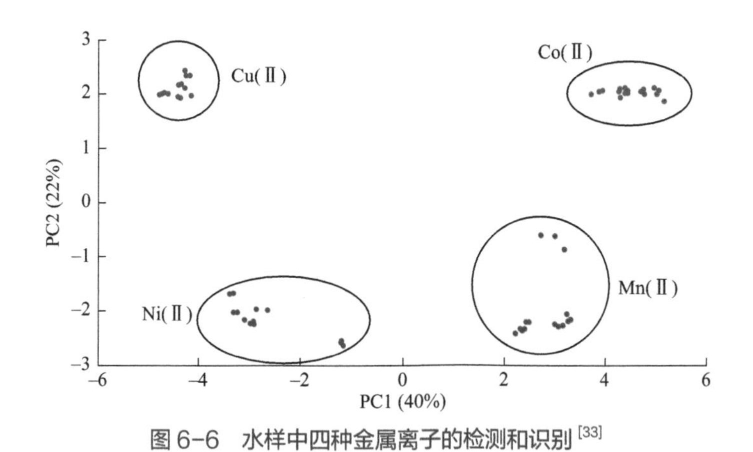

图 6-6　水样中四种金属离子的检测和识别 [33]

（水样中四种金属离子与salen配体反应，然后通过表面增强拉曼散射测量并用PCR分析数据）

6.3 艺术和考古学

在艺术和考古学领域许多技术难以获得样品进行分析，而这恰恰是拉曼光谱在这一领域的主要应用优势之一。需要检测的材料不是本身非常有价值，就是极有价值物体的一部分。即使取出最小的样品进行分析，也会损坏和造成后续的价值损失。拉曼光谱则可以从微样品中获得，而且通过使用共聚焦技术，无须分离就可以从不同的样品层中获得。当无法采集到微量样品时，可以使用光纤探针和（或）遥感技术进行检测[39,40]。只需要微量的银就能获得表面增强拉曼散射光谱。

绘画和艺术装饰品中色彩的使用方法博大精深。长久以来，着色都来自无机颜料和天然染料[41]，十九世纪之前，合成染料的数量非常少[42]。拉曼光谱不仅可以鉴别无机材料的种类，还可以鉴别其物理形态。使用颜色探针可以确定颜料和树脂的年份[43,44]。如图 6-7 所示，通过研究绘画[41,45-48]和陶器等考古

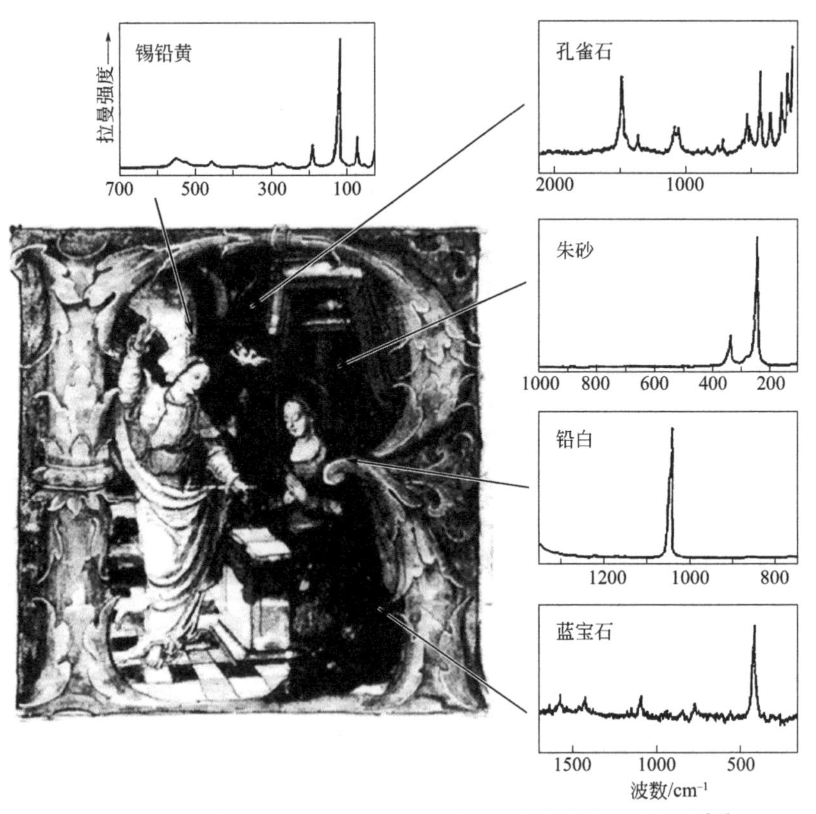

图 6-7　德国十六世纪唱诗班书中的光谱：人像装饰的字母“R”[50]

文物的拉曼光谱[49]，能够确定作品的年代。通过对图层的检测可以鉴定是否为修复和（或）伪造的作品[51]。

除了鉴别颜色外，对宝石[52,53]、瓷器[54]、金属腐蚀产物[55]以及树脂[56]和象牙[57]等有机材料的鉴别使得拉曼光谱成为这一领域非常有价值的技术。特别值得一提的是，出于对环境的保护，象牙的拉曼光谱已被执法机构研究。关于哺乳动物象牙的振动光谱测定已经公开发表[58]。艺术和考古领域的发展都表明拉曼光谱在历史研究、鉴定和伪造方面的应用越来越广泛。

6.4 聚合物和乳液

6.4.1 概述

文献报道了很多关于拉曼光谱在聚合物中的应用。随着拉曼光谱的广泛使用，有一本书[59]用了10章的篇幅介绍了聚合物的振动分析。本文在此仅作一般性概述并着重介绍拉曼光谱在聚合物中应用的一些优点。通过拉曼光谱已经研究了对聚合物的鉴定、结构、成分、固化以及其在固体、熔融、薄膜和乳液状态下的聚合程度。但是，聚合物（尤其是脂肪族聚合物）的拉曼散射较弱，所以用拉曼光谱对其进行分析时必须采用特殊的样品制备技术，例如，折叠薄膜技术。相反，阿司匹林等样品可以在薄膜包装内进行研究，不受薄膜的干扰。早期对一些聚合物的拉曼研究受到了杂质和填料荧光效应及热吸收的限制。目前，通过在红外光到紫外光区间为特定样品选择合适的激发频率，以及使用更清洁的工艺过程使得残留杂质更少等方法，已经很大程度上解决了上述问题。然而，一些商业产品仍然含有干扰拉曼研究的抗氧化剂、塑化剂和填充剂。所以，在对聚合物进行测试前，既要考虑聚合物的化学性质，也要考虑其物理性质。虽然可以说拉曼光谱是一种对样品制备要求最低的技术，但是其物理状态（颗粒、薄膜等）、形态（宏观和微观结晶度）、热性能（高/低熔点）、固化状态、共聚物分布以及填料的均匀性都会影响样品的拉曼光谱图。很多样品可以直接放在光束中进行90°或180°的信号采集，也可以在玻璃瓶中作为水乳液进行研究测试。但是，后者需要考虑其相对于激发波长的“粒子”大小。为了检测微弱的散射，必须增加激光功率，那么一定要注意可能会造成的热损伤或引起的样品变化。

6.4.2 聚合物的定性分析

聚合物的拉曼光谱已有很多深入和广泛的讨论，这里选取了几个相对简单的应用以说明该技术的应用范围。常见聚合物的光谱集[60,61]已经出版，其中最常见的五种聚合物——聚乙烯（PE）、聚丙烯（PP）、聚对苯二甲酸乙二醇酯（PET）、聚碳酸酯（PC）和聚苯乙烯（PS）的光谱都是在无须制备样品的情况下，通过傅里叶变换系统快速地记录下来的。图 6-8 所示的光谱非常独特，在 2900cm^{-1} 和 1450cm^{-1} 区域中出现了区分 PE 和 PP 支链细微差别的谱带。图 6-9 表明虽然聚碳酸酯的光谱以芳香族基团为主，但脂肪族甲基和环己基基团的差异也很明显。而且这些谱带与图 6-8 所示的 PE 光谱和 PP 光谱中的光谱区域相同。PET 的光谱也有一个由羰基产生的强谱带（图 6-10）。6.5 节中有关于这种独特光谱的介绍，其中 PET 是作为背景的一部分。这些光谱的出现反驳了目前经常出现的错误观点，即不对称基团如羰基不会出现在拉曼光谱中。图 6-7 中 1776cm^{-1} 处的谱带就是由于羰基拉伸所致。图 6-11 将聚苯乙烯的红外光谱和拉曼光谱进行了比较，说明了拉曼光谱是如何突显芳香族谱带的。正是由于拉曼光谱能够显示这些细微的差异，所以它已经用来创建聚合物在混合物中分布的微观图像[62]。不仅如此，形态学、聚合物链排序和分子取向的差异也一直是科学家们深入研究的课题[63-68]，最有效的方法之一是同时采用红外和拉曼成像技术进行研究[69]。

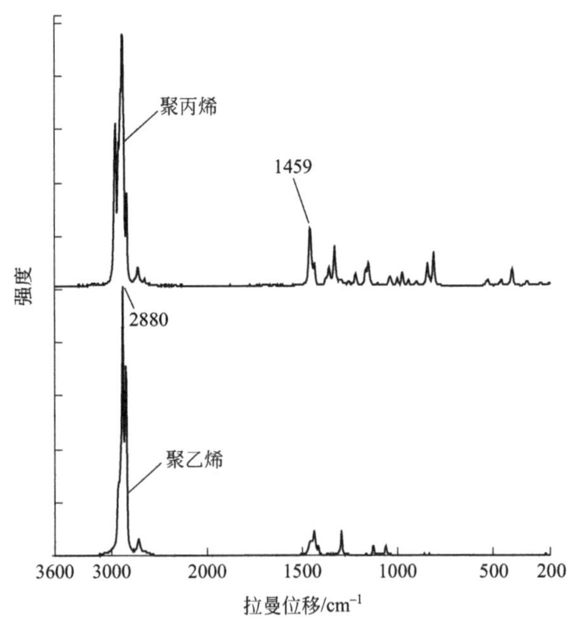

图 6-8 聚丙烯和聚乙烯的近红外傅里叶变换拉曼光谱

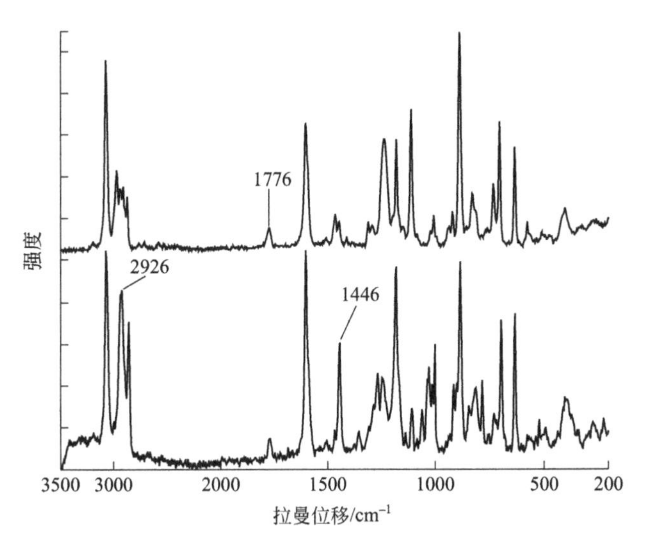

图 6-9　脂肪族甲基和环己基的聚碳酸酯的近红外傅里叶变换拉曼光谱

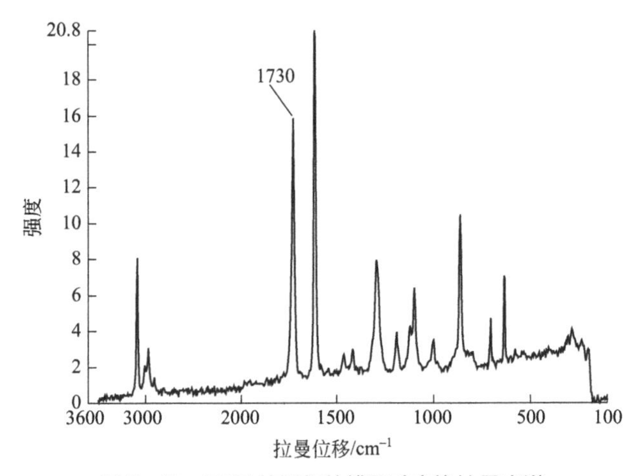

图 6-10　PET 的近红外傅里叶变换拉曼光谱

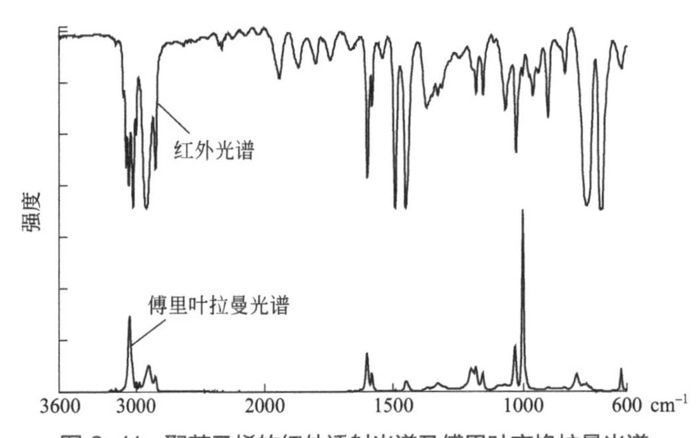

图 6-11　聚苯乙烯的红外透射光谱及傅里叶变换拉曼光谱

拉曼光谱除了可研究聚合物外，还可以研究聚合物复合材料。通常材料中会添加其他成分，通过减少氧化或自由基的影响来达到理想强度或延长材料的寿命。填料一般是无机物，如硅酸盐、碳酸盐和元素碳或硫。如前所述，这些物质的拉曼光谱非常独特。光谱中谱带的变化可以提供复合材料的化学成分、物理成分[70]和强度等信息。

拉曼光谱不仅可以识别材料中的聚合物类型，也可以研究聚合的程度[71,72]，甚至能够检测聚合物的降解程度[73,74]。丙烯酸酯中的双键很强，也很有特点，但是随着聚合的发生，这种键的强度会减弱。这些变化通过拉曼光谱都很容易监测到，而且已经开发出很多应用于工厂监测的产品，最常见的是丙烯酸酯乳剂。从图 6-12 可以看出葵花油在 1655cm^{-1} 处由于＞C＝C＜引起的波段变化，上面的光谱是降解的葵花籽油乳液，下面是纯油的拉曼光谱。

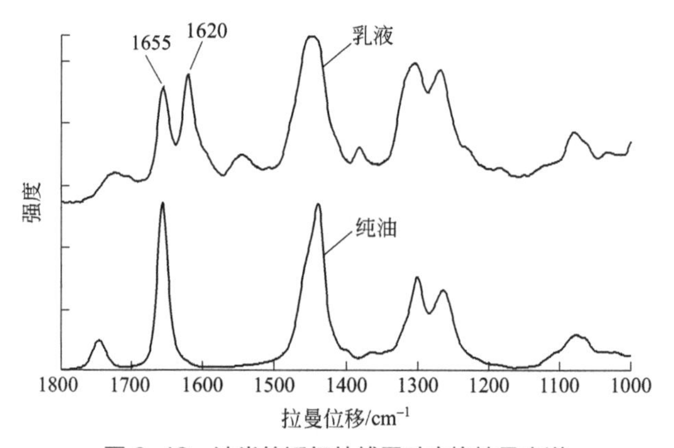

图 6-12　油类的近红外傅里叶变换拉曼光谱

通过常规方法研究聚合物单体在水中的聚合过程是非常困难的。但是，可以创造条件来解决此困难，如在玻璃容器中使用光纤探针，通过拉曼散射降低单体谱带就是一种可行的方法。这个实验虽然原则上比较容易进行，但必须考虑悬浮液中乳化液滴的相对大小以及采用的激光波长。这与第 2 章中讨论的粒径效应类似。拉曼散射不仅可以监测聚合物的聚合过程，还可以监测其降解过程。最早报道的是关于聚氯乙烯（PVC）的降解研究[75]。随着 PVC 的降解，氯化氢（HCl）流失，分子内形成共轭双键。通过拉曼光谱中的波数位置可以了解分子链中形成的双键数目，从而知晓共轭和降解的程度。Gerrard 和 Maddams 的研究表明，在 1511cm^{-1} 和 1124cm^{-1} 处出现的强烈谱带与不饱和共轭有关。他们通过改变照明激光线，发现谱带的强度取决于共振效应，还发现在 1650cm^{-1} 和 1500cm^{-1} 之间的 > C ═ C < 的谱带位置与序列的长度相关。此后，科研人员[76-78]利用这些谱带研究了各种聚合物中的类似序列。

6.4.3 聚合物的定量分析

上述应用主要涉及聚合物的物理和化学特性。在所举的几个案例中，也可以进行定量检测。聚合物的拉曼光谱定量检测可以从相对简单到相当复杂。常规拉曼光谱的相对强度与物种浓度、激光功率和拉曼散射截面成简单的正比关系。由于散射截面很难确定，所以绝对谱带强度也很难确定。最常见的方法是利用谱带比来确定相对强度。该方法可以很容易地应用于研究 PVC 降解、丙烯酸和环氧树脂的聚合度以及填料的含量。更复杂的研究往往需要更精细的定量技术，涉及光谱的多个波段或完整区域，多用于研究多组分混合物、复合材料或形态特征。这方面的一个例子是通过归一化、平均中心傅里叶变换拉曼光谱研究建立 PET 密度模型。拉曼光谱中羰基谱带的带宽与密度有关，因而与样品结晶度也有关[79]。

6.5 染料和颜料

6.5.1 拉曼光谱在分析有色分子中的应用

拉曼光谱能够非常灵敏地探测有色分子，尤其是在共振条件下（第 4 章）。共振会增加振动的强度，在大多数情况下会观察到有限的尖锐而强烈的谱带，可以原位识别有色物种，即使该物种仅仅只是混合物中的一个次要成分。然而，正如在第 4 章所讨论的，有色分子容易受热降解。通过旋转固体样品、流动液体或在基质［如烃类油或溴化钾（KBr）粉末］中稀释固体可以减少降解的影响。对于某些样品，荧光也可能是一个主要问题。有时候增加激发波长可以减弱荧光效应，但是即使样品中只有很少量的颜色仍然会引起荧光问题。在大多数情况下（但不是全部），将激发波长移至红外激发频率可以克服这些困难，但同时会牺牲全部或大部分共振增强。第 5 章中描述的表面增强拉曼散射和表面增强共振拉曼散射能够克服荧光效应，而且使散射增强大幅提高。对于合适的分子，表面增强拉曼散射的灵敏度会增加约 10^6 或更多，而且能够强烈地淬灭荧光，同时共振拉曼散射通常会增加 10^3 ～ 10^4。这两种技术的结合即表面增强共振拉曼光谱（SERRS），可以得到更大的散射增强。已经证明染料罗丹明（图 6-13）对 SERRS 非常有效。早期的 SERRS 研究发现罗丹明 3G、6G（图 6-14）和 3B（**1**）染料在溶液中的浓度小于 10^{-17}mol/L，最近的研究表明检测极限约为 10^{-18}mol，这大致相当于限定时间的光束中有 35 个分子[80-83]。

(1)

罗丹明的一般结构

低检测极限开辟了振动光谱学从前未涉及的领域，尤其是在生物领域的应用。红外光谱技术由于对水的强吸收作用而受到限制，相反拉曼光谱技术可以处理水介质，且应用范围在不断扩大。用发色团标记 DNA 从而获得 SERRS 最近备受关注。发色团通常是一个荧光团，因为荧光淬灭能够消除活性表面上分子的发射（见 5.7 节）。但是非荧光发色团对 SERRS 也是有效的。使用 SERRS 已经能够检测到 10^{-15} 物质的基浓度的 DNA[84-86]，使用这些标签的 SERRS 实验结果见第 5 章和第 7 章。

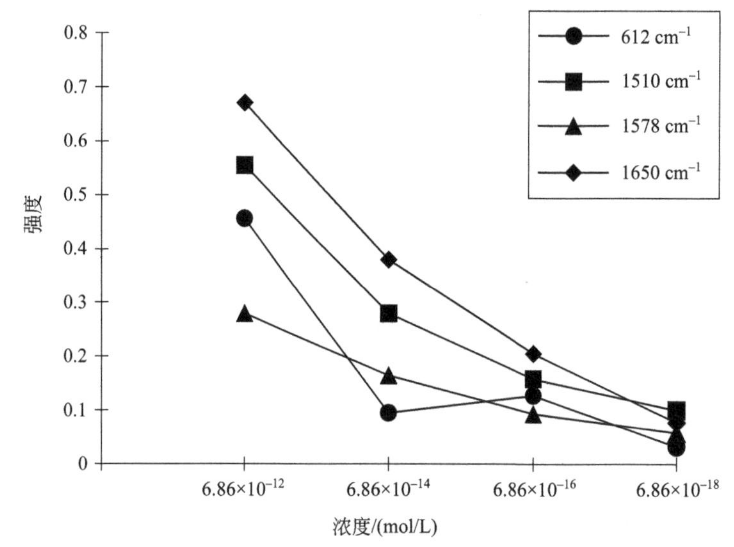

图 6-13　硝酸聚集法从 R 6G SERRS 光谱中选出的四个峰

（省略了R 6G浓度为6.80×10^{-10}mol/L的点的强度与浓度关系图[80]）

6.5.2 原位分析

有色分子拉曼光谱的一个主要优势是振动光谱作为一种基本无损的原位取样技术，能够直接研究分子的设计应用。所使用的样品量通常相对较低，例如通过拉曼光谱法可以有效地检测到负载在聚合物上2%的染料[87]。低浓度有稀释颜色和减少热降解的效果，类似于乳化物和卤化物磁盘技术。拉曼光谱中的强谱带来自分子的生色团，弱谱带则来自分子的其他部分。可见光光源产生这些超强谱带是由于共振增强。然而，有时候发色团的谱带在1064nm的激发下仍然是最强的，甚至对于在这个区域只有微弱或没有吸收带的染料也是如此。这可能是由于正常的强散射（高横截面），该强散射可能来自含有芳香环的生色团结构，也可能来自某些预共振[88]（见4.3.1节）。这一特征不仅可以用来研究染料异构体的变化，也可以用来研究纯染料中或分散在染色材料中的生色团是否有影响。液体和固体核磁共振研究表明，用于聚合物纺织品的分散红染料（**2**）有多种物理形态[89,90]。染料固体样品的近红外傅里叶变换拉曼光谱显示出偶氮带位置及分子的主链结构带位置的差异。将一块用浓度为2%的分散红染色的PET酯布直接在光谱仪中用1064nm激发进行检测。如图6-14（a）是形式Ⅰ和Ⅱ的光谱，6-14（b）是染色布和未染色布的光谱。

图6-14(b)底部的光谱是由PET纤维产生的强谱带以及由染料产生的谱带。从光谱中可以清楚地看出，当染料在纤维中时，染料主要以形式I存在。

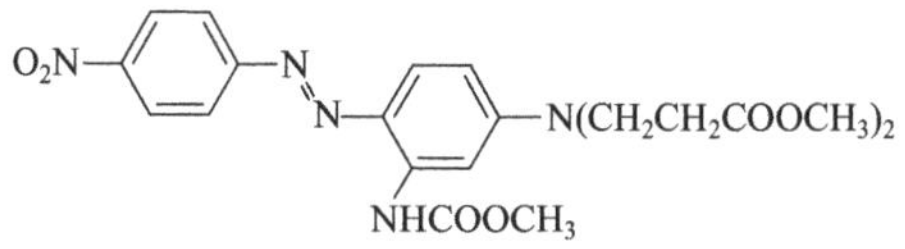

O_2N–C₆H₄–N=N–C₆H₃(NHCOOCH₃)–N(CH₂CH₂COOCH₃)₂

(2)

分散红

SERRS还可以对小样本中的生色团进行原位识别。该技术已被用于识别笔墨[91]、染色纤维[92,93]和口红[94]中的生色团。对于聚合物纤维，染料可分散在纤维中；但对于纤维素，染料可以与纤维发生反应。如图6-15所示，SERRS技术用来检测与纤维反应的低浓度染料[68]，下方是溶液中染料的光谱，上方是附着在纤维上染料的光谱，为了确保染料牢固地附着在纤维上，不会渗回SERRS胶体中，将纤维在苛性碱溶液中浸泡了2h时间。

染料和颜料应用于很多不同印刷机制的印刷行业[95]。染料最常见的用途之一是用作喷墨打印机的墨水。最初为墨水开发的染料与用于纺织品的染料非常

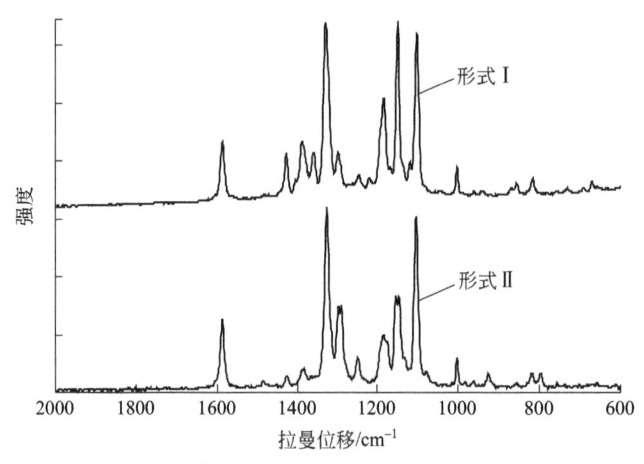

(a) 偶氮染料的近红外拉曼光谱(形式Ⅰ或形式Ⅱ)

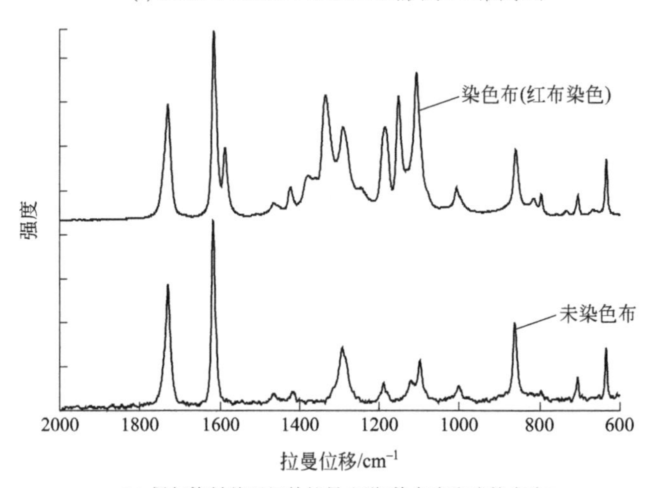

(b) 偶氮染料的近红外拉曼光谱(染色布和未染色布)

图 6-14　偶氮染料的近红外拉曼光谱

相似。然而，油墨制造商的要求与纺织品染工有很大不同，他们仅需要青色、黄色和品红色三种主要颜色。而染料必须具有较高的色彩、良好的耐光性和耐湿性。纸与纺织品也不同，染料无法通过煮沸而固定在纸上。染料显影发生在染料的非生色团部分，以增加对喷墨介质的牢固程度。最初，喷墨介质是具有不同复杂组成和 pH 值的纤维素纸，但现在它可以是聚合物、凝胶、纺织品或电子产品表面。全内反射拉曼光谱（TIR）用来研究染料在涂布纸表面的分布 [96]。通过对染料在各种纸张表面行为的研究，以确定 pH 值对发色团的影响 [97,98]。利用 SERRS 和 NIR-FT-Raman 技术，可以研究染料在纸张表面和表面以下固体中的行为。用这种方法还可以研究在不同 pH 条件下改变介质不同部位中非生色团对生色团的影响。

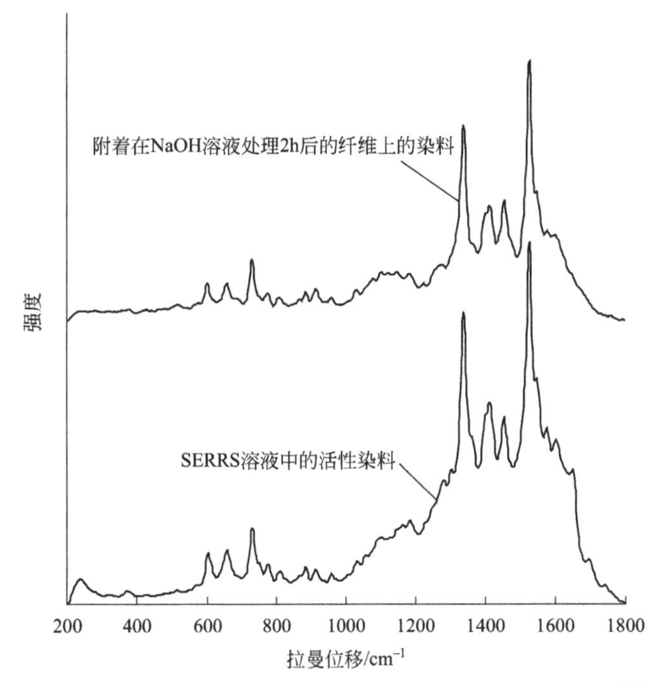

图 6-15　附着在素纤维上和溶液中活性染料的 SERRS 光谱 [91]

6.5.3　偶氮染料互变异构的拉曼光谱分析

在染料原位分析中看到的变化可能是由于物理或化学形式的变化引起的。偶氮染料是彩色工业中使用最广泛的染料之一。它们因为其电性能以及广泛的颜色范围而得到广泛应用。偶氮 - 肼互变异构的偶氮基（**3**）是对称的，因此其谱带在红外光谱中非常弱。但拉曼光谱 [99] 中在 1450cm^{-1} 处有强谱带。当肼基形成时，拉曼光谱中 1605cm^{-1} 处有一个强谱带（—C ═ N—），1380cm^{-1} 处有另外一个强谱带，但是其来源仍不明确。虽然此基团在颜色化学中非常重要，也是许多染料的重要成分 [100-102]，但对于这些谱带的检测和解释很复杂，已经成为学者们研究的主题之一。

(3)

偶氮-肼互变异构体

图 6-16 是黄色重氮染料（**4**）的红外光谱和拉曼光谱。染料一般含有偶氮、羧基和三嗪基。由于基团间的强氢键作用，较高的红外光谱很复杂。3500 ～ 2000cm^{-1} 和 1700 ～ 1500cm^{-1} 之间的谱带与盐和游离羧酸基团的混合

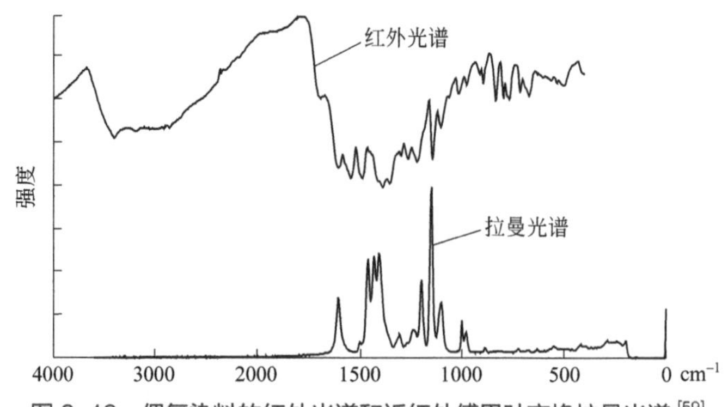

图 6-16　偶氮染料的红外光谱和近红外傅里叶变换拉曼光谱 [59]

物一致，1550cm^{-1} 处的谱带可能是三嗪环。一般谱带的宽度是由氢键效应和大尺寸的分子决定的。在红外光谱中看不到偶氮基团的谱带。

a(HOOC)　X　(COOH)b

a = 1或2
b = 1或2
X= 吗啉基或 NHR

(4)

黄色重氮染料的结构

相反，在较低的拉曼光谱中，偶氮和芳香族谱带占主导地位，氢键基团则因其太弱而无法观察到。

6.5.4　染料的多态性

人们研究了偶氮染料中化学基团的变化对颜色性能的影响。染料的分子结构会发生物理变化，相应地也会影响染料的性能。这种被称为多态性的效应将在 6.7 节中阐述，其应用会在 6.6 节中介绍。

6.6　电子应用

在电子摄影学中，共振拉曼散射的选择性使其成为研究感光器染料（包括酞菁染料）的良好探针。例如，在复印机或激光打印机中，复制图像的阶段需要通过激光激发感光体产生电荷。含有受体的膜通常包括若干层。基底一般是导体，它上面是包含感光体的电荷转移生成层（CTG），当用激光激发后，会产生一个电子孔。电荷在传输层中通过电荷传输材料（CTM）传输到薄膜表面，然后用带电的表面创建图像。CTG 的厚度小于 1μm，通常使用染料吸收激光能量并形成孔。酞菁（**5**）具有很好的共振拉曼光谱，通常用作染料。它们的电子性能随金属在环中配合位置的调整而变化，其中金属尺寸可以与孔契合而引起环的弯曲或位于稍高于环的位置。如图 6-17（a）所示，酞菁在 1540 ～ 1010cm^{-1} 处的环形呼吸谱带和其他谱带在拉曼光谱的特征非常明显，通过强谱带可以进行原位定性识别和定量分布研究。

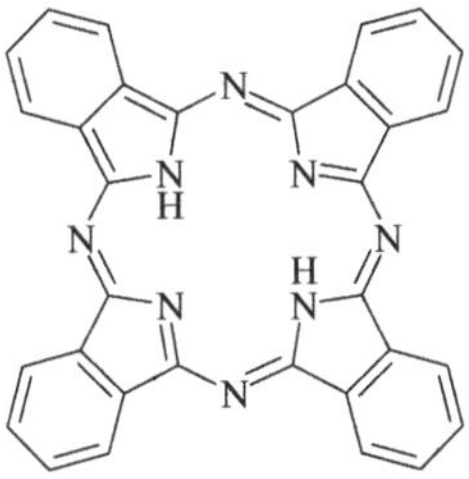

(5)

无金属酞菁染料

钛酞菁（TiOPc）有几种多晶型，其中一种是Ⅳ型，因其能产生最佳电荷而被广泛应用。图 6-17(b）是各种钛酞菁多晶型体的拉曼光谱细微且独特的变化，Ⅳ型在 765cm^{-1} 处有一个非常小的额外谱带用以进行原位识别。图 6-18 是直接放置在近红外傅里叶变换拉曼光谱仪光束中的感光鼓光谱，谱带来自其他大量具有高拉曼横截面的组分。尤其是 CTM 倾向于采用三芳基胺，由于其多重共轭和二氧化钛的基底层（图 6-18 为锐钛矿型）而具有很强的芳香谱带（请参阅第 2 章）。

采用类似的方法可以对有机半导体 [104] 如场效应晶体管 [105-107]、太阳能电池 [108] 和发光显示器 [109,110] 进行分析。这些设备使用的材料通常是带有共轭自耦 π 电子的导电聚合物。最初采用的典型聚合物是聚乙炔、聚对苯、聚噻吩和聚三芳胺 [111-114]。自 1996 年以来，其中很多聚合物都可以通过商业途径获得 [115]。后来又开发了聚（对苯基乙烯基）（PVPPs）和螺环化合物 [116,117]。这些聚合物的典型能带隙为 1 ～ 3eV。共轭聚合物可以掺杂电子受体（如卤素）或电子供体（如碱金属）。通过物理学家熟知的孤子 [118]、极化子 [119] 和双极化子 [120] 的概念对聚合物深入研究，发现其本质是聚合物携带可以发光的电荷穿过材料。在其他聚合物应用中，材料的测试效果取决于其形态和化学性质。通过循环伏安法（CV）可以研究聚合物单体的电子行为，并且能够获得其在电压周期内的拉曼光谱，从而跟踪变化。

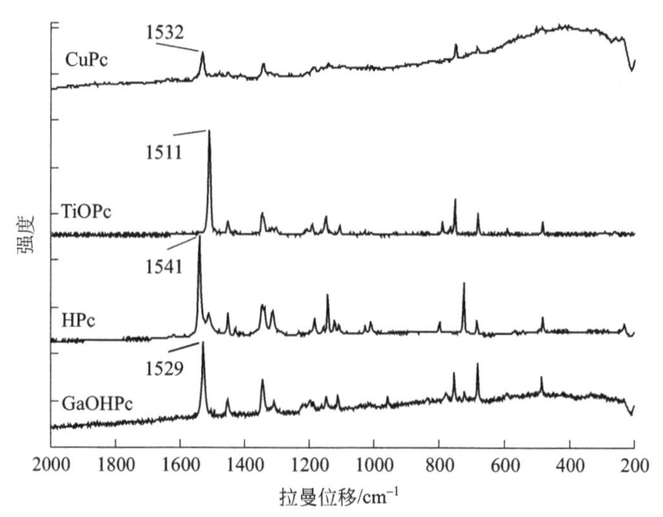

(a) 多种金属酞菁的近红外傅里叶变换拉曼光谱

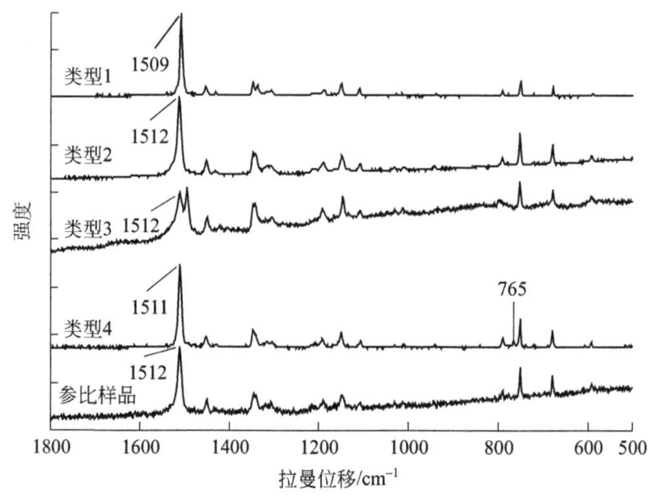

(b) TiOPc多晶型体的红外傅里叶变换拉曼光谱

图 6-17 多种金属酞菁的近红外傅里叶变换拉曼光谱[103]和 TiOPc 多晶型体的红外傅里叶变换拉曼光谱

碳、锗、硅等元素因其机械和电子特性在电子工业中得到广泛应用。这是拉曼光谱被用作质量控制（QC）工具最大的领域之一。图 6-1 是金刚石的光谱，该谱图使对金属（如硅）上的金刚石膜研究变得相对简单[121]，而且通过光谱能够非常容易地区分不同形式的碳，如图 6-19 所示[123]。但是，此图没有显示不同形态碳谱图的绝对强度。大部分的碳物质在可见光区域有吸收且散射会通过共振增强。因此，许多碳物质的谱带强度比金刚石要大很多，并且会出现谐波和组合谱带。

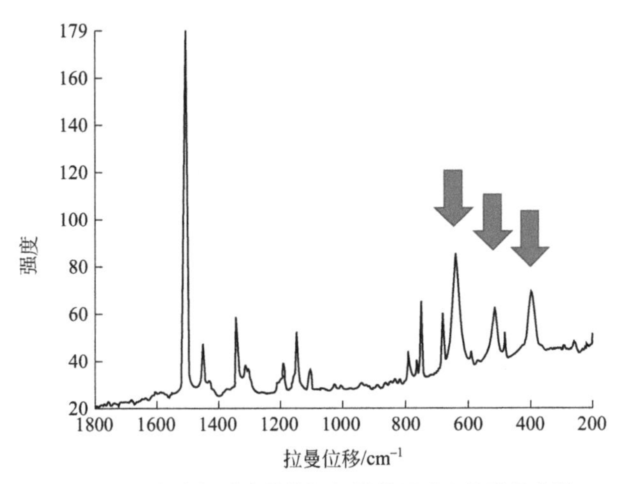

图 6-18　复印机感光鼓的近红外傅里叶变换拉曼光谱

（箭头所指为酞菁的光谱，TiO_2以锐钛矿形式存在。）

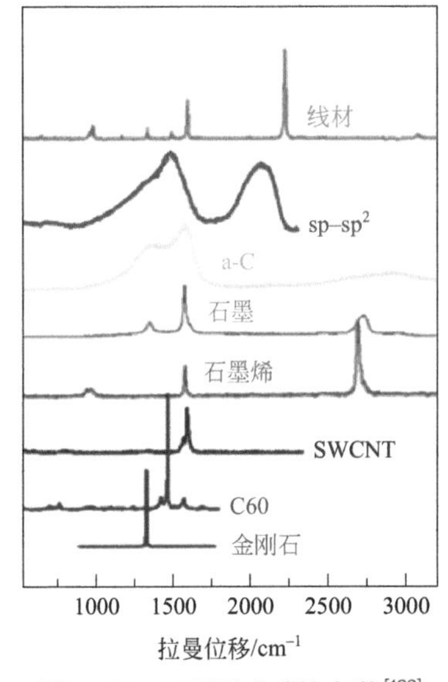

图 6-19　不同形式碳的光谱 [122]

（a-C为非晶碳）

在可见光激发下，由于碳原子的 sp^2 杂化，形成的 π 键在可见光区域有吸收，而且有共振增强，所以无定形碳 [122-124] 在约 1360 cm^{-1} 和 1500cm^{-1} 处产生两个谱带（D 带和 G 带）。石墨和石墨烯的谱带也是由于 sp^2 杂化，但碳是以有序的环阵列形式存在的，所以产生了更清晰尖锐的光谱 [125,126]。石墨和石墨烯在 2600cm^{-1} 左右出现的波段是 D 波段的泛音（2D）。因为从石墨烯的单层结构变化为石墨的三维结构，所以电子结构也从二维变为三维，层的堆积方式影响了拉曼散射，使其成为非常敏感的结构探针。由 sp^3 杂化碳产生的金刚石谱带，在紫外光激发下谱带会变得更强，但在可见光激发下，随着无定形碳和金刚石混合物中金刚石含量的减少，谱带会迅速消失。例如，在碳原子单链组成的碳“线”中，会形成 sp 杂化，随着可见光激发共振会增强[122]。碳“线”有两种形式——乙烯基的 sp^2 杂化线性链和局部乙炔基的 sp 杂化链，拉曼散射可以区分它们。其他类似的结构，如单壁碳纳米管（SWCNT），也有如图 6-19 所示的独特拉曼光谱。

如果要对这些体系中的振动进行更详细的分析，就必须考虑目前存在的许多实体的扩展性，如石墨烯中的平板，除了整层外，没有单一可定义的分子。此时需要用晶格模式和布里渊区的散射来解释。第 3 章用一个简单的例子引入了晶格模式的概念。需要注意的是，在晶体以及分子的内键合中，离子或分子之间存在着较长范围的相互作用，因此，激发时会形成延伸到许多离子或分子位点的晶格模式，这些模式的位移方向是参照进入的辐射来定义的。纵向光学（LO）模式沿入射辐射的方向移动，相邻的实体向相反的方向移动；而纵向声学（LA）模式中，相邻的实体向相同的方向移动。横向光学（TO）模式是双简并的，与传播方向成直角方向展开，相邻的实体同样朝相反的方向移动；横向声学（TA）模式则沿着相同的方向移动，而其相邻的实体也沿相同方向移动。显然，在碳系统中，当环的耦合片以及其他更大的系统出现时，就会有许多晶格模式，因为它们的相互作用很强，可以出现在更高的频率。布里渊区（Brillouin zones）是基于互易空间对系统电子状态的描述，超出了本书的范围，但有必要对其进行深入理解。这是因为能带是由共振增强产生的，电子结构包含整个材料中的离域电子，所以能带理论适用于理解共振中基本的电子性质。文献 [125] 对石墨烯的这些模式进行了分析。然而，正如上述工作所表明的，实验中观察到的变化仍然可以简单有效地研究结构变化。

此外，如果体系中添加了杂质（如硅中的掺杂剂），则会破坏晶格并形成局部模式，在不同频率下该模式的光谱会变得更清晰[127,128]。图 6-20 是在硒化锌基质中加入不同浓度的同位素硒时 LO 模式的光谱[128]。

拉曼谱图可以显示硅晶片的应力模式和结晶度[130,131]。在重硼掺杂的硅中，LO 模式是一个对环境非常敏感的拉曼波段，随着硼浓度的增加，LO 模式会向较低的频率转移并变宽[132]。拉曼光谱可以监测氟掺杂的二氧化硅薄膜，以测定氟氧比，从而确定其介电性能[133]。硅晶体也能够用于超大规模集成电路（ULSI）中[134]。宽频带半导体也能提供拉曼光谱的信息[135]。拉曼光谱可以提供晶体的晶格模式和变化的信息。结构表征包括结晶度、结晶取向、混合晶体的超晶格、缺陷和堆积层错。除结构表征外，还可以进行电子表征。束缚电荷和自由电荷都可以通过集体和单粒子激发过程促进拉曼散射。

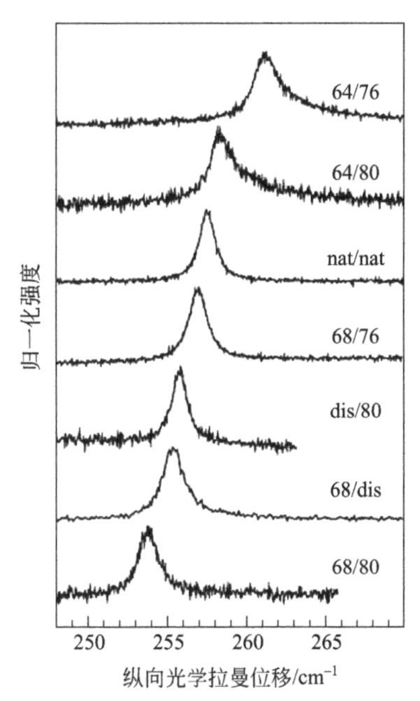

图 6-20 硒化锌基质中加入不同浓度同位素硒 LO 模式的光谱 [129]

在材料科学领域，晶格模式对理解材料的结构非常有价值，尤其是在诸如氧化物、氮化物、硫化物和硒化物的三维结构分析中。例如，制造发光器件的氮化镓，可以获得许多与前面已经讨论过的相同信息 [135]。文献 [135] 还讨论了非立方晶格中激发辐射方向对谱图的影响。氧化铁就是一个很好的例子。此外，在这种类型的绝缘体中，铁的未成对电子可以相互作用，从而激发电子的协同运动。可以从一个位置的自旋变化开始，这种变化是由穿过材料的物质激发引起的，从而产生一种称为磁振子的自旋波。拉曼散射可检测到这种波。例如，通常用作颜料的氧化铁，此时需要为这种波指定一个额外的峰值，但会导致在分配频谱时造成混淆。

6.7 生物学和临床医学

拉曼光谱能够进行区域外探测、分子原位识别以及在水环境中获取信号的优点，使其在生物样品分析的研究中非常重要。羰基、胺和酰胺在拉曼散射中的谱带比在红外吸收中的谱带弱，但是仍然很容易检测到。此外，—S—S—、—SH、—CN、—C—C 等基团、芳香环、碳酸盐和磷酸盐等都有明显的谱带结构，因此，生物样品含有丰富的分子特异性数据。但是，给出特定振动的基团数量通常很大，而且由于它们一般处于略微不同的环境中，导致谱带较宽且结构不明确。然而，分子特异性信息仍然存在，即使用肉眼观测的结果并不清晰，但现代数据处理方法如 PCA 或更先进的方法能够从这些样品中提取信息[136]。拉曼散射截面在特定的基团之间变化很大，因此可以直接在混合物中挑出具有高截面的特定物种。如果被研究的分子是一个强拉曼散射体，就可以非常成功地检测出药物或代谢物。即使不能清楚地识别给出信号的单个分子，也可以通过特异性信号鉴定细胞、孢子、细菌等。有时候，除了识别之外，还可以获得结构信息，如第 4 章中讨论的血红素基团和第 7 章中讨论的蛋白质二级结构。在完整的 DNA 序列中可以识别单个的 DNA 碱基，并对其进行定量分析。然而，二级结构会影响信号强度，所以使用这种方法需谨慎[137]。另外，通过标记的方法可以非常有效地检测复杂基质中的特定分子。标记可以是天然标记，如血红素或黄素，也可以是添加的标记，如染料和其他标记，或者是 SERS 标记的金属纳米颗粒。文献 [138] 是一篇关于不同细胞标记的综述。在第 5 章所述的 SERS 研究中，标记还用于选择性地检测混合物中的 DNA 片段或蛋白质。

该技术通过检测物理形态的变化来识别多态性、多肽的二级结构和一般分子骨架的变化。在大量的应用报道中，有键合研究、基因组学、蛋白质组学、蛋白质相互作用和固相合成。目前，已经开发了 DNA 和蛋白质序列，并研究了食品分析和细胞生长。早期的例子包括氨基酸晶体转变[139]、单细胞细菌[140]、细菌孢子[141]、包括大西洋鲑鱼在内很多系统中的类胡萝卜素[142]、微生物特征[143]、真菌[144]、谷物成分[145]、脂质体复合物[146]和酵母[147]的表征研究。最近，脂质[148]、活细胞[149，150]和再生医学[151]等领域的综述对该特定领域进行了总结。

对拉曼光谱更深入的理解以及技术的进步使拉曼光谱在医学领域的应用更加广泛[152]。空间偏移拉曼散射和透射拉曼已被用于检查和确定深度远低于表面的病变组织[153]。在发展初期，设计了一种探针，用于喉部原位寻找巴雷特的食道癌[154]，目前已经针对不同的靶点开发了一系列的探针。使用这些探针的关键是通过绘图和扫描方法以及先进的软件来提高灵敏度和速度。同时还使用了第 7 章中描述的更先进的光谱方法。其中一个主要目的是区分病变组织和健康组织。例如，当切除一个肿瘤时，重要的是要清除周围区域的所有癌细胞，而不移除健康组织。利用探针和先进的数据处理方法来提取关键信息，拉曼散射可以在原位区分健康组织和癌变组织，而无须在手术中进行活检。已经报道了对多种癌症的成功研究[154]，以及它用于检测脑肿瘤周围组织中渗透癌细胞的初步研究[155]。

为了更深入地探测组织，已将空间偏移拉曼散射与表面增强拉曼散射结合使用，据报道，信号来自 40 ～ 50mm 深的颗粒。因为在红外光区域可以实现更大的组织穿透力，所以在红外线下工作对此研究非常有帮助。已经开发了在近红外区域共振的钙钛矿染料，并将其用于标记金纳米颗粒，从而获得分子共振表面增强空间偏移拉曼散射（SESORRS）。图 6-21 是掺入多细胞肿瘤球体（一种离体乳腺癌模型细胞簇）纳米颗粒的表面增强空间偏移拉曼散射图（记录来自 15mm 的猪肉脂

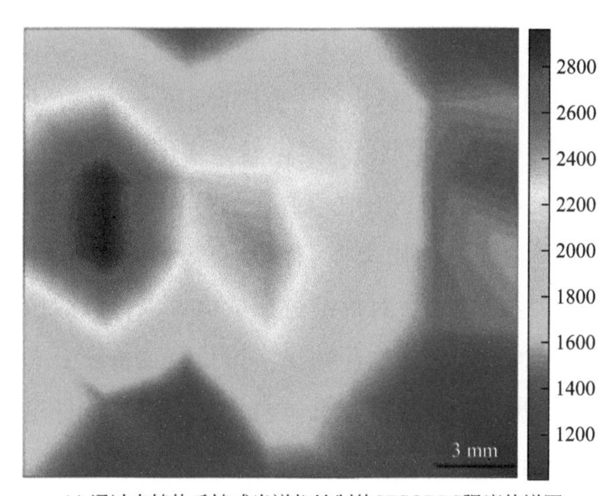

(a) 通过夹持的手持式光谱仪绘制的SESORRS强度的谱图

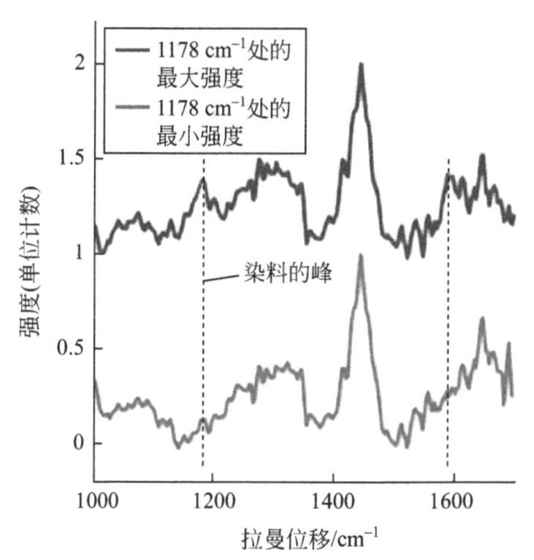

(b) 含球状体区域(上)的染料和几乎不含球状体区域(下)的染料信号

图 6-21　掺入多细胞肿瘤球体（一种离体乳腺癌模型细胞簇）纳米颗粒的表面增强空间偏移拉曼散射图[156]（使用 830nm 激发 15mm 猪肉脂肪并记录）

［数据是通过夹持的手持式光谱仪绘制的（a）SESORRS 强度的谱图，其中显示了纳米颗粒球状体的位置，以及（b）包含球状体区域（上）的染料和几乎不含球状体区域（下）的染料信号。虚线所示为染料的峰］

肪，手持仪器以反向散射模式使用）。在表面增强空间偏移拉曼散射图中可以看到球状体的位置，球状体所在区域的光谱记录了标记纳米颗粒的峰。

6.8 制药领域

拉曼光谱在制药领域的优势是使用方便、样品量小以及包装材料、片剂辅料和活性剂的相对散射强度之间的巨大差异。这些优势与显微镜和光纤结合使用使拉曼光谱在制药行业得到了广泛应用。FT 拉曼早期的一名工作人员很快意识到了制药行业的优势和机遇[157]。在光纤耦合、微探针和成像领域，色散技术一直处于最前沿的位置。最近，SORS[158,159] 和透射拉曼光谱[160-162] 的使用已变得越来越广泛。然而，与共聚焦显微镜一样，在光束采样位置附近也存在一些问题[163]。

拉曼光谱对生产和配方的质量控制以及在聚合物包装内部直接检查的能力减少了大量时间和经济成本。对片剂进行成像可以检查活性剂、黏合剂和其他添加剂的分布及相对含量。活性药物通常是具有独特拉曼光谱的芳香族化合物，而其他成分包括糖、纤维素或无机材料。活性成分本身也具有一些不同的性质，这些性质取决于其物理形态或结晶度，也会影响溶解度并因此影响药物的功效。药物样品，包括处方药和滥用药物，都可以在透明的塑料包装中进行原位检测。这可以提高分析速度并防止样品污染。如果使用显微镜系统，则可以通过塑料包装材料将激光束聚焦到片剂的表面，产生的高功率密度区域提供了大多数拉曼散射，因此实现了对片剂或粉末的区分。此外，需要注意药物的散射通常比塑料强烈，此类实验的示例如第 1 章图 1-10 所示。

现在的拉曼技术已经可以用于检测滥用药物。每个光谱都有其分子特异性，所以通过拉曼散射可以很容易地对没有基质的样品进行初始识别。但是，在实际样本中，药物通常位于几种化合物的基质中，这种基质会产生荧光，从而淹没图像。拉曼光谱法也可以鉴定无机物中的杂质。

同样，可以直接在容器内监测药物的稳定性。图 6-22 显示了装有药物 / 盐溶液（这是药物开发早期的常用制剂）的小瓶中形成的晶体的拉曼光谱。虽然识别这些晶体很重要，但是可用样品的数量却非常有限。使用拉曼显微镜，可以实现对样品非侵入式研究。显微镜可直接通过玻璃小瓶观察晶体，无须进一步样品制备即可获得拉曼光谱。光谱鉴定晶体为钠盐形式的药物，而不是游离酸形式。这一发现导致了对盐的溶解度特征的重新评估，并改变了配方的组成。

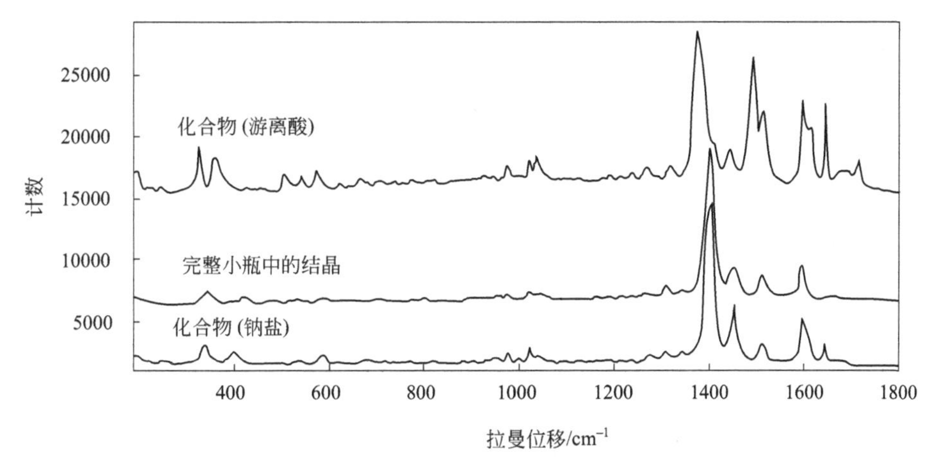

图 6-22　静脉制剂小瓶中晶体的非侵入式拉曼显微镜分析[164]

结晶活性剂的多态性可以极大地影响药物的功效，该术语在生物和制药领域有完全不同的含义。在大多数化学及制药应用中，McCrone 的定义[165]用于表示同一分子的不同物理形式。拉曼光谱法非常适合研究多态性，因为无须样品处理可以最小化测量过程中形态转化的风险，而其他技术则可能无法避免这种风险。出乎意料的是，在 Threlfall[166]早期关于研究多态性分析技术的综述中，拉曼光谱学的研究内容并不多。据报道，其中大部分内容与 FT 拉曼有关。即便如此，该技术仍然鉴定出了几种化合物[167-170]多晶型物的差异，包括萘他沙林的 B 和 C 形式[171]以及西咪替丁的形态组成[172]。除活性剂外，还记录了赋形剂（如葡萄糖）的不同结晶度[173]。由于药物结构的严格保密性，片剂的组成也无法公开，所以许多工作尚未在公开文献中发表。例如，关于通过分散拉曼研究多态性的最新应用报告[174]仅涉及形式 A 和形式 B，而未鉴定药物。一例关于低频拉曼表征咖啡因的多态性研究已经报道[160]。Frank[175]的综述介绍了许多在药物研究中使用拉曼光谱的例子。

作者记录的图 6-23 是未命名的药物中间体。该图记录了中间体的纯结晶态和非晶态的 FT 拉曼光谱。在不打开样品瓶的情况下检查了可疑批次药物的非晶态。光谱显示在 $1500cm^{-1}$ 处有结晶度的证据。

最近，使用模型化合物酮洛芬、达那唑、灰黄霉素和普罗布考研究了赋形剂对药物结晶性的稳定作用[176]。

将拉曼光谱法用于已知结构药物的一些实例已经公开了。例如，Novartis 公司报道了拉曼散射用于卡马西平（**6**）的高通量筛选[177]。通过对化合物卡马西平的检查来确定透射拉曼光谱对多晶型物质检测的灵敏度[178]。

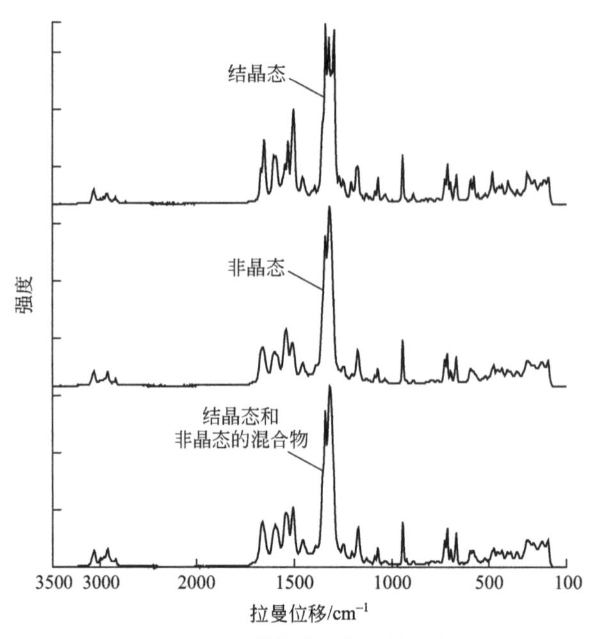

图 6-23　药物中间体的结晶度

O　NH_2
N

(6)

卡马西平

6.9　法医学

随着检测设备的发展越来越现代化，拉曼光谱在法医学领域也变得非常重要[179-181]。该方法的优点包括无创性、非接触性、拉曼散射的分子特异性和分析快速性。其应用范围非常广泛，从现场检测毒品和爆炸物（作为犯罪现场留下的大宗样品或痕迹）到在干净的实验室中检测大量或痕量样品如糖袋（可能含有可卡因或黏附在衣服或其他材料上的单纤维）。通常使用近红外光和可见光激发，同时 SORS 也是非常重要的。使用的仪器包括警察、消防部门、军事或海关车辆用的坚固手持设备以及灵敏的显微镜。灵活的探头有助于获取难以接近的样本信息，应用于军事领域时，区域外探测也很有用。根据使用场景的不同，结果和使用方式也大不相同。例如，在犯罪现场，检测毒品和爆炸物以及在机场使用 SORS 通过容器筛查有害物质时结果要求快速且是阳性的。在消防服务中，快速识别易燃或易爆物质是至关重要的，也有助于事后检测残留物中的物质。但是，如果要收集证据以供法庭使用时，保护犯罪现场和实际证据（服装、武器等）就变得至关重要，这种情况就会大大限制仪器及其使用。

通过研究不同类型的样本发现血液或其他生物液体的拉曼特性可以给出特定的信号，通过现代数据处理方法可以区分监测对象，通过枪击残留物可以确定所用子弹的信息。目前，已经有一例关于检测唾液中药物微流控设备的报道[182]。通过对纤维、纸张和油墨中的染料进行分析可以确定其来源、辨别其真伪，或只是将纤维与特定服装匹配。显微镜能发现非常小的样本，例如沾在指纹上的一小撮爆炸物粒子[183]。通常，荧光是用来增加昂贵货物安全性的标签，但是为什么不能将非荧光染料混合物用于共振拉曼散射或 SERS 的检测和编码呢？其实这并不存在技术原因。除了固体和液体样品外，气体样品同样重要，例如，收集毒品或爆炸物产生的蒸汽。在这种情况下，尽管可以使用第 7 章中介绍的 LIDAR 来处理，可能仍然需要某种形式的收集方法（例如气相色谱或指形冷凝器）来浓缩样品。

有时，SERS 涉及的样品与增强基底之间可能不可以接触。尽管显微镜观察的范围可以非常小，但此时提高 SERS 灵敏度和选择性对检测非常有用。有效利用基底也很关键，例如，可以将经常使用的胶体准确地吸移到很小的表面区域，以帮助区分纤维和油墨。如果采用这种方法，就必须正确使用胶体。胶体必须足够浓缩以形成带有热点的固体层，同时必须足够薄才能从上方激发，以产生可穿透样品表面的等离激元（请参阅第 5 章中聚合物的示例）。从而可以大大提高拉曼散射的灵敏度，使其非常适合研究极少量的墨水或染料，进而识别混合物用以对照或识别痕量的药物和炸药。图 6-24 是玻璃和棉花上口红印

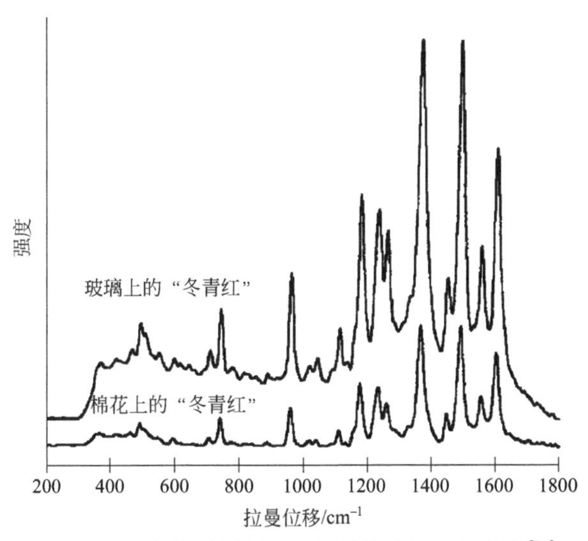

图 6-24　玻璃和棉花上口红涂片的 SERRS 光谱[94]

的光谱，其中生色团具有很强的 SERRS。

有时候，可能需要非常少量的药品（例如来自清洁表面的药品），此时涂抹方法和色谱法就非常适用，且 SERS 分子特异性对药物分析的帮助也很大。有些情况下，SERRS 可能也会对药物分析有帮助。图 6-25 是 TNT 反应形成的含有生色团偶氮产物的 SERRS 强光谱。该过程使用流动方法来完成，并在原位制备胶体，从而可以实时对 TNT 衍生物进行重复 SERRS 测量，以提高灵敏度。

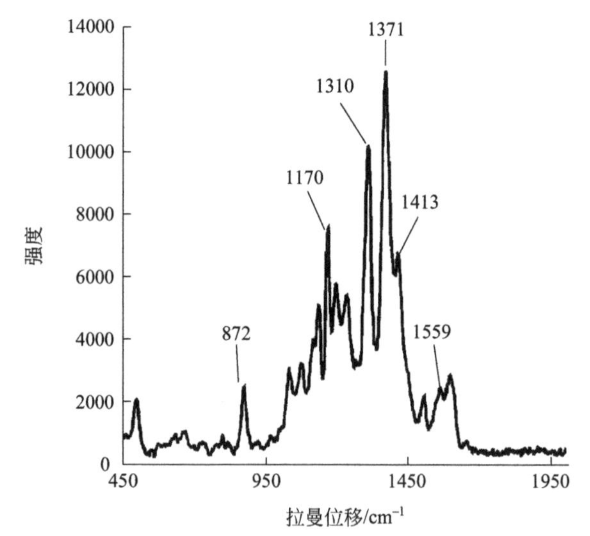

图 6-25　TNT 反应形成的偶氮染料的强光谱[184]

（光谱样品为10^{-9}mol）

6.10 过程分析与反应跟踪

6.10.1 概述

虽然到目前为止，本章提到的很多应用都使用了静态或原位测量，但拉曼光谱研究领域中一个不断增长的研究点是反应跟踪。原则上讲，该技术是理想的，它是非侵入式的，能够从玻璃容器和水性介质中进行检测，并且能够进行远距离监测。很多已经涵盖了实验测试或原理证明，但是，工业应用报告发布的还相对较少。这主要是由于以下几个原因。荧光效应使该技术具有很高的应用特异性，如果开发一种仪器用于监测特定的反应，则不能轻易将其转移到其他应用。直至目前，该仪器还是非常大、昂贵、需要特定的环境条件，例如黑暗的房间、激光互锁的门。随着现代可变滤波器仪器和较小光谱仪的引入，仪器已经变得对用户更友好、适应性更强。在 785nm 和 1064nm 的激光源和紫外线下，应用的灵活性有所提高，从而减少了反应跟踪的荧光效应。仪器的便携性和操作的简便性创造了现场监控的可能性。但是，后者的报道相对较少。这往往是由于公司希望通过更严格的工厂控制来提高效率，从而保持其商业优势。尽管如此，关于反应跟踪和工厂监测实例的报道也日益增多。已经发表了两篇关于在工厂中引入拉曼光谱学时应注意的参数和潜在隐患的综述[185,186]，文中给出了一些典型的应用。

6.10.2 电子和半导体

拉曼光谱法最大的质量控制（QC）应用之一[187,188]是监视计算机硬盘的类金刚石保护膜（DLF）。从拉曼光谱中可以获得有关氢含量、sp^2/sp^3 比例和远距离排序的信息、专门用于这些测试的仪器能够自动预测薄膜的摩擦学质量[186,189]。目前，已经建立了用于半导体物理和化学表征的质量控制技术，包括晶体尺寸和形式、掺杂水平、应力和应变。这本身就是一个重要的课题，也有一些关于此课题的综述报道[190-192]，在本书 6.6 节中也对此进行了讨论。该行业中过程监控的另一个特征是薄膜的沉积和（或）生长。拉曼光谱特别适用于在真空或高温下进行的过程监控，这对于监测新型半导体异质结构非常重要[193]。已经有关于 InSb 在 Sb（111）上生长的研究报道[194]，其厚度为 0 ～ 40nm。同时，300℃条件下 ZnSe 在 GaAs 上生长，然后用 Se 封端的研究也已经报道[195]。还有关于 Se 层的结晶研究的报道。此外，其他研究[196]包括 GaAs 上 ZnSe 的氮化和 InP（100）上 CdS 的生长也陆续报道。该行业有可能会最大程度地将拉曼光谱法应用到质量控制过程中。它对现代生活和技术有极为重要的应用，然而在分析化学的常规文献中却很少看到相关的报道。

6.10.3 PCl_3 生产监测

如果询问工厂分析员哪些反应在监测方面存在最大问题，那么元素磷与氯在沸腾液体中的结合必将排在首位。然而，PCl_3 的生产却是 Freeman 等 [196] 开发的拉曼在线监测最著名的例子之一，必须保持氯的含量在一定范围内以防止生成 PCl_5。使用一个采样环，FT 拉曼光谱仪和激光功率为 2W 的光纤束，扫描 140 次，分辨率为 $16cm^{-1}$，P_4 和 Cl_2 的检测水平＜1%。同时还监测了副产物 $POCl_3$ 和 $SbCl_3$，但是它们在高激光功率下会降解。Gervasio 和 Pelletier[197] 使用 CCD 色散系统、785nm 激光和直接插入探头的方法改进了测量。

6.10.4 二氧化钛的锐钛矿型和金红石型

关于工厂控制最早的报道之一是监测二氧化钛的物理形态，二氧化钛是一种常用的非常明亮的白色颜料。二氧化钛以不同的物理形态存在，主要形式是锐钛矿和金红石，其中更常用的是透明度较低的金红石。两种形态在拉曼光谱中都有非常独特的谱带（见图 6-3）。锐钛矿形态在 $640cm^{-1}$、$515cm^{-1}$、$395cm^{-1}$ 和 145 cm^{-1} 处有谱带，而金红石的谱带出现在 $610cm^{-1}$ 和 $450cm^{-1}$ 处。这些谱带已经可以定量测量金红石中 1% 的锐钛矿，其准确度足以用于半自动化工厂控制 [198]。但是，进行此测试的最大困难是生产工厂内部的粉尘环境，这会造成重大的工程问题。Everall 等已经详细讨论了测试中的问题及其解决方案 [185]。

6.10.5 聚合物和乳液

如 6.4 节所述，拉曼光谱法跟踪的最简单的反应之一是＞C＝C＜双键的减少。它在简单的单体（如丙烯酸酯、乙酸乙烯酯和苯乙烯）中会产生非常清晰和强烈的谱带。很多参考文献已经报道了从简单到复杂的各种应用。已经在反应池中研究了苯乙烯（S）和甲基丙烯酸甲酯（MMA）[199]，通过 FT 拉曼在实验室反应器中监测 MMA 和丙烯酸丁酯（BuA）的均聚反应 [200]，分析了复杂的四元聚合物（S/BuA/MMA/ 交联剂）[201]，从而了解单体的消耗量，确定共聚物的组成。根据文献报道 [199,200]，可以通过＞C＝C＜双键的谱带来进行定量监测。

但是，激光强度、光谱仪响应和不均匀性的变化要求必须对谱带进行归一化处理。通常会选择不受反应影响的谱带进行归一化处理。可惜的是这种简单的方法经常不能使用。

一些工作人员[199,202]报道了用谱带强度变化作为参考来区分单体状态和聚合物状态。Everall[203]对此进行了深入讨论。尽管可以对这些系统进行定量监控，但乳液中发生的类似反应仍需要格外小心。单体可以溶于水以液滴的形式、作为胶束或直接存在于聚合物相中。谱带强度和波数位置会受到单体所处相的影响，而温度和压力的变化又会影响光谱和单体所处的相。而且，液滴的检测会受到激光激发线波长大小的影响（请参见第2章的粒径效应）。虽然需要考虑这些因素，但是也不妨碍分析的正常进行，已经有关于监测乳胶乳液聚合应用[204]的研究发表。本节对乙烯基和丙烯酸酯单体进行了详细描述，但也有很多关于其他体系的报道，例如氰酸酯[205]、环氧树脂[206]、三聚氰胺-甲醛[207]、聚酰亚胺[208]和聚氨酯[209]。到目前为止，大部分应用都是在反应容器中进行的。通过这些应用拉曼光谱得到了发展，在可见激光源的情况下使用直接探针和（或）与光纤耦合，拉曼光谱能够在长达几米的距离处进行监控。可通过拉曼光谱法原位分析的另一个应用领域是挤塑机、纤维和薄膜。在这些应用中，可以研究聚合物的物理性质以及化学组成。Hendra[210]早期利用极化拉曼光谱技术，在实验室规模的挤塑机中分析了聚合物，获取了有关结晶度、链构象和取向的信息。现代仪器仪表和光纤的发展使得拉曼光谱法可以在中试工厂和全面生产设施工厂进行类似的原位检测。最近，Chase还利用极化拉曼光谱技术研究了拉伸过程中不同点的纤维，并在纺丝设备上对纤维进行了深入的研究[211，212]。

类似的测量似乎也适用于聚合物膜的生产。由于形态特性能够在三个维度上发展，因此测量非常复杂。有关拉曼在线分析聚合物膜生产的首次报道中，Farquharson和Simpson[213]证明了使用分散光谱仪和5m纤维束的可行性。此后，Everall在移动生产线上使用成像纤维探头，通过100m长的纤维耦合，对聚酯薄膜的成分进行了大量的研究[214，215]。通过研究发现，与静态测量相比，在处理移动薄膜中的荧光时存在困难。当聚合物膜在光束中处于静止状态时，低水平的荧光会被耗尽（光漂白）。而使用移动膜，可以快速刷新样品，从而保持荧光水平。从可见光激发到785nm激发可以减少这些影响，但Everall发现，在物料流中加入再生聚合物是引起荧光的原因之一[203]。拉曼光谱在工厂控制中被广泛用于监测各种类型的聚合物薄膜。可能是由于商业敏感性原因，此类文献报道得比较少。

6.10.6 医药行业

如6.7节所述，拉曼光谱在制药行业的应用潜力非常大。样品处理量小和“看透”聚合物容器的能力（无接触检测）将使得拉曼技术在质量控制方面有更多的应用。仪器制造商反馈仅仅由于可以检测多态结构，销售额就增加了很多。目前，除了制造商的应用说明外，几乎没有这方面的文献报道，同样也可能是商业敏感性的原因。关于生物制药生产的综述已有发表[216]，最近又有关于药物应用的报道[217]。有兴趣的读者还可以参阅6.7节中后面的参考文献。

6.10.7 固相有机合成/组合化学

如前一节所述，关于拉曼光谱学中一个日益增长的兴趣领域是固相有机化学（SPOC）或组合化学。反应不是在溶液中进行，而是发生在固体载体中（之上）。这些载体通常是具有活性端基（例如羟基、氯或乙二醇基团）的聚丙烯酸酯或聚苯乙烯颗粒[218]（颗粒是蜂窝状的多孔结构）。粒子在溶剂中溶胀可以变成凝胶状，反应物在粒子中扩散，在活性部位发生反应。粒子的分析取决于所需的信息（图6-26）。通常会使用“在粒子上分析”这一短语，这会导致表面技术应用得出错误结论。其实，大约90%的反应发生在粒子中，拉曼光谱法可以渗透到粒子中并获得有效的信号。如果只是以研究为目的，通常只需监测单个粒子，但是如果是为了进行更常规的分析，则会研究一批粒子。最新的关于FTIR和FT拉曼方法比较的研究[219]突出了这两种方法的优缺点。拉曼光谱法的优点依然是无须制备样品、溶剂吸收弱和原位检测。粒子本身可以在制备过程中作为活性粒子来研究，或者可以研究在粒子之中（之上）发生的反应。

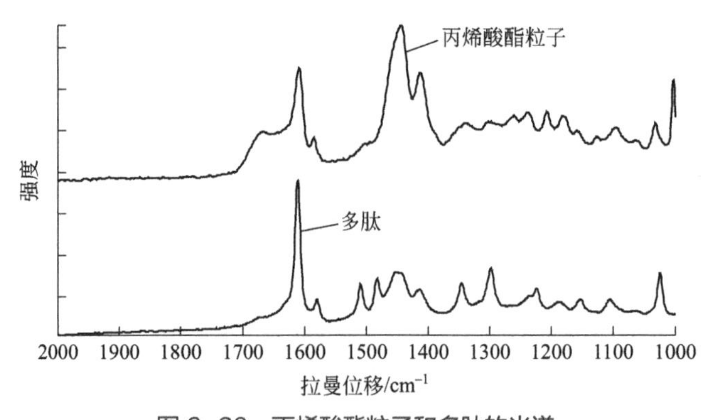

图6-26 丙烯酸酯粒子和多肽的光谱

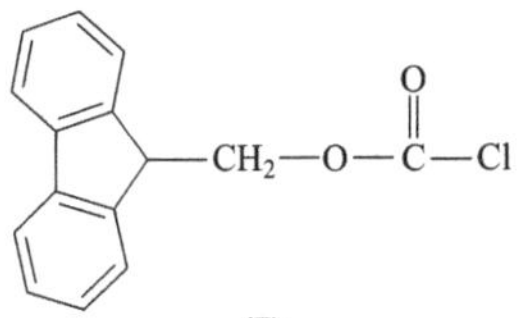

$$\text{Fluorenyl}-CH_2-O-\overset{O}{\overset{\|}{C}}-Cl$$

(7)

9-芴甲氧羰酰氯

多肽反应可以有几个保护和去保护序列。9-芴甲氧羰酰氯（Fmoc-Cl）（**7**）是早期开发的体系[220,221]。

通过研究二级结构的变化，可以直接在粒子上监测反应阶段[222]。比如通过对酰胺Ⅰ和酰胺Ⅲ谱带的检测研究，从而获取正在生长的肽链二级结构的信息。有文献通过FTIR和FT拉曼光谱法对粒子上的原位反应进行了比较研究[223-225]。最近，还报道了使用色散拉曼光谱仪对流经测量池的研究[226]。

6.10.8 发酵工业

生物技术和生物反应器是一个快速发展的技术领域。拉曼光谱法的优点是能够研究水性体系，尽管荧光和微粒仍然是潜在的问题。在光谱的红色端引入激光之前，这些鲜有报道。Shaw 等[227]使用光纤耦合785nm激光分析了葡萄糖发酵。他们通过萃取和过滤液体的方法除去酵母细胞，虽然这不是直接的测量方法，但是也证明了该技术的发展潜力。通过采用PLS技术和其他建模技术（包括神经网络），可以预测葡萄糖和乙醇的含量，误差约为4%。

6.10.9 气体

正如第2章所述，人们会认为气体的拉曼光谱学并不是一个工业应用。最早关于气体的拉曼光谱学是对矿物和岩石的夹杂物中的气体和蒸汽进行研究。由于散射截面小和特定体积中的分子少，拉曼光谱对气体的灵敏度低，这似乎减弱了其适用性。但是，通过使用特殊的测量池、仪器或遥感技术（如拉曼激光雷达[228]），已经克服了这些缺点。一个简单的例子证明了拉曼光谱对干扰的敏感性：荧光室内的光在弱拉曼光谱中能够产生干扰。此时，能够检测到尖锐的发射谱带，而这些谱带可能会被误认为是样品的，而且必然导致多元分析程序出现问题。谱图会随着所用激光激发线的变化而变化。相对较弱的光谱通过使用多通道测量池[189]并将其放置在激光腔内来增强。使用简单组件和腔内气室构成的简单光谱仪，对CO、CO_2、H_2、H_2O、N_2、N_2O、NH_3和烃类化合物进行定量测量。de Groot 和 Rich[229]开发了被称为“Regap”分析仪的拉曼分析仪，用于测量和控制钢处理炉中的气氛。同时还开发了分析天然气的气体分析仪[230,231]。虽然已经设计出了大规模的质量控制方法[232]，但是拉曼显微镜的方法仍然在用。这些应用包括汽车安全气囊的加速器设备和包装产品内部的药品降解[233]。每一种应用中，拉曼光谱的原位检测明显突破了其他方法在这方面的限制。

6.10.10 催化剂

虽然分析玻璃容器、水或其他溶剂中催化反应底物的表面非常困难，但是拉曼光谱法在此领域具有明显的优势，因为它是一种区域外检测技术，即使在水下也可以快速提供分子特异性信息，而且表面很容易成像。因此，该领域有许多论文发表也不足为奇。甚至在 2000 年，美国化学学会（ACS）大会上就有统计数据表明，关于拉曼催化剂研究的论文每年以超过 300 篇的速度发表。显然，本书无法充分涵盖该领域的所有内容，但许多其他出版物及其参考文献[234-237]对此进行了详细的介绍，也举例说明了一些主要的方法。最简单的优点前面已经讨论过，拉曼光谱学还可以研究不同温度和压力范围内容器内部的体系，如果同时测量斯托克斯光谱和反斯托克斯光谱，则可以获得表面温度的估计值。由于许多催化剂研究都是在几百摄氏度下进行的，因此这是一个关键因素。比较典型的研究都是在汽车工业中，车辆排气的催化转换器在较高的温度下运行效率最高[238]。金属氧化物的晶体结构和金属配位化学目前是一个研究的热点领域，常用的金属有铂、钯、钌、钛、铀、钒和锆。氧化铝和二氧化硅载体催化剂一直受到广泛关注。这些材料很多都含有生色团，这为共振拉曼研究开辟了新领域，同时也增加了选择性灵敏度。经常遇到的问题之一是荧光效应。虽然紫外线激光源有助于克服荧光并提高灵敏度[239]，然而红外线光源更容易获得，也能克服荧光问题，而且通常对样品的损害较小。尽管已经可以对完全反应进行跟踪检测，但是在工业应用中，催化部分氧化对于生产醇等材料也很重要。最典型的案例就是由甲烷生产甲醇[240]。

当然，电化学反应是最大的研究领域之一，尤其是对电极表面的研究。在该领域，除了普通拉曼和共振拉曼具有优势外，SERS 也极为重要。确实，如前所述，SERS 效应最早是在电极表面观察到的，SERRS 是研究该区域一种非常强大的工具。例如，当吸附在电极上控制电势时，可以研究酶（例如 P450）的氧化还原循环，该酶在活性位点具有共振（卟啉）生色团[241]。

随着 SERS 应用的不断开拓，出现了两种利用活性表面的新型催化剂：等离子体催化剂和酶模拟催化剂或纳米酶。等离子体催化剂使用 SERS 活性表面，当等离激元被激发时，会引起催化反应，反应机理是，当形成电荷转移状态并引起拉曼散射时，电子转移到被吸附物的激发态会导致电子停留在被吸附物的高能态足够长的时间，从而将能量转移到第二个分子，引起它们之间的反应。有大量证据表明，光诱导的反应发生在表面，例如 SERS 很容易跟踪对氨基苯硫酚向 4,4′ - 二巯基偶氮苯的化学转化[242]。

频率相关数据和高真空数据是等离激元参与的一个很好的例子[243,244]。但是，大多数论文都忽略了其他机制。正如第 5 章所指出的那样，在银和铜上形成的表面层（例如氧化物）是光敏性的，因此实际的表面反应可能非常复杂。虽然众所周知在辐射表面会产生电子，但是这本身并不能确保等离激元参与反应。

纳米酶体系是利用纳米颗粒的特性产生人造酶。对抗体进行灵敏性检测的标准技术是使用酶（例如辣根过氧化物酶）在原位产生过氧化氢。然后，它与类似 TMB 的试剂反应生成能够检测的有色产物。在纳米酶中，银纳米颗粒能够生成过氧化物，这使 SERS/SERRS 成为一种非常有吸引力的灵敏检测技术[245]。图 6-27 说明了目前临床实验中用于 SERS 检测 C 反应蛋白（CRP）的纳米酶的发展。捕获抗体附着在表面上以捕获 CRP。然后添加涂有第二抗体的银纳米颗粒，并将其附着到 CRP 上。将 TMB 添加到系统中会使 TMB 与来自银表面的过氧化物反应，形成有色产物，该产物吸附在纳米颗粒上，具有强烈的 SERRS 信号、高灵敏度和定量反应。

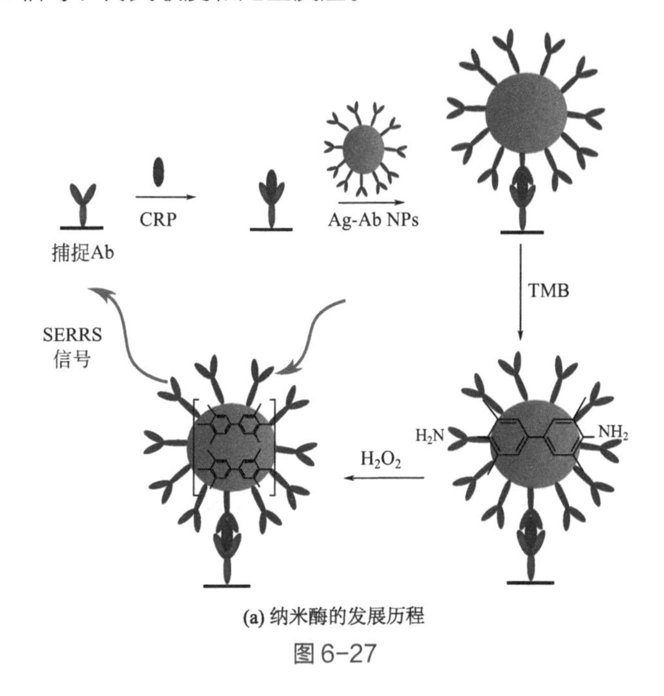

(a) 纳米酶的发展历程

图 6-27

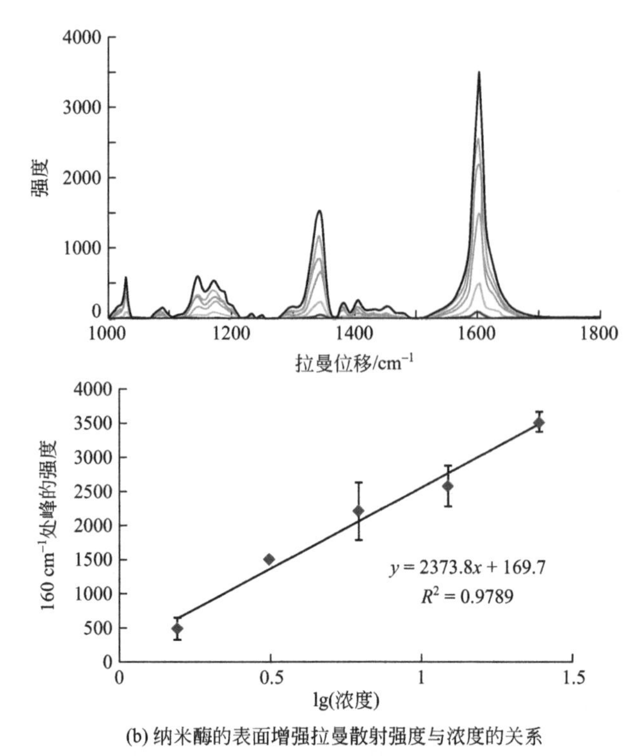

(b) 纳米酶的表面增强拉曼散射强度与浓度的关系

图 6-27 纳米酶的发展历程以及其表面增强拉曼散射强度与浓度的关系[245]

[(a) SERS纳米酶概念显示固定化抗体捕获的CRP能够捕获被抗体包裹的银颗粒，然后添加TMB，银颗粒提供的过氧化物与TMB反应生成有色产物。]

6.10.11 核工业

核工业可能是拉曼光谱学最不可能的应用领域之一。但是，如果从它的非侵入性和遥感属性角度考虑，就可以将其视为核工业理想的分析方法。已经有关于拉曼光谱法检测废弃核燃料回收过程中二氧化钍 - 二氧化铀（ThO_2-UO_2）燃料材料和高级废物的研究报道[246,247]。

6.11 小结

本章介绍了拉曼光谱的广泛应用，目的是使读者认识到该方法的特殊优势。本章和前面的章节表明，谨慎地将仪器和附件与特定应用程序匹配可以开发出非常强大的测试方法，对光谱专家和一般分析人员都有较大帮助。下一章将介绍通过该技术可以获得更多信息的领域，尽管在某些情况下（但并非全部）需要昂贵的专业设备。

参考文献

[1] Sidorov, N.V., Palatnikov, M.N., Yanichev, A.A. et al. (2016). J. Appl. Spectrosc. 83 (5): 750.

[2] Li, J.-J., Li, R.-X., Dong, H. et al. (2017). J. Appl. Spectrosc. 84 (2): 237-241.

[3] Parker, S.F., Refson, K., Bewley, R.I., and Dent, G. (2011). J. Chem. Phys. 134: 084503.

[4] Prasetyo, A., Mihailova, B., Suendo, V. et al. (2017)). J. Raman Spectrosc. 48 (2): 292-297.

[5] Yoshikawa, M. and Nagai, N. (2001). Handbook of Vibrational Spectroscopy, vol. 4 (ed. J. Chalmers and P. Griffiths), 2593-2600. New York: Wiley.

[6] Dresselhaus, M.S., Dresselhaus, G., Pimenta, M.A., and Eklund, P.C. (1999). Analytical Applications of Raman Spectroscopy (ed. M.J. Pelletier), 367-434. Oxford: Blackwell Science.emic Press.

[7] Hendra, P.J. (1996). *Modern Techniques in Raman Spectroscopy* (ed. J.J. Laserna), 94. New York: Wiley.

[8] Dhamelincourt, P., Wallart, F., LeClerq, M. et al. (1979). *Anal. Chem.* **51** (4l4A).

[9] Yang, Y., Zheng, H., Sun, Q. et al. (2013). *Appl. Spectrosc.* **67** (7): 808-12,.

[10] Etz, E.S., Rosasco, G.J., and Cunningham, W.C. (1977). *Environmental Analysis* (ed. G.W. Ewing), 295. New York: Academic Press.

[11] Beny, C., Prevosteau, J.M., and Delhaye, M. (1980). *L'actualité Chim.* **April**: 49.

[12] Rosasco, C.J. (1978). *Proceedings of the 6th International Conference on Raman Spectroscopy*. London: Heyden.

[13] Martoja, M., Tue, V.T., and Elkaim, B. (1980). *J. Exp. Mar. Biol. Ecol.* **43**: 251.

[14] G. Dent. *Internet J. Vib. Spectrosc.* http://www.irdg.org/ijvs/reference-spectra/ (accessed 9 October 2018).

[15] Wang, A., Han, J., and Guo, L. (1994). *Appl. Spectrosc.* **48**: 8.

[16] Nyquist, R.A., Putzig, C.L., and Leugers, M.A. (1997). *IR and Raman Spectral Atlas of Inorganic Compounds and Organic Salts*. Academic Press.

[17] Varetti, E.L. and Baran, E.J. (1994). Appl. Spectrosc. 48: 1028.

[18] Edwards, D.H.M. and Schnubel, H.J. (1977). Rev. Gemnol. 52: 11.

[19] Kawakami, Y., Yamamoto, J., and Kagi, H. (2003). Appl. Spectrosc 57: 1333-1339.

[20] Li, L., Du, Z., Zhang, X. et al. (2017). Appl. Spectrosc. 72: 48-59.

[21] Popp, J., Tarcea, N., Kiefer, W., et al. (2001). Proceedings of the First European Workshop on Exo-/Astr-Biology ESA SP-496. ESRIN, Frascati, Italy.

[22] Clegg, S.M., Wiens, R., Misra, A.K. et al. (2014). Appl. Spectrosc. 68 (9): 925-936.

[23] Angel, S.M., Gomer, N.R., Sharma, S.K., and McKay, C. (2012). Appl. Spectrosc. 66 (2): 137-150.

[24] R. Frost, T. Kloprogge and J. Schmidt 1999. Internet J. Vib. Spectrosc. www.irdg.org/ijvs, 3, 4, 1 (accessed 9 October 2018).

[25] Blacksberg, J., Alerstam, E., Maruyama, Y. et al. Appl. Opt. 55: 739.

[26] Wei, J., Wang, A., Lambert, J. et al. (2015). J. Raman Spectrosc. 46: 810.

[27] Sakurai, T., Ohno, H., Motoyama, H., and Uchida, T. (2017). J. Raman Spectrosc. 48 (3):448-452.

[28] https://doi.org/10.1175/AMSMONOGRAPHS-D-15-0026.1

[29] Hofer, J., Althausen, D., Abdullaev, S.F. et al. (2017). Atmos. Chem. Phys. 17: 14559-14577.

[30] Shintaro, P., Tianxi, Y., and Lili, H. (2016). Trends Anal. Chem. 85: 73-82.

[31] Frere, L., Paul-Pont, I., Moreau, J. et al. (2016). Mar. Pollut. Bull. 113: 461.
[32] Docherty, J., Mabbott, S., Smith, E. et al. (2015). Analyst 140: 6538-6543.
[33] Docherty, J., Mabbott, S., Smith, E. et al. (2016). Analyst 141: 5857.
[34] Lombardi, D.R., Wang, C., Sun, B. et al. (1994). Appl. Spectrosc. 48: 875-883.
[35] Williams, K. (2000). Spectroscopy Innovations, vol. 6. Renishaw Ltd.
[36] Fisher, D. and Spits, R.A. (2000). Gems and Gemology Spring: 42.
[37] Phan, D.T.M., Haeger, T., and Hofmeister, W. (2017). J. Raman Spectrosc. 48 (3): 453-457.
[38] H.F. Shurvell, L. Rintoul and P.M. Fredericks (2001). Internet J. Vib. Spectrosc. 5, 5, 2. www.irdg.org/ijvs (accessed 9 October 2018).
[39] Peipetis, A., Vlattas, C., and Galiotis, C. (1996). J. Raman Spectrosc. 27: 519.
[40] Madariaga, J.M., Maguregui, M., Castro, K. et al. (2016). Appl. Spectrosc. 70 (1): 137-146.
[41] Cesaratto, A., Centeno, S.A., Lombardi, J.R. et al. (2017). J. Raman Spectrosc. 48 (4): 601-609.
[42] Zhao, H.X. and Li, Q.H. (2017). J. Raman Spectrosc. 48 (8): 1103-1110.
[43] Edwards, H.G.M., Falk, M.J., Sibley, M.G. et al. (1998). Spectrochim. Acta A 54: 903.
[44] Clark, R.J.H. (2001). Handbook of Vibrational Spectroscopy, vol. 4 (ed. J. Chalmers and P. Griffiths), 2977. New York: Wiley.
[45] Perez, F.R., Edwards, H.G.M., Rivas, A., and Drummond, L. (1999). J. Raman Spectrosc. 30: 301.
[46] Cesaratto, A., Nevin, A., Valentini, G. et al. (2013). Appl. Spectrosc. 67 (11): 1234-1241.
[47] Gonzalez-Vidal, J.J., Perez-Pueyo, R., Soneira, M.J., and Ruiz-Moreno, S. (2015). Appl. Spectrosc. 69 (3): 314-322.
[48] Conti, C., Colombo, C., Realini, M. et al. (2014). Appl. Spectrosc. 68 (6): 686-691.
[49] Zuo, J., Xu, C., Wang, C., and Yushi, Z. (1999). J. Raman Spectrosc. 30: 1053.
[50] Clark, R.J.H. (1995). J. Mol. Struct. 347: 417-428.
[51] Yu, J. and Butler, I.S. (2015). Appl. Spectrosc. Rev. 50 (2): 152-157.
[52] Dele, M.L., Dhamelincourt, P., Poroit, J.P., and Schnubel, H.J. (1986). J. Mol. Struct. 143: 135.
[53] Barone, G., Mazzoleni, P., Raneri, S. et al. (2016). Appl. Spectrosc. 70 (9): 1420-1431.
[54] Clark, R.J.H., Curri, M.L., and Largana, C. (1997). Spectrochim. Acta 53A: 597.
[55] McCann, L.I., Trentleman, K., Possley, T., and Golding, B. (1999). J. Raman Spectrosc. 30: 121.
[56] Edwards, H.G.M., Farewell, D.W., and Quye, A. (1997). J. Raman Spectrosc. 28: 243.
[57] Edwards, H.G.M., Hunt, D.E., and Sibley, M.G. (1998). Spectrochim. Acta 54: 745.
[58] Carter, E.A. and Edwards, H.G.M. (2001). Infrared and Raman Spectroscopy of Biological Materials (ed. H.-U. Gramlich and B. Yan). New York: Marcel Dekker.
[59] Chalmers, J. and Griffiths, P. (eds.) (2001). Handbook of Vibrational Spectroscopy, vol. 4. New York: Wiley.
[60] Hendra, P.J. and Agbenyega, J.K. (eds.) (1993). The Raman Spectra of Polymers. Wiley.
[61] Schrader, B. (1989). Raman/Infrared Atlas of Organic Compounds, 2e. Weinheim: Wiley-VCH.
[62] Garton, A., Batchelder, D.N., and Cheng, C. (1993). Appl. Spectrosc. 47 (7): 922.
[63] Chalmers, J.M. and Everall, N.J. (1993). Polymer Characterisation (ed. B.J. Hunt and M.I. James). Glasgow: Blackie Academic.
[64] Cornell, S.W. and Koenig, J.L. (1969). Macromolecules 2: 540.
[65] Frankland, J.A., Edwards, H.G.M., Johnson, A.F. et al. (1991). Spectrochim. Acta 47A: 1511.
[66] Jackson, K.D.O., Loadman, M.J.R., Jones, C.H., and Ellis, G. (1990). Spectrochim. Acta 46A: 217.
[67] Tashiro, K., Ueno, Y., Yoshioka, A. et al. (1999). Macromol. Symp. 114: 33.

[68] Tashiro, K., Sasaki, S., Ueno, Y. et al. (2000). Korea Polym. J. 8: 103.
[69] Everall, N.J., Chalmers, J.M., Kidder, L.H. et al. (2000). Polym. Mater. Sci. Eng. 82: 398-399.
[70] Sue, H.-J., Earls, J.D., Hefner, R.E. Jr. et al. (1998). Polymer 39: 4707.
[71] Walton, J.R. and Williams, K.P.J. (1991). Vib. Spectrosc. 1: 239.
[72] Chike, K.E., Myrick, M.L., Lyon, R.E., and Angel, S.M. (1993). Appl. Spectrosc. 47: 1631.
[73] Kawagoe, M., Takeshima, M., Nomiya, M. et al. (1999). Polymer 40: 1373.
[74] Kawagoe, M., Hashimoto, S., Nomiya, M. et al. (1999). J. Raman Spectrosc. 30: 913.
[75] Gerrard, D.L. and Maddams, W.F. (1975). Macromolecules 8: 55.
[76] Baruya, A., Gerrard, D.L., and Maddams, W.F. (1983). Macromolecules 16: 578.
[77] Owen, E.D., Shah, M., Everall, N.J., and Twigg, M.V. (1994). Macromolecules 27: 3436.
[78] Schaffer, H.E., Chance, R.R., Sibley, R.J. et al. (1991). J. Phys. Chem. 94: 4161.
[79] Chalmers, J.M. and Dent, G. Industrial Analysis with Vibrational Spectroscopy, 1997. London: Royal Society of Chemistry.
[80] Rodger, C., Smith, W.E., Dent, G., and Edmondson, M. (1996). J. Chem. Soc. Dalton Trans. 5: 791-799.
[81] Persaund, I. and Grossman, W.E.L. (1993). J. Raman Spectrosc. 24: 107.
[82] Majoube, M. and Henry, M. (1991). Spectrochim. Acta A 47: 1459.
[83] Neipp, K., Wang, Y., Desari, R.R., and Field, M.S. (1995). Appl. Spectrosc. 49: 780.
[84] Graham, D., Smith, W.E., Lineacre, A.M.T. et al. (1997). Anal. Chem. 69: 4703-4707.
[85] Graham, D., Mallinder, B.J., and Smith, W.E. (2000). Angew. Chem. Int. Ed. Engl. 6: 1061-1063.
[86] Graham, D., Mallinder, B.J., and Smith, W.E. (2000). Biopolymers(Biospectroscopy) 112: 1103-1105.
[87] Bourgeois, D. and Church, S.P. (1990). Spectrochim. Acta A 46: 295.
[88] Everall, N. (1993). Spectrochim. Acta A 49: 727-730.
[89] McGeorge, G., Harris, R.K., Chippendale, A.M., and Bullock, J.F. (1996). J. Chem. Soc. Perkin Trans. 2: 1733.
[90] McGeorge, G., Harris, R.K., Bastanov, A.S. et al. (1998). J. Chem. Soc. Perkin Trans. 102: 3505-3513.
[91] White, P.C., Rodger, C., Rutherford, V. et al. (1998). SPIE 3578: 77.
[92] White, P.C., Munro, C.H., and Smith, W.E. (1996). Analyst 121: 835.
[93] Was-Gubala, J. and Starczak, R. (2015). Appl. Spectrosc. 69 (2): 296-303.
[94] White, P.C., Rodger, C., Rutherford, V. et al. (1998). Analyst 123: 1823.
[95] Drake, J.A.G. (ed.) (1993). Chemical Technology in Printing Systems. London: Royal Society of Chemistry.
[96] Kivioja, A., Hartus, T., Vuorinen, T. et al. (2013). Appl. Spectrosc 67 (6): 661-671.
[97] Rodger, C. (1997). The development of SERRS as a quantitative and qualitative analytical technique. PhD dissertation, University of Strathclyde, Glasgow.
[98] Rodger, C., Dent, G., Watkinson, J., and Smith, W.E. (2000). Appl. Spectrosc. 54.
[99] Armstrong, D.R., Clarkson, J., and Smith, W.E. (1995). J. Phys. Chem. 99: 17825.
[100] Mullen, K.I., Wang, D.X., Crane, L.G., and Carron, K.T. (1992). Anal. Chem. 64: 930-936.
[101] Zollinger, H. (1991). Colour Chemistry. Weinheim: VCH.
[102] Venkataraman, K. (1977). The Analytical Chemistry of Synthetic Dyes. New York: Wiley.
[103] Dent, G. and Farrell, F. (1997). Spectrochim. Acta 53A (1): 21.

[104] Wood, S., Hollis, J.R., and Kim, J.-S. (2017). J. Phys. D: Appl. Phys. 50: 73001.
[105] Tsumura, A., Koezuka, H., and Ando, T. (1986). Appl. Phys. Lett. 49: 1210.
[106] Burroughs, J.H., Jones, C.A., and Friend, R.H. (1988). Nature 335: 137.
[107] Bao, Z., Rodgers, J.A., and Katz, H.E. (1999). J. Mater. Chem. 9: 1895.
[108] Yu, G., Gao, J., Hummelen, J.C. et al. (1995). Science 270: 1789.
[109] Burroughs, J.H., Bradley, D.D.C., Brown, A.R. et al. (1990). Nature 347: 539.
[110] Friend, R.H., Gymer, R.W., Holmes, A.B. et al. (1999). Nature 397: 121.
[111] Skotheim, T.A., Elsenbaummer, R.L., and Reynolds, J.R. (eds.) (1997). Handbook of Conducting Polymers. New York: Marcel Dekker.
[112] Sariciftci, N.S. (ed.) (1997). Primary Photoexcitations in Conjugated Polymers: Molecular Exciton versus Semiconductor Band Model. Singapore: World Scientific.
[113] Keiss, H. (ed.) (1992). Conjugated Conducting Polymers. Berlin: Springer-Verlag.
[114] Shirota, Y. (2000). J. Mater. Chem. 10: 1.
[115] Aldrich Online Chemical Catalogue. (1996). www.sigmaaldrich.com/Brands/Aldrich/ Polymer_Products/Specialty_Areas.html (accessed 9 October 2018).
[116] Becker, H., Spreitzer, H., Kreuder, W. et al. (2000). Adv. Mater. 12: 42.
[117] Bérnard, S. and Yu, P. (2000). Adv. Mater. 12: 48.
[118] Su, W.P., Schrieffer, J.R., and Heeger, H.J. (1980). Phys. Rev. B 22: 2099.
[119] Su, W.P. and Schrieffer, J.R. (1980). Proc. Natl. Acad. Sci. USA 77: 5626.
[120] Brédas, J.L., Chance, R.R., and Sibley, R. (1981). Mol. Cryst. Liq. Cryst. 77: 253.
[121] Takabayashi, S., Ješko, R., Shinohara, M. et al. (2018). Surf. Sci. 668: 36.
[122] Milani, A., Tommasini, M., Russo, V. et al. (2015). J. Nanotechnol 6: 480.
[123] Merlen, A., Buijnstersand, J.G., and Pardanaud, C. (2017). Coatings 7: 153.
[124] Jorio, A. and Souza Filho, A.G. (2016). Ann. Rev. Mater. Res. 46: 357.
[125] Wu, J.-B., Lin, M.-L., Cong, X. et al. (2018). Chem. Soc. Rev. 47: 1822.
[126] Ferrari, A.C. (2007). Solid State Commun. 143: 47.
[127] Bergman, L. and Nemanich Ann, R.J. (1996). Rev. Mater. Sci. 26: 551.
[128] Falkovsky, L.A. (2004). Phys Uspekhi 47: 249.
[129] Gobel, A., Ruf, T., Fischer, T.A. et al. (1999). Phys. Rev. B 59: 12612.
[130] Yoshikawa, M. and Ngai, N. (2001). Handbook of Vibrational Spectroscopy, vol. 4 (ed. J. Chalmers and P. Griffiths), 2604. New York: Wiley.
[131] Schaeberle, M.D., Tuschel, D.D., and Treado, P.J. (2001). Appl. Spectrosc. 55: 257-266.
[132] Cerdeira, F., Fjeldly, T.A., and Cardona, M. (1973). Phys. Rev. B 8: 4734.
[133] Yoshikawa, M., Agawam, K., Morita, N. et al. (1997). Thin Solid Films 310: 167.
[134] Kim, J.-H., Seo, S.-H., Yun, S.-M. et al. (1996). Appl. Phys. Lett. 68: 1507.
[135] Harima, H. (2002). J. Phys.: Condens. Matter 14: R967.
[136] Byrne, H.J., Knief, P., Keating, M.E., and Bonnier, F. (2016). Chem. Soc. Rev. 45: 1865.
[137] Dick, S. and Bel, S.E.J. (2017). Faraday Discuss 205: 517.
[138] Zhao, Z., Shen, Y., Hu, F., and Min, W. (2017). Analyst 142: 4018.
[139] Freire, P.T.C. (2000). Proceedings of the International Conference on Raman Spectroscopy (ed. S.L. Zhang and B.F. Zhu), 440. Wiley.
[140] Schuster, K.C., Reese, I., Urlab, E. et al. (2000). Anal. Chem. 72: 5529.
[141] Alexander, T.A., Pelligrino, P.M., and Gillespie, J.B. (2003). Appl. Spectrosc. 57: 1340-1345.

[142] Wold, J.P., Marquardt, B.J., Dable, B.K. et al. (2004). Appl. Spectrosc. 58: 395-403.
[143] Sockalingum, G.D., Lamfarraj, H., Beljebbar, A. et al. (1999). SPIE 3608: 185.
[144] Arcangeli, C. and Cannistraro, S. (2000). Biopolymers 57: 179-186.
[145] Piot, O., Autran, J.C., and Manfait, M. (2001). J. Cereal Sci. 34: 191-205.
[146] Matsi, H. and Pan, S. (2000). J. Phys. Chem. B 104: 8871.
[147] Zheng, J., Zhou, Q., Zhou, Y. et al. (2002). J. Electroanal. Chem. 530: 75-81.
[148] Neal, S.L. (2018)). Appl. Spectrosc. 72: 102.
[149] Smith, R., Wright, K.L., and Ashton, L. (2016)). Analyst 141: 3590.
[150] Ando, J., Palonpon, A.F., Sodeoka, M., and Fujita, K. (2016). Curr. Opin. Chem. Biol. 33: 16.
[151] Ember, K.J.I., Hoeve, M.A., McAughtrie, S.L. et al. (2017). Regenerative Med. 2: 12.
[152] Ellis, D.I. and Goodacre, R. (2006). Analyst 131: 875.
[153] Matousek, P. and Stone, N. (2016). Chem. Soc. Rev. 45: 1794.
[154] Kong, K., Kendall, C., Stone, N., and Notingher, I. (2015). Adv. Drug Deliv. Rev. 89: 121.
[155] Brusatori, G., Auner, T., Noh, L. et al. (2017). Neurosurg. Clin. N Am. 28: 633.
[156] Nicolson, F., Jamieson, L.E., Mabbott, S. et al. (2018). Chem. Sci. 9: 3788.
[157] Ellis, G., Hendra, P.J., Hodges, C.M. et al. (1989). Analyst 114: 1061-1066.
[158] Pelletier, M.J. (2013). Appl. Spectrosc. 67 (8): 829-840.
[159] Olds, W.J., Sundarajoo, S., Selby, M. et al. (2012). Appl. Spectrosc. 66 (5): 530-537.
[160] Larkin, P.J., Dabros, M., Sarsfield, B. et al. (2014). Appl. Spectrosc. 68 (7): 758-776.
[161] Pelletier, M.J., Larkin, P., and Santangelo, M. (2012). Appl. Spectrosc. 66 (4): 451-457.
[162] Sparen, A., Hartman, M., Fransson, M. et al. (2015). Appl. Spectrosc. 69 (5): 580-589.
[163] Everall, N., Priestnall, I., Dallin, P. et al. (2010). Appl. Sectrosc. 64 (5): 476-484.
[164] Chalmers, J. and Griffiths, P. (eds.) (2001). Handbook of Vibrational Spectroscopy, vol. 5. New York: John Wiley & Sons, Inc.
[165] W.C. McCrone, in: Physics and Chemistry of the Organic Solid State, D. Fox, M.M. Labes and A. Weissberger (eds), vol. Ⅱ, Interscience, New York, 1965, p. 275.
[166] Threlfall, T.L. (1995). Analyst 120: 2435.
[167] Anwar, J., Tarling, S.E., and Barnes, P. (1989). J. Pharm. Sci. 78: 337.
[168] Neville, G.A., Beckstead, H.D., and Shurvell, H.F. (1992). J. Pharm. Sci. 81: 1141.
[169] Deeley, C.M., Spragg, R.A., and Threlfall, T.L. (1991). Spectrochim. Acta 47: 1217.
[170] Tudor, A.H., Davies, M.C., Melia, C.D. et al. (1991). Spectrochim. Acta 47: 1389.
[171] Paul, S., Schutte, C.H.J., and Hendra, P.J. (1990). Spectrochim. Acta 46: 323.
[172] Jalsovszky, G., Egyed, O., Holly, S., and Hegedus, B. (1995). Appl. Spectrosc. 49 (8): 1142.
[173] Hendra, P.J. (1996). Modern Techniques in Raman Spectroscopy (ed. J.J. Laserna), 89. Wiley.
[174] Application Note, Polymorph Analysis by Dispersive Raman Spectroscopy, Nicolet, AN119 (2001).
[175] Frank, C. (1999). Analytical Applications of Raman Spectroscopy (ed. M.J. Pelletier), 224-275. Oxford: Blackwell Science.
[176] Chen, X., Stoneburner, K., Ladika, M. et al. (2015). Appl. Spectrosc. 69 (11): 1271-1280.
[177] Hilfiker, R., Berghausen, J., Marcolli, C. et al. (2002). Eur. Pharm. Rev. 2: 37-43.
[178] Feng, H., Anderson, C.A., Drennen, J.K. 3rd et al. (2017). Appl. Spectrosc. 71 (8): 1856-1867.
[179] Smith, W.E., Rodger, C., Dent, G., and White, P.C. (2001). Handbook of Raman Spectroscopy (ed. I.R. Lewis and H.G. Edwards). Marcel Dekker.
[180] Doty, K.C., Muro, C.K., Bueno, J. et al. (2016). J. Raman Spectrosc. 47: 39.

[181] Muehlethaler, C., Leona, M., and Lombardi, J.R. (2016). Anal. Chem 88: 152.

[182] Andreou, C., Hoonejani, M.R., Barmi, M.R. et al. (2013). ACS Nano 7: 7157.

[183] Cheng, C., Kirkbride, T.E., Bachelder, D.N. et al. (1995). J. Forensic Sci. 40: 31.

[184] McHugh, C., Keir, R., Graham, D., and Smith, W.E. (2002). Chem. Commun 580.

[185] Everall, N.J., Clegg, I.M., and King, P.W.B. (2001). Handbook of Vibrational Spectroscopy, vol. 4 (ed. J. Chalmers and P. Griffiths), 2770-2801. Wiley.

[186] I.R. Lewis, in: Handbook of Raman Spectroscopy, I.R. Lewis and H.G.M. Edwards (eds), Marcel Dekker, New York, 2001, pp. 919-974.

[187] Plano, S. and Adar, F. (1987). Proc. SPIE 822: 52.

[188] Tsai, H.C. and Bogy, D.B. (1987). J. Vac. Sci. Technol. A 5: 3287.

[189] Adar, F., Geiger, R., and Noonan, J. (1997). Appl. Spectrosc. Rev. 32: 45.

[190] Pollack, F.H. (1991). Analytical Raman Spectroscopy (ed. J.G. Grasselli and B.J. Bulkin), 137-221. New York: Wiley.

[191] de Wolf, I. (1999). Analytical Applications of Raman Spectroscopy (ed. M.J. Pelletier), 435-472. Oxford: Blackwell Science.

[192] Nakashima, S. and Harima, H. (2001). Handbook of Vibrational Spectroscopy, vol. 4 (ed. J. Chalmers and P. Griffiths), 2637-2656. Wiley.

[193] Wagner, V., Ritcher, W., Geurtus, J. et al. (1996). J. Raman Spectrosc. 27: 265.

[194] Wagner, V., Drews, D., Esser, N. et al. (1994). J. Appl. Phys. 75: 7330.

[195] Drews, D., Schneider, A., Zahn, D.R.T. et al. (1996). Appl. Surf. Sci. 104/105: 485.

[196] a Zahn, D.R.T. (1998). Appl. Surf. Sci. 123/124: 276. b Freeman, J.J., Fisher, D.O., and Gervasio, G.J. (1993). Appl. Spectrosc. 47: 1115.

[197] Gervasio, G.J. and Pelletier, M.J. (1997). At-Process 3: 7.

[198] Besson, J.P., King, P.W.B., Wilkins, T.A., et al. (1997). Calcination of titanium dioxide. European Patent EP 0767222A2.

[199] Gulari, E., McKeigue, K., and Ng, K.Y.S. (1984). Macromolecules 17: 1822.

[200] Clarkson, J., Mason, S.M., and Williams, K.P.J. (1991). Spectrochim. Acta 47A: 1345.

[201] Everall, N. and King, B. (1999). Macromolecules 141: 103.

[202] Wang, C., Vickers, T.J., Schlenoff, J.B., and Mann, C.K. (1992). Appl. Spectrosc. 46: 1729.

[203] Everall, N. (1999). Analytical Applications of Raman Spectroscopy (ed. M.J. Pelletier), 127-192. Oxford: Blackwell Science.

[204] Bauer, C., Anram, B., Agnely, M. et al. (2000). Appl. Spectrosc. 54: 528.

[205] Cooper, J.B., Vess, T.M., Campbell, L.A., and Jensen, B.J. (1996). J. Appl. Polym. Sci. 62: 135.

[206] Aust, J.F., Booksh, K.S., Stellman, C.M. et al. (1997). Appl. Spectrosc. 51: 247.

[207] Scheepers, M.L., Gelan, J.M., Carleer, R.A. et al. (1993). Vib. Spetrosc. 6: 55.

[208] Cooper, J.B., Wise, K.L., and Jensen, B.J. (1997). Anal. Chem. 69: 1973.

[209] Xu, L., Li, C., and Ng, K.Y.S. (2000). J. Phys. Chem. A 104: 3952.

[210] Hendra, P.J., Morris, D.B., Sang, R.D., and Willis, H.A. (1982). Polymer 23: 9.

[211] Chase, D.B. (1996). XVth International Conference on Raman Spectroscopy (ed. S. Asher and P. Stein), 1072. Pittsburgh: Wiley.

[212] Chase, D.B. (1997). Mikrochim. Acta 14: 1.

[213] Farquharson, S. and Simpson, S.F. (1992). Proc. SPIE 1681: 276.

[214] Everall, N. (1995). An Introduction to Laser Spectroscopy (ed. D.L. Andrews and A.A. Demidov).

New York: Plenum Press.
[215] Everall, N., King, B., and Clegg, I. (2000). Chem. Britain July: 40.
[216] Buckley, K. and Ryder, A.G. (2017). Appl. Spectrosc. 71 (6): 1085-1116.
[217] Grymonpre, W., Bostijn, N., Herck, V.S. et al. (2017). Int. J. Pharm. (Amsterdam, Netherlands) 531 (1): 235-245.
[218] Atherton, E., Clive, D.L., and Sheppard, R.C. (1975). J. Am. Chem. Soc. 97: 6584.
[219] Yan, B., Gremlich, H.-U., Moss, S. et al. (1999). J. Comb. Chem. 1: 46-54.
[220] Chang, C.-D. and Meisenhofer, J. (1978). Int. J. Protein Res. 11: 246.
[221] Atherton, E., Fox, H., Harkiss, D. et al. (1978). J. Chem. Soc. Chem. Commun. 537.
[222] Ryttersgaard, J., Due Larsen, B., Holm, A. et al. (1997). Spectrochim. Acta A 53: 91-98.
[223] Pivonka, D.E., Russell, K., and Gero, T.W. (1996). Appl. Spectrosc. 50: 1471.
[224] Pivonka, D.E., Palmer, D.L., and Gero, T.W. (1999). Appl. Spectrosc. 53: 1027.
[225] Pivonka, D.E. (2000). J. Comb. Chem. 2: 33-38.
[226] Application Note, In-situ Analysis of Combinatorial Beads by Dispersive Raman Spectroscopy, Nicolet, AN-00121 (2001).
[227] Shaw, A.D., Kaderbhal, N., Jones, A. et al. (1999). Appl. Spectrosc. 53: 1419.
[228] Renaut, D., Pourny, J.C., and Capitini, R. (1980). Optics Lett. 5: 233.
[229] de Groot, W. and Rich, R. (1999). Proc. SPIE 3535: 32.
[230] Petrov, D.V. and Matrosov, I.I. (2016). Appl. Spectrosc. 70 (10): 1770-1776.
[231] Buldakov, M.A., Korolev, B.V., Matrosov, I.I. et al. (2013). J. Appl. Spectrosc. 80 (1): 124-128.
[232] Weber, W.H., Zanini-Fisher, M., and Pelletier, M.J. (1997). Appl. Spectrosc. 51: 123.
[233] Gilbert, A.S., Hobbs, K.W., Reeves, A.H., and Hobson, P.P. (1994). Proc. SPIE 2248: 391.
[234] Wachs, I.E. (2001). Handbook of Raman Spectroscopy (ed. I.R. Lewis and H.G.M. Edwards). New York: Marcel Dekker.
[235] Wachs, I.E. (2013). Dalton Trans. 42: 11762.
[236] Stavitski, E. and Weckhuysen, B.M. (2010). Chem. Soc. Rev. 39: 4615.
[237] Wachs, I.E. and Roberts Chem, C.A. (2010). Soc. Rev. 39: 5002.
[238] Uy, D., O' Neill, A.E., Xu, L. et al. (2003). Appl. Catal. B 41: 269-278.
[239] La Parola, V., Deganello, G., Tewell, C.R., and Venezia, A.M. (2002). Appl. Catal. A 235: 171-180.
[240] Hutchings, G.J., Hargreaves, J.S.J., Joyner, R.W., and Taylor, S.H. (1997). Studies Surf. Sci. Catal. 107: 41-46.
[241] Kitahama, Y. and Ozaki, Y. (2016). Analyst 141: 5020.
[242] Huang, Y.-F., Zhu, H.-P., Liu, G.-K. et al. (2010). J. Am. Chem. Soc. 132: 9244.
[243] Dong, B., Fang, Y., Chen, X. et al. (2011). Langmuir 27: 10677.
[244] Zhang, Z., Deckert-Gaudig, T., and Deckert, V. (2015). Analyst 140: 4325.
[245] Sloan-Dennison, S., Laing, S., Shand, N.C. et al. (2017). Analyst 142 (2484).
[246] Rao, R., Bhagat, R.K., Salke, N.P., and Kumar, A. (2014). Appl. Spectrosc. 68 (1): 44-48.
[247] Stefanovsky, S.V., Myasoedov, B.F., Remizov, M.B., and Belanova, E.A. (2014). J. Appl. Spectrosc. 81 (4): 618-623.

现代拉曼光谱

Modern Raman Spectroscopy：A Practical Approach

第7章 先进拉曼散射技术

7.1 概述

随着光学、电子学和软件的不断发展，拉曼光谱仪的性能不断提高，同时其有效应用也在不断扩展。目前，火柴盒大小的便携式光谱仪坚固耐用，而且性能良好，有的仅需1.5V电池就可以工作。软件的开发促进了性能、数据库、荧光抑制、矩阵信号检索、数据分析以及3D高分辨率成像等领域的发展。具有现代光学系统和改良检测器的有效脉冲可调谐激光器使得多声子技术，例如受激拉曼散射（SRS）、超拉曼散射（HRS）和相干反斯托克斯拉曼散射（CARS），更加简单可靠，因此也更容易突出它们的技术优势。拉曼光谱仪和其他仪器如原子力显微镜（AFM）和电子显微镜（EM）的结合变得越来越简单[1]。利用新发展的尖端增强拉曼散射（TERS）、拉曼光学活性（ROA）和紫外拉曼散射等技术可以得到非常有价值的独特的结果。虽然，对于许多拉曼光谱学家来说，这些方法大多数还不容易使用，但随着技术变得越来越简单可靠，使用的范围也在不断扩大。本章的目的是通过简要描述其中的一些技术，让读者了解每种技术的优点并为拉曼光谱学家提供广阔的视野。

7.2 柔性光学

现在，便携式仪器已经广泛应用于生产过程分析或毒品、爆炸物、环境污染物和危险材料的检测。这些仪器坚固耐用，主要供军队、消防和警察使用。仪器的软件也很好，它们拥有专用的程序库，可以通过对仪器进行简单的编程来启动警报或识别一种化合物。已成功开发了SORS手持光谱仪（见第2章），无须打开容器即可检测容器中的有害物质（图7-1）。

通过设计良好的光纤和探头，无论是在艰难的环境中将光谱仪与探针分离，还是将光谱仪连接到其他设备上，都可以非常灵活地使用拉曼系统（包括便携式系统）（见第2章）。同样也可以将拉曼光谱仪与其他光学设备联用，例如，激光束可以不发射到光纤中，而是波导通过一个装满含有待测物质溶液的窄管。管道的材料和结构尺寸必须优化，以使光束反复向内反射提供波导。如果设置合适，激光束可以穿过数米长的样品，并在通过时激发拉曼散射。光束与相关拉曼散射辐射一起从管道的远端排出。这种巨大的路径长度可以显著提高拉曼散射的信噪比。

由于灵活性和坚固性的提高，拉曼光谱法可以与很多使用光纤耦合拉曼

图 7-1 检测危险材料的手持式 SORS 光谱仪

（资料来源：Agilent Technologies, Inc. 2016, 2018, 经Agilent Technologies, Inc.许可转载。）

探头或改性显微镜系统的技术相结合。这些技术包括色谱技术，如薄层色谱法（TLC）、高效液相色谱（HPLC）、毛细管电泳色谱（CE）、凝胶渗透色谱（GPC）、流动注射分析（FIA）和气相色谱（GC）。其优点是可以从拉曼散射中准确识别分析物，但这种方法比较适用于大散射截面和最小荧光条件的分析物。拉曼光谱仪还可以与差示扫描量热仪（DSC）相结合，跟踪光谱随温度的变化，并与电化学电池耦合，跟踪电压的变化。

电子显微镜（EM）和拉曼光谱仪结合的优点是，可以获得结构完全由 EM 确定的非常小的物体的拉曼散射。这避免了在两个不同维度上用两种技术采集样品后匹配结果的问题。使用高真空、电子束和可见光或近红外激光的辐射照射，明显的缺陷是样品可能会降解。拉曼光谱与原子力显微镜（AFM）或扫描隧道显微镜（STM）的结合使用更为广泛。气氛控制相对更容易，在 TERS 的形式下，此方法已经取得了很好的结果，将在第 7.5 节中讨论。

现代光学质量和灵活性的不断提高使光学捕获、操纵粒子和细胞以及测量其拉曼光谱变得更加简单。在最简单的形式下，捕获是将一束强光紧紧地聚焦在粒子上。在有些粒子（如二氧化硅粒子）中，光束穿过后又重新射出。这就会在进入点和底部的表面上产生力，这些力的方向将颗粒固定在光束中，从而将其捕获或“钳住”。然后，通过使用外部光学器件移动光束来操作被捕获的粒子，将其放置在一个合适的位置。仅仅通过收集诱捕光束或第二束光相互作用产生的散射光，就能够获得粒子的拉曼光谱。例如，诱捕可以将两个粒子或细胞聚集在一起研究它们之间的相互作用。文献 [2] 综述了诱捕的各种用途。

拉曼散射系统可以提供 SERS/SERRS 光谱，而且有多种方法能够捕获活性纳米颗粒的 SERS[3]。然而，对于较大的颗粒，在显微镜下可以观察到光往往会绕过金属表面，而不是穿过金属表面。例如，较大的镀银二氧化硅颗粒通常就不容易捕获，但如果在颗粒表面只镀少量的银，光束就会穿过颗粒，很好地捕获并产生 SERS。图 7-2 是用偶氮染料处理过的轻涂层粒子用镊子系统诱捕并用 532nm 激发的 SERRS。这一现象的一个显著特征是散射非常强烈，虽然信号会迅速衰减，但是可以通过带有标准摄像机的显微镜观察到。

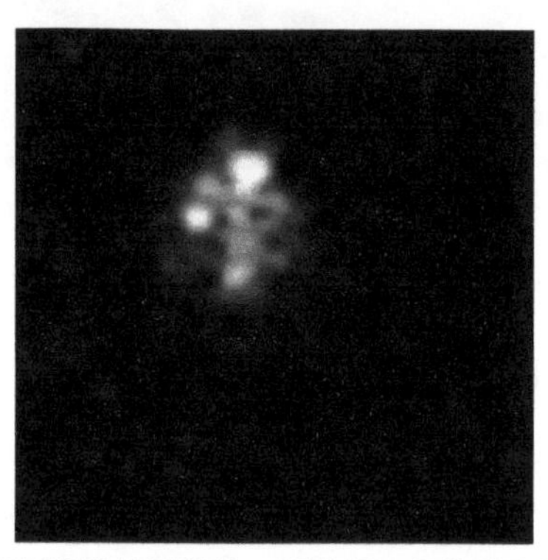

图 7-2 标准摄像机检测的单一银涂层二氧化硅颗粒的 SERRS

（表明拉曼散射是短寿命脉冲，使用 1064nm 的辐射捕获颗粒和用 532nm 激发偶氮染料的 SERRS。）

非常小的点就可用于激发和收集拉曼散射，可以通过玻璃或聚合物聚焦、区域外检测等特性使其成为实验室检测芯片非常有效的方法。有时，直接使用拉曼散射就可以检测，但通常需要使用灵敏性和选择性更高的共振拉曼散射或 SERS。使用 SERS 时，必须决定是将基底插入装置或在装置中制备还是采用可在设备中循环的胶体。集成到芯片中的基底对于一次性设备非常有效。但是，创建一个芯片实验室设备的主要优点之一是：标准尺寸和可控流速带来的重现性。因此，良好的重现性和基底的保质期是关键前提。对于可重复使用的设备，因原位基底容易被污染且很难清洗后重复使用以达到相似的性能水平，所以最好的方法是使用电极。此外，基于芯片控制的胶体可以形成非常稳定可重复的细线，并可成像以便连续测量。而且，胶体可以原位制备。图 7-3 显示了芯片上胶体的形成以及由此产生的细线流[4]。在大多数 SERS 中，由于硼氢化物制成的胶体寿命很短，现在已很少使用，但此处，芯片中流速的可控性使分析具有良好的重现性。基底内置到芯片中还有其他优势，如确定的路径尺寸、混合室和不同通道中流速不同。此外，可以通过多种方式对样品进行捕获分析。其中一个简单的方法是在装置中增加一组柱子，如图 7-3 所示，它将阻止分析物的粒子的吸附而允许剩余的样品通过，从而在一个地方积累更多的分析物，提高检测水平[6]。SERS活性颗粒也可以进行光学捕集，而磁性颗粒则可用磁体进行捕集。磁体通常是简单的磁铁或电磁铁，但由于粒子黏附在边缘，覆盖面可能不均匀。可以使用类似于制作芯片实验室装置的技术来设计一个电磁铁，以产生一个光学梯度，从而将颗粒聚集在中心的一个小点上，提高测试灵敏性和可靠性[5]（图7-3）。

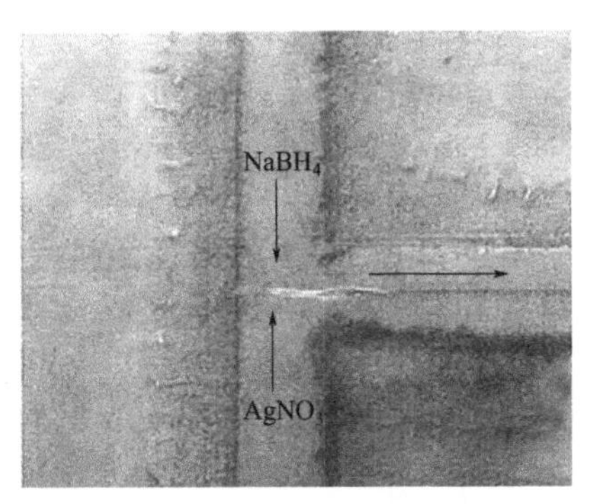

(a) 胶体原位形成薄线性流，用于新可再生基底的重复分析[4]

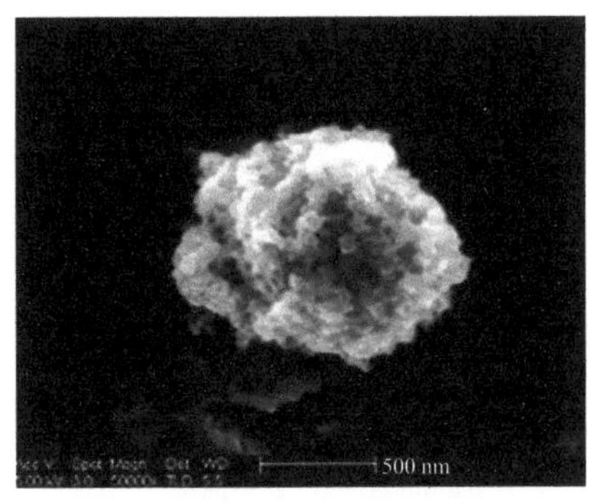

(b) 困在芯片微磁铁中的一个银涂层的磁性粒子[5]

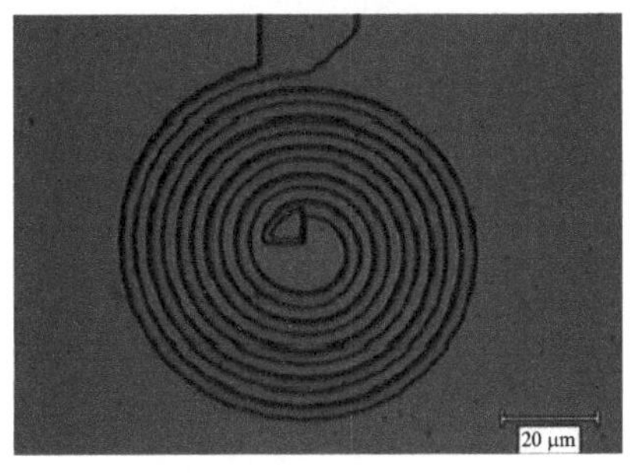

(c) 产生磁场梯度的磁铁（使粒子进入激发聚焦的中心区域[5]

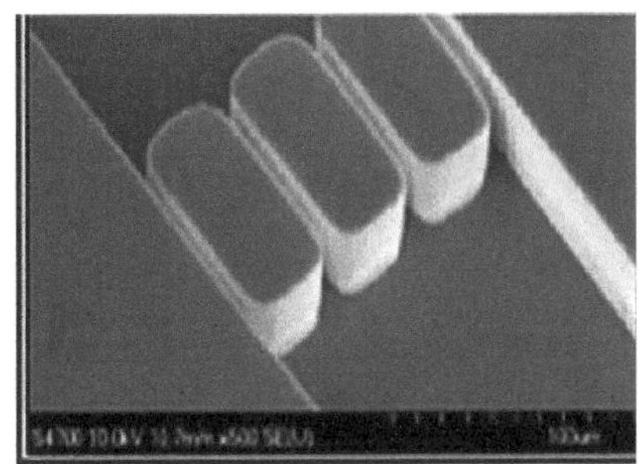

(d) 将柱子添加到芯片通道中，固定粒子并允许流动[6]

图7-3　辅助芯片SERS检测的芯片实验室技术

图7-4是一种用于检测衣原体DNA序列诊断的简单设计，衣原体是使用常规分子诊断实验检测到的最常见的病菌之一。通过对患者的DNA进行芯片扩增，选出特定的诊断寡核苷酸。然后，将样品加入填充了柱子的芯片通道中，以保留特定的寡核苷酸。然后将带有SERRS标记的互补寡核苷酸与寡核苷酸杂交，并彻底清洗样品粒子。加热后，标记的寡核苷酸被释放出来与胶体混合，在下游检测SERRS信号可得到定量结果。

图7-4所示的方法灵敏度和重现性都很好。但是，输入的样品量非常小，可能会产生问题。如果有一个2mL的血浆样品，但是向设备中只能加入1μL的样品，那么此时就检测到的分子数量而言，高灵敏度是没有什么意义的。

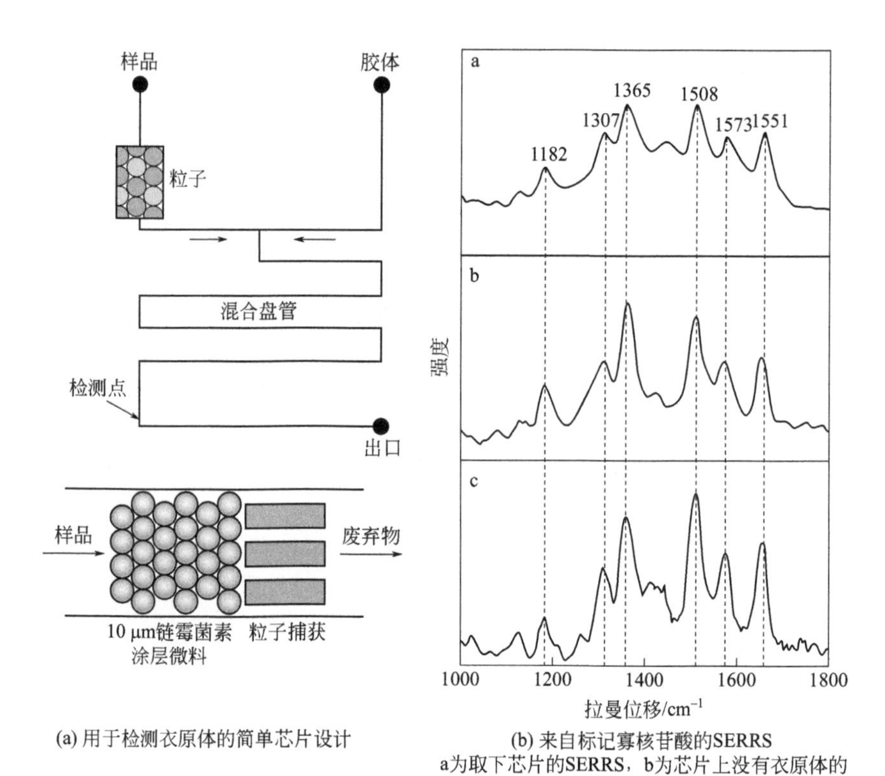

(a) 用于检测衣原体的简单芯片设计

(b) 来自标记寡核苷酸的SERRS
a为取下芯片的SERRS，b为芯片上没有衣原体的SERRS，c为捕获和洗涤后的SERRS

图 7-4　用于检测衣原体的简单芯片设计和来自标记寡核苷酸的 SERRS[5]

（使用PCR扩增的DNA被捕获在粒子上，通过与带有SERRS活性标记的互补寡核苷酸杂交鉴定，清洗，加热释放标记核苷酸，并与胶体混合进行检测）

而其他技术可以使用更大比例的样品来获得相同的灵敏度。对有些样品而言，确保均匀性非常重要，但是，样品量小依然是一个问题。还有一个需要面临的问题就是建立一个良好系统的成本和难度，有时不太美观但简单的管道流动系统更容易开发，不仅便宜，而且检测效果也相当令人满意。总的来说，一旦开发出来，芯片法的稳定性和高灵敏性将使其成为一种很有前途的技术。文献[7]介绍了一些更复杂的设备。

7.3　空间分辨率

拉曼光谱仪与显微镜结合利用算法和扫描方法可以使样品的成像或映射小于$\frac{1}{2}\lambda$的衍射极限。为了达到良好的成像效果，将显微镜设置为共聚焦，保证只有来自焦平面的光才能被有效地收集。第2章已经介绍了简单的成像和映射方法，但是采用高光谱成像可以更快地获取包括三维图像在内的更多信息。

很多种方法均可以实现此目的。一种常见的方法是将激发辐射呈现为一条横跨样品的线，并在二维检测器上将散射聚焦为一条线，如CCD芯片。这样就可以在垂直于入射光线的方向上记录拉曼散射。然后用这条线扫描样品或者移动样品台，在与样品固定距离的地方记录二维拉曼图像。在不同深度进行重复扫描可以获取三维图像。

上述方法效果很好，而且有许多成功应用的例子。拉曼散射一个最大的优势是光谱具有鲜明的特性，无须进一步处理即可在图像中原位识别样品的强散射成分。例如细胞中的脂质有很强的C—H伸缩。添加含有能够共振增强的染料和颜料标记，有助于识别特定的目标。然而，增强的程度往往比其他技术（如荧光）要低，因此，当需要高灵敏度时，通常使用SERS活性纳米颗粒。

图7-5展示了识别SERS活性纳米颗粒的3D图像[8]。将四种具有不同标记的SERS活性纳米粒子与中国仓鼠卵巢（CHO）细胞共同培养。图像显示了三个细胞的部分伪彩色拉曼图像，其中存在少量的纳米粒子聚集体［图7-5（a）中红色方框中的黑点］。放大图像是深度剖面图。四种类型的纳米颗粒中有三种在不同深度以不同数量存在。

利用其他方法也可以从纳米级样品中获得良好的拉曼光谱。如果一个纳米颗粒可以被分离并吸附在表面，且在其几微米范围内没有其他有效的拉曼散射体，那么就可以在显微镜下记录拉曼散射，但这样无法获得关于样品几何形状的详细信息。不过，可以使用TEM、SEM、AFM或STM对样品进行重新定位和扫描，或者在组合系统中进行实验。仅从聚焦激光束照射区域的一小部分进行拉曼散射测量，结果可能会收集到大量的背景辐射，因此需要增加激光功率。该技术与SERS活性粒子配合使用具有很好的效果，第5章中详细介绍了该技术的应用实例。然而，较高的激光功率会导致样品干燥和光分解，从而产生一些特别的光谱，涉及等离子体基底的论文报道了可产生特定反应产物的等离子体辅助催化。

扫描近场光学显微镜（SNOM）的使用受放射限制。该技术是在玻璃纤维上涂上铝或另一种金属，然后将其加热拉紧缩小纤维直径，并在最窄的部分切开获得一个光学清晰的小孔。当光在纤维中传输时，由于纤维被金属涂层包裹，光的振幅随着管道的压缩而减小。当光从小孔中射出时，振幅可以小到50nm。如果放置光纤使得小孔几乎与表面接触，则有效照射区域约为直径50nm的圆。在实际操作中，通常是采用原子力显微镜（AFM）技术来定位光纤，扫描样品，然后从包含光斑的区域收集拉曼散射。由于拉曼散射仅来自光

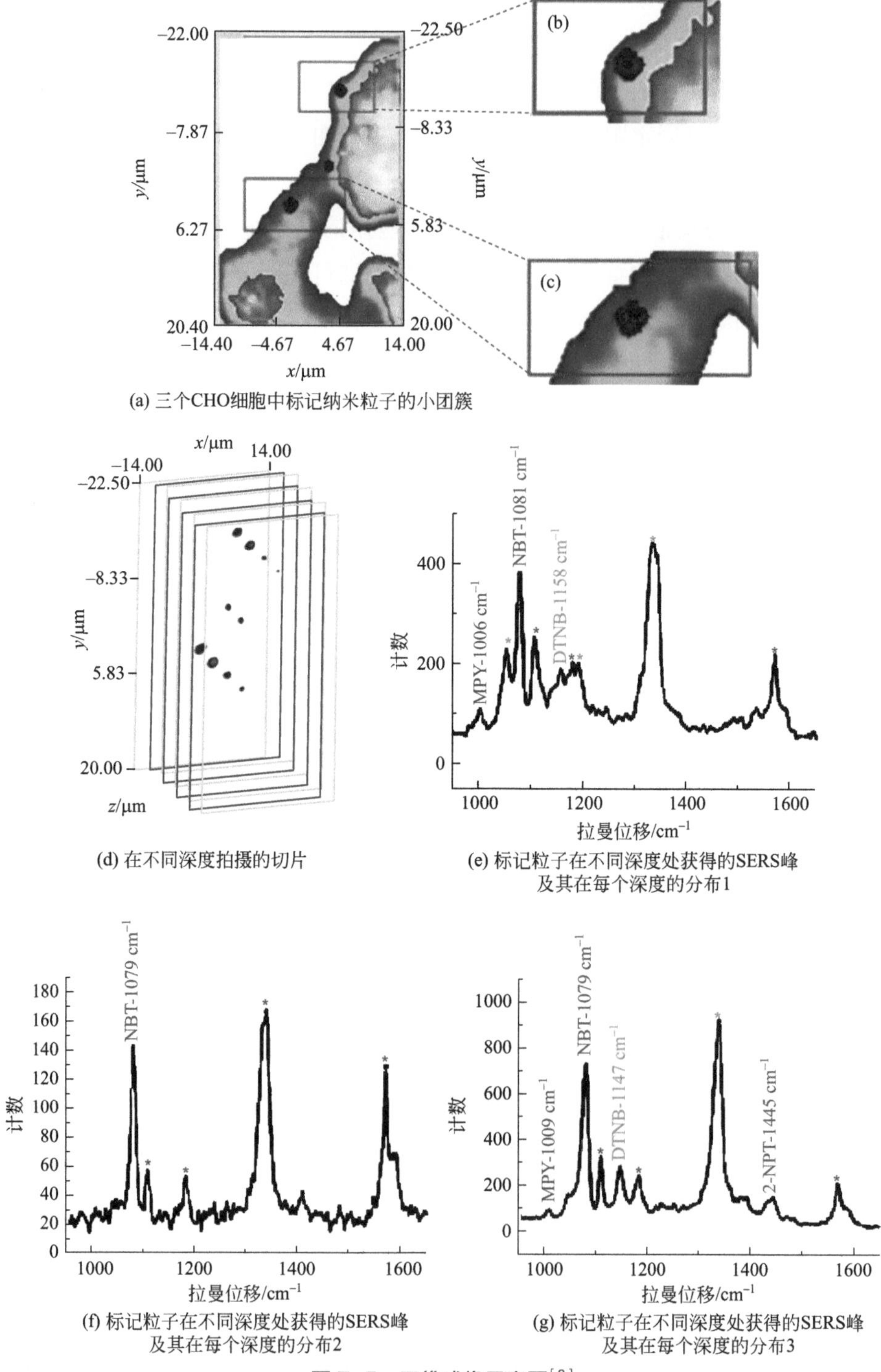

图 7-5　三维成像示意图[8]

[（b）和（c）团簇及其位置的放大图]

斑所覆盖的区域，所以无须将采集光学器件聚焦至50nm以下。由于激发体积非常小且难以从尖端附近收集，所以使用拉曼显微镜研究类似的散射体时可能需要比正常实验更长的积累时间。

7.4 脉冲激光仪和可调谐激光仪

迄今为止，大部分工作都可以通过连续波（CW）激光仪来实现，这种激光仪可以连续发射特定频率的光。可调谐激光仪和脉冲激光仪作为拉曼散射中的激发源都有其独特的优势，并且可以广泛使用。事实上此系统发展的物理学原理都是已知的，创新点在于有更多具有不同发射频率、脉冲形状和重复频率的可靠激光仪，且可调系统更加简单和可靠。同时伴随着光学和探测器的改进，从根本上改变了脉冲系统的实用性，使其使用量显著增加。特别是高重复率、低峰值电力系统的广泛使用减少了光分解问题，而且快速检测器甚至可以在皮秒激发的情况下直接记录散射。

可以根据使用情况选择不同的频率，但对于快速系统，需要考虑的一个最基本原则是海森堡不确定性原理。

$$\Delta E \cdot \Delta t=\frac{h}{2\pi} \tag{7-1}$$

式中 ΔE——能量；

Δt——时间；

h——普朗克常数。

在飞秒系统中，如果Δt非常短，ΔE就会很大，脉冲具有较宽的频率范围。由于发射脉冲的频率范围过宽，以致无法直接获得尖锐的拉曼谱带。但是，当采用双光子技术时，可以联用飞秒脉冲与皮秒探头来实现波长选择或记录拉曼光谱强度与时间的关系。在后一种情况中，可以通过傅里叶变换来获得频率相关性。

脉冲激光的优点是可以使用相位敏感检测。它的工作原理是将脉冲开启时的光照度与关闭时的光照度进行比较，并对多个脉冲的差值进行平均。其优点之一是能够消除背景，拉曼散射在环境光中，背景将同时出现在开启和关闭的信号中。非线性技术更充分地利用了其高效的背景抑制和高灵敏度的优势。目前有许多稳定、带窄、长寿命的激光器可供选择。其中常见的固态激光器是掺杂钕（Nd）离子的钇铝石榴石（YAG）晶体，其发射波长为1064nm，或者频率翻倍，在532nm发射。激光器发出的光束可以用光学顺磁振荡器（OPO）进行调谐。这种组合技术已经相当成熟，而且能够用于现代系统中。虽然这些都不是革命性的技术，但整个系统的改进意味着现代系统工作性能更好，用户能够更容易地进行更多有创意的实验。

目前为止，本书讨论的拉曼散射都是以单光子事件来描述的，其中拉曼散射效率与激光功率是线性相关的。但是，如果在更高功率密度下没有发生光分解，会发生什么呢？这种情况下，多个光子可能同时与任何一个分子发生相互作用，导致多光子事件，其大小与激光功率不再线性相关。使用脉冲激光器可以相对容易地实现多光子事件。现在有一系列利用这种事件的技术存在，而且它们都各自有其不同的优势。例如，超拉曼光谱（HRS）具有与拉曼散射不同的选择定则。CARS 也具有不同的选择定则，而且在某种程度上克服了在荧光介质中进行测量的困难。SRS 还克服了一些干扰问题。接下来将对这三种技术进行简要介绍以说明这类技术的潜力。

在 HRS 中，使用 1064nm 的 NdYAG 激光器将一束强烈的脉冲辐射聚焦到样品上。如果脉冲功率足够大，两个光子可能会与一个分子相互作用，以两倍激光激发频率创造一个虚态。从虚态到基态的激发振动态发生拉曼散射（图 7-6）。拉曼散射取决于超极化率（β）而不是极化率（α）。第 1 章中讨论胡克定律的应用时曾经指出，在分子中，描述核间分离对分子状态影响的曲线形状与用于推导胡克定律的抛物线不同。为了适应这种情况，发明了很多术语来修正描述它们。类似地，也用一系列的术语来表示极化率，第一个是基本极化率，第二个是超极化率，从而会产生不同的选择定则。强散射可以从不对称振动和弱拉曼散射或红外吸收振动获得。通过比较拉曼和超拉曼散射，可以了解更多关于特定分析物的情况。HRS 的主要缺点是效率低，产生散射的概率甚至比普通拉曼散射还要低很多。

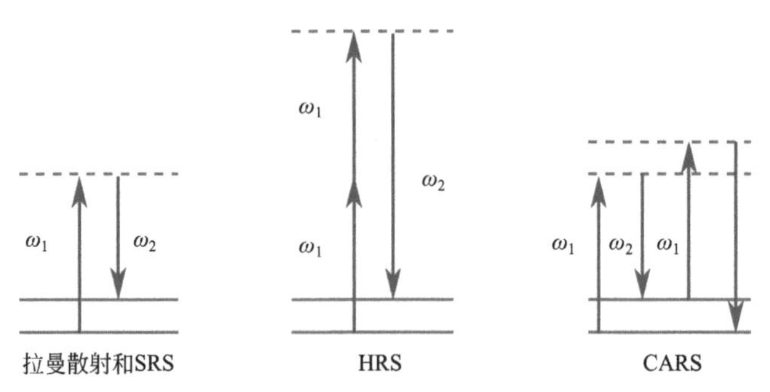

图 7-6　拉曼散射中 HRS 和 CARS 的基本过程

［在 CARS 中，两个向上的跃迁（ω_1）频率相同，通常来自同一激光。这只是通常情况，但并不是必需的。尽管 SRS 的散射强度会更大，但是它的图与拉曼散射的图相同］

表面增强超拉曼散射（SEHRS）可以克服 HRS 的低效率，具有非常高的增强因子 [9,10]。据计算，吡啶的增强系数约为 10^{13}，某些染料的增强系数高达 10^{20}。吡嗪是一种广泛用于探测 SERS 效应的物质 [11]，图 7-7 是它的 SEHRS 光谱。吡嗪有一个对称中心，因此，在拉曼散射中只有对称振动会出现在光谱中。然而，因为表面吸附破坏了对称中心，所以 SERS 中出现了更多的振动。SEHRS 中出现更多谱带也说明不同的拉曼散射有不同的选择定则。当生色团附着在分子上作为标记时，可以获得非常强的光谱，如图 7-8 中胡萝卜素的 SEHRS 所示 [12]。此时，532nm 处采集的 SERRS 光谱与 SEHRS 光谱非常相似，只是强度有所变化，但是与 SERS 相比两者均为高质量光谱。

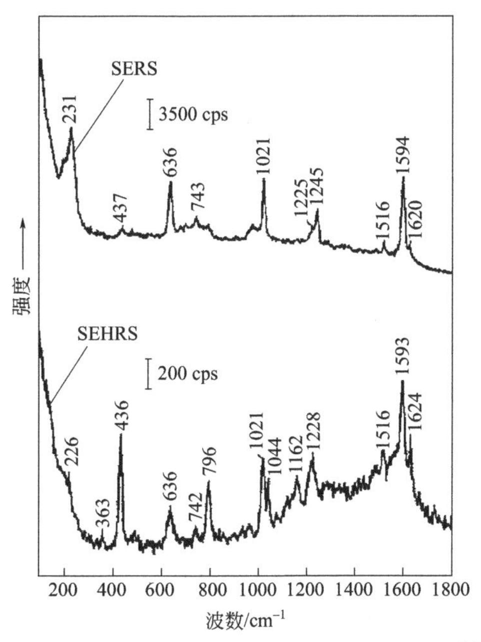

图 7-7　吡嗪在银电极上的 SERS 和 SEHRS[11]

迄今为止，应用最广泛的非线性技术是 CARS。已经有关于此技术的综述报道 [13-15]。第一个光子产生的虚态与普通的拉曼散射（图 7-6 中的 ω_1）一样。第二个光子的频率（ω_2）用来刺激虚态的去填充化，并使分子返回到基态的激发振动态，其数量立刻大量增加。然后使用第三光子将分子激发到第二虚态。第二虚态的散射使分子返回到基态，此时收集辐射。通过改变 ω_2 的频率依次填充每个振动态，从而获得谱图。通常只使用两个激光源以简化 CARS。在这种情况下，向上的光子来自同一个激光器，因此在图 7-6 中 ω_1 的频率相同，但是对于第二个向上的跃迁可以使用不同的频率。

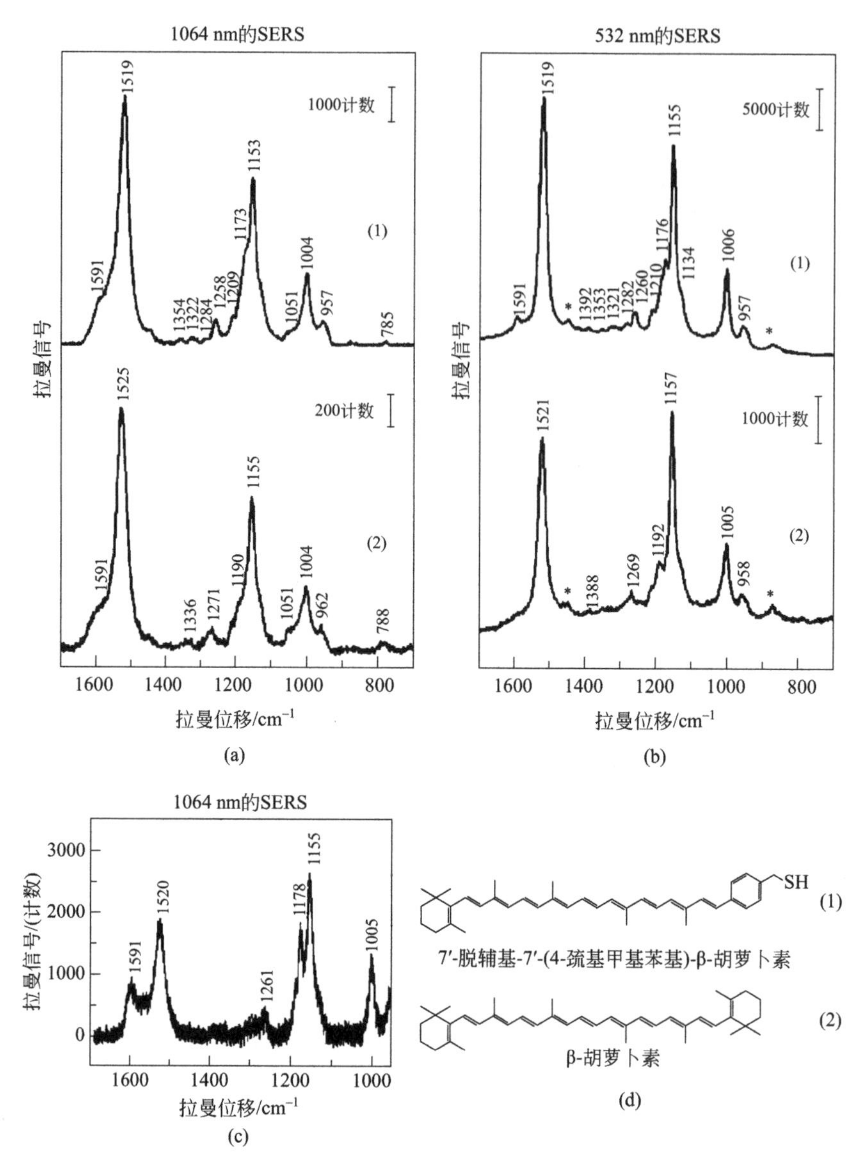

图 7-8　激发波长为 1064nm 的功能化胡萝卜素的 SEHRS（a）与激发波长为 532nm 的 SERRS（b）的比较[12]

由于 CARS 至少使用了两种不同频率的辐射，所以脉冲需要同时到达样品进行相位匹配，这样没有显微镜也不会有问题。最初，这些光束要么是平行的，要么成一定角度，通常约为 7°。这种布置方式称为 BOXCARS。使用成角度光束的原因是脉冲合并光束之间相互作用的长度更短，使包含足够分子体积的 CARS 过程更容易收集。但是，相位匹配条件非常复杂且难以计算。需要注意的是，与普通拉曼散射不同，CARS 是沿特定方向发射的，因此必须在特定方向上进行检测。

显微镜的使用和共线光束使 CARS 更加简单。通过显微镜光学器件将来自两个激光器的光引导至共线和同相。显微镜的锐聚焦提供了有效的相位匹配。CARS 与现代固态激光仪和调整波长 ω_2 的 OPO 共同发展使其更容易获得和使用。在最简单的布置中，检测器通常是一个大面积的光电二极管，可以提供满足 CARS 条件的振动图像。这些领域的发展使得该技术的应用显著增长，例如，对低荧光且无标记的组织样品的分析或成像。现在可以购买由供应商来维护的完整系统，这样用户就可以将精力集中在实验上而不是集中在建立 CARS 系统上。

CARS的主要优点是它是一个反斯托克斯过程，因此可以获得无荧光光谱。然而，在溶液中，与 CARS 相关的明显的电子背景限制了其优势。CARS 具有源自第三极化率的特定选择定则，如果将光谱与自发拉曼光谱或共振拉曼光谱进行比较分析，则可以更有效地评估分子的性质。分析内燃机缸盖中的气体混合物是使用 CARS 的一个例子。

很多液相应用中，通过使用激发频率给予共振或预共振条件，使信号更容易从背景中分辨出来，从而获得额外的 CARS 强度。图 7-9 是视紫红质 [16] 的 CARS。

CARS 成像非常有效，能够从特定的振动中获得良好的对比度。图 7-10 是一个包含血管的前列腺癌肿瘤组织的切片。从 2880cm^{-1} 振动的图像中可以得到非常好的对比度，能够清楚地看到血管中的单个红细胞。

SRS 通过皮秒泵浦束创建的虚态和一个频率的探测光束，以最简单的形式与从虚态到特定振动能级的斯托克斯散射频率匹配 [17-20]。与 CARS 一样，斯托克斯散射被激发，迅速从虚态衰减，并将所选振动的散射效率提高了几个数量级。同 CARS 和 HRS 一样，SRS 也是一个非线性过程，因此，泵浦光束和探测光束必须同时在分子上产生足够的光子，可以通过显微镜将其紧密聚焦来有效实现。为了检测到光谱信号，采用相位敏感检测法比较了泵浦和探测光束的强度，和之前一样，检测器也是一个大面积的光电二极管。无论是对泵浦光束强度损失的测量还是对探测光束（SRG）强度增益的测量，其灵敏度都接近散粒噪声极限。如图 7-6 所示，其他技术的散射过程看起来与 SRS 和普通拉曼散射相同。但是，向下受激散射过程的效率更高。

受激拉曼散射过程比普通拉曼散射（在此背景下通常称为“自发拉曼散射”）更有效，但具有相同的选择定则。信号强度与浓度呈线性关系，使浓度相关性更易于研究，与 CARS 相比背景更少。

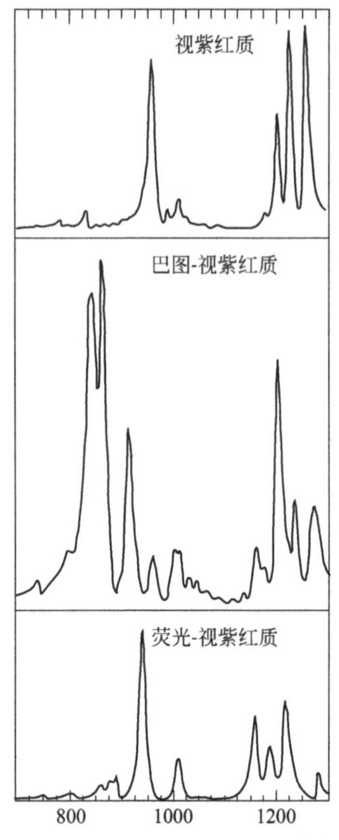

图 7-9 视紫红质的 CARS[16]

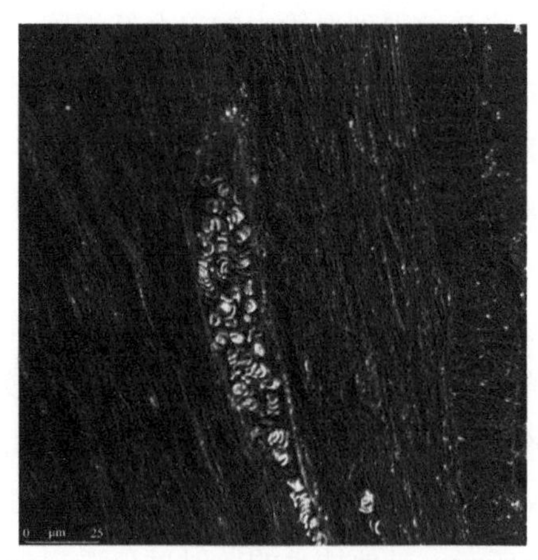

图 7-10 CARS 成像的前列腺癌组织切片

（紧密的焦点是通过水浸物镜实现的。泵浦在 795nm 处，斯托克斯探针在 1031nm 处。选择 2880cm^{-1} 处的脂肪族 C—H 拉伸。不用染色就可以清楚地识别出血管中的单个红细胞。）

（来源：Unpublished work reproduced with permission from Jamieson, L., Faulds, K., and Graham, D. Centre for Molecular Nanometrology, Strathclyde University, Glasgow. Sample supplied by Leung H. and Salji M, Beatson Institute for Cancer Research, Glasgow.）

对于制图和成像，需要从两个光束中获得足够的光子实现 SRS，所以需要用显微镜进行紧密聚焦。这意味着只有很小的体积才能产生 SRS，从而提供良好的区域和深度分辨能力。结合大面积光电二极管，使得成像非常有效。

与自发拉曼散射相比，受激拉曼散射过程的高效率使其可以有效地进行无标记检测。通过研究蛋白质、脂类和 DNA，并对细胞成像，发现各组分之间对比度良好。细胞吸收了具有良好拉曼横截面的分子后被标记。例如，DNA 显性 C—H 伸缩与蛋白质和脂类的 C—H 伸缩略有不同，可以用来观察细胞分裂（后期和中期）过程中 DNA 的运动。

这种高灵敏度在细胞等复杂矩阵中可以轻松地识别小的探针和标记。例如，炔烃中的 C ≡ C 键在约 2000cm^{-1} 的区域有吸收，而脂类和蛋白质等分子在该区域没有明显的光谱 [21]。因此，在生物分子中添加一个小的炔烃标记，就可以用 SRS 对其进行跟踪。炔烃等基团的高横截面和其他频段的无干扰使其易于被检测，并且提高了如上述例子中 C—H 伸缩等自然存在基团的灵敏度。

到目前为止，这些技术已用于收集单次振动的散射。不过，CARS 和 SRS 可以在一次测量中获得完整的光谱。飞秒脉冲可产生时间较短但频率较宽的探针。如果使用窄频率皮秒脉冲，因为宽泵浦的作用，虚态将跨越一定的能量范围，所有的振动可以同时散射，然后用光谱仪来分离不同的频率。参考文献 [19] 的图 5 很好地解释了两种方法之间的区别。

大家应该注意到，上述三个过程会同时发生，但由于散射光的频率不同，所以可以进行单独检测。更微妙的一点是，还有其他过程会发生，如双光子吸收和发射。因此，使用较低频率的光束可能更有利，否则这些双光子过程将在允许的紫外波段内发生，并且有可能产生有效吸收或脉冲，因此可以检测到荧光。

7.5　针尖增强拉曼散射（TERS）和近场光学显微镜（SNOM）

针尖增强拉曼散射（TERS）与 SERS 增强相结合，通过原子力显微镜（AFM）或扫描隧道显微镜（STM）扫描，从而获得表面形貌 [22,23]。AFM/STM 的悬臂梁尖端被金或银包裹着，使得针尖被 SERS 活性的粗糙金属涂层覆盖。如果仪器的针尖接触或接近表面区域，在激光照射下，即可得到增强的 SERS/SERRS 光谱。因为增强会放大 10^6 倍或更多，所以只有针尖靠近表面区域的光才能被有效地收集。图 7-11 是 TERS 的简单示意图。为了获得拉曼成像，通常移动压电式通电平台而不移动针尖，实验中也经常使用 EPI 照明。通过扫描样品可以同时获得 AFM 图像及拉曼散射图谱，最终得到相匹配的拉曼成像。分辨率由 AFM 的参数设置和针尖的品质决定，后者可能是一个限制因素。通常在一个好的系统中分辨率可达到 10 ～ 20nm。图 7-12 是电子显微镜（EMS）下制备良好的针尖图片，在针尖的尖端有一个或两个银微粒。

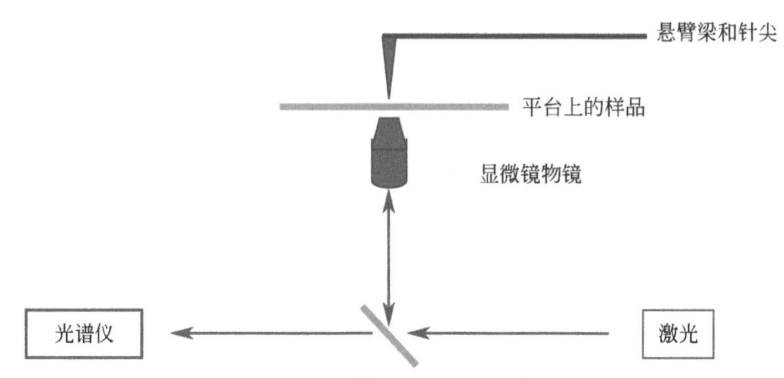

图 7-11　针尖增强拉曼散射（TERS）实验装置的简单示意图

（悬臂梁上安装着对表面增强拉曼散射敏感的针尖，倒置的显微镜物镜用来收集散射光。平台依照预定的模式移动，按设定的间隔记录相应的光谱）

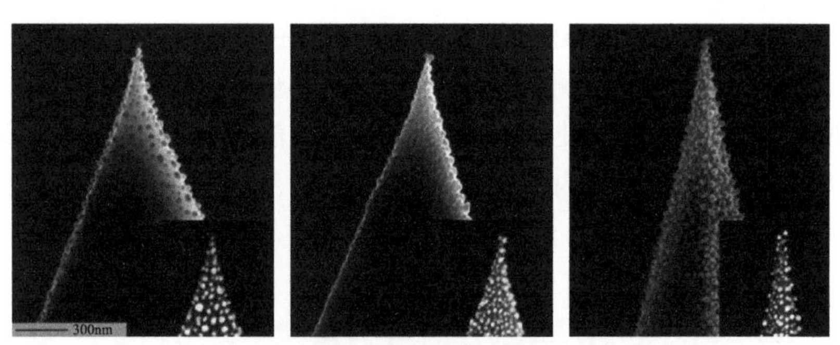

图 7-12　银包覆的针尖图像[24]

（表明每个针尖上有一个或两个银粒子）

虽然 10 ～ 20nm 的分辨率已经是一个较好的结果，但是如果使用高质量的仪器，操作时更加精准，就可以获得分辨率更高的结果。尽管绝缘基底也能得到高分辨率结果，但样品通常会吸附在银或金的金属表面。当针尖靠近平面时，在针尖顶端的微粒和金属基底之间形成的等离子体就会被限制在非常小的体积中。多肽、DNA 和其他生物分子的单分子测量结合 RNA 的碱基数据使得生物测序成为可能。2013 年，Zhang 研究团队[25]在高真空和低温的环境下使用 STM，不仅得到了单分子光谱，还观察到了分子不同部位的光谱差异。结果的分辨率小于 1nm（图 7-13）。

上述研究对 SERS 理论理解有一定的启示意义。考虑到针尖的曲率，通常只有少数几个银原子能够靠近分析物的分子，因此场梯度将只能由这些原子产生。整个实验过程发生在比大多数 SERS 小很多的空间中，表明仅需少数银原子的强烈作用就可以在非常小的体积下产生合适的热点。

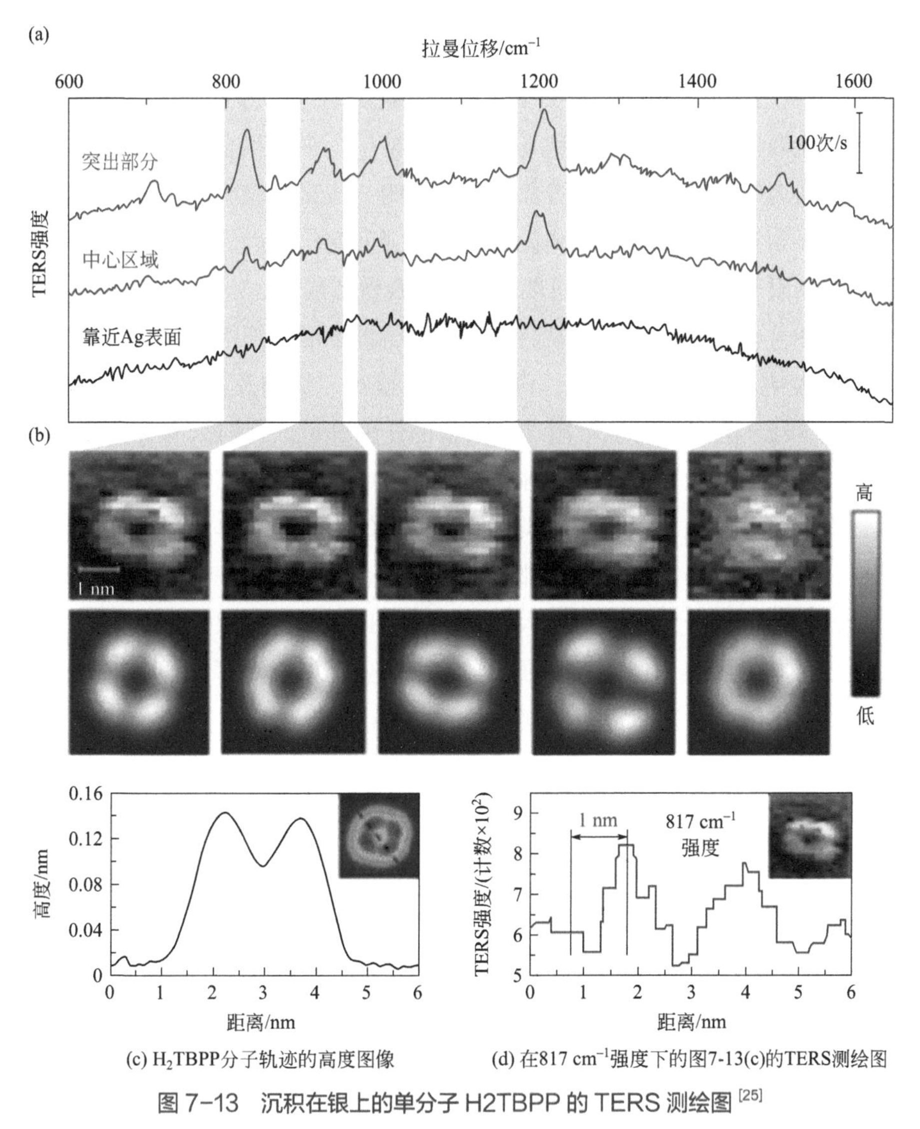

(c) H_2TBPP分子轨迹的高度图像　　(d) 在817 cm^{-1}强度下的图7-13(c)的TERS测绘图

图 7-13　沉积在银上的单分子 H2TBPP 的 TERS 测绘图[25]

［从分子的圆形突出部分（红色）和中心区域（蓝色）获得的TERS图（a）和（b）］

7.6　单分子测量

针尖增强拉曼散射（TERS）并不是单分子测量的唯一方法。在 SERS 发展早期，Kneipp 等[26]、Nie 和 Emory[27] 就证明 SERS 可以应用于单分子测量。从此以后，有大量关于单分子特性的研究，并且取得了比较好的研究结果[28]。但不同于可以直接观察分子的 TERS，大部分其他测量方法都需要利用所获得的数据来佐证被研究的分子只有一个，而这并不是每次都能够成功。例如，研究物质浓度时，法医科学中就有一个常见的问题即分子会牢固地粘在玻璃表面。当物质浓度较低时器皿的杯壁和基底可以保持一个平衡状态，但当浓度变化过大时，器皿内的残留物就难以去除。已报道的一些文献表明，当浓度降低时要么无法测量到浓度数据，要么测量到的数据强度变化不大，此时就存在单分子级别的检测限制。这种问题很可能是分析物残留造成的。

用 SERA 测量单分子时，常用的方法是将低浓度溶液中的分析物吸附到一个孤立的银纳米粒子二聚物上，再用显微镜检测二聚物及其周围区域的散射。但是产生 SERS 的分子可以吸附在二聚物的任何部位。有时只有少数的证据表明只有一个分子会吸附在热点上并产生散射，或表面其他部分的很多分子不会产生散射。很多方法可以证明这类系统中获得的信号来自单分子。比如随着时间的变化观察到信号闪烁变化，那就可以确定有极化现象，因为单分子能够被确定极性。造成信号闪烁的原因大多包括光漂白和分子扩散等。这部分的研究已经超出了本书内容，但因为它强调了如果需要报告检测下限，就需要精细操作和确凿证据的实验需求，有些读者可能会对其感兴趣。

7.7　时间分辨散射

拉曼散射的分子级特性使其成为探测皮秒和飞秒级反应（例如光分解）的有效方法。最简单的形式是将脉冲激光仪的输出分裂成泵浦光，产生光学反应，通过皮秒、纳秒或飞秒延迟的探测光产生拉曼散射。通过改变延迟时间来研究反应的进展，一个很好的例子就是血红素里一氧化碳的光解作用（图 7-14）。关于酶中一氧化碳排放途径也通过实验成功获得。

按照一定频率发射出宽带脉冲飞秒级的泵浦光可以捕捉非常快的反应。脉

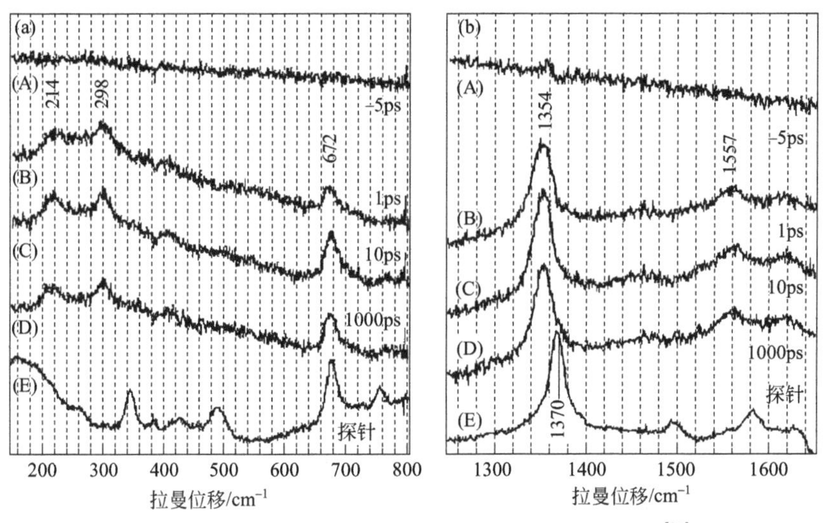

图 7-14　肌红蛋白中血红素中心一氧化碳的光解作用 [29]

[光谱（E）的1370cm^{-1}波段是氧化态的标志。从血红素中分解的一氧化碳引起了还原反应和其他变化]

冲比振动运动的时间轴更短（低皮秒范围），导致输出移相并产生随时间衰减的振荡信号，通过傅里叶变换产生拉曼光谱。此技术超出本书范围，但其可以从短寿命物质上获得独有的信息。图 7-15 中单线态 β 胡萝卜素的形成就是采用此方法获得共振拉曼光谱的一个很好的例子。读者可以参考一篇该主题的综述文献 [31]。

其他方法也可以跟踪快速反应。例如，一个合适频率的红外脉冲吸附到水的泛音中，会导致样品的温度快速跃升，从而改变反应的平衡过程或分子结构。然后通过后续的脉冲定时跟踪系统回到平衡状态，从而适应研究体系。

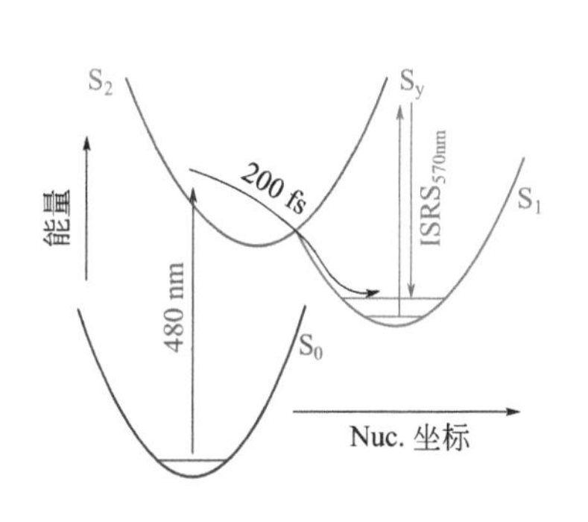

(a) 飞秒脉冲获得的β胡萝卜素连续振动的时间分辨拉曼散射光谱

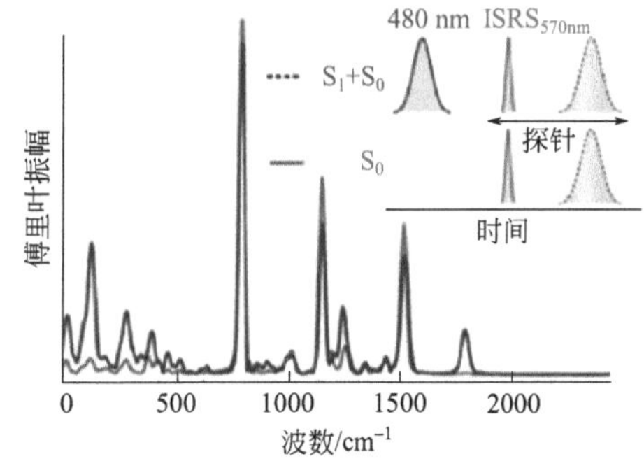

(b) 皮秒探针检测的β胡萝卜素基态拉曼散射或基态与激发态拉曼散射图

图 7-15

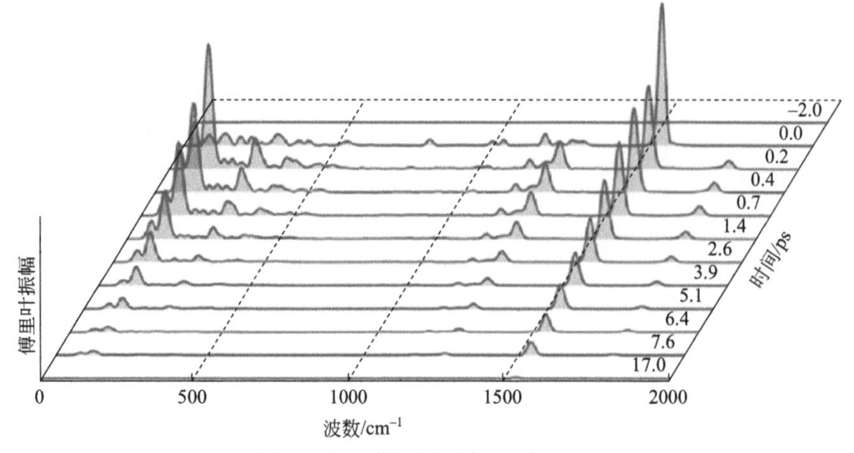

(c) 不同脉冲时间下的β胡萝卜素基态拉曼散射图

图 7-15 通过脉冲检测获得的β胡卜的共振拉曼光谱[30]

7.8 荧光抑制

现代快速探测器可以直接绘制出高飞秒和长时间帧的光发射时间相关性图谱，然后直接从时间相关性数据中获得荧光抑制反应。拉曼光谱实验通常发生在几皮秒内，且具有可预测的形状，因此可以用一种算法来分离两个不同的信号。图 7-16 是一种矿物质不同组成成分的拉曼光谱，这在未矫正的拉曼光谱上是无法显示的[32]。还有很多荧光抑制的方法，第 2 章中已经描述了几种。此外，拉曼散射有相位敏感数据，而荧光反应没有，所以两者也可以被区分开。

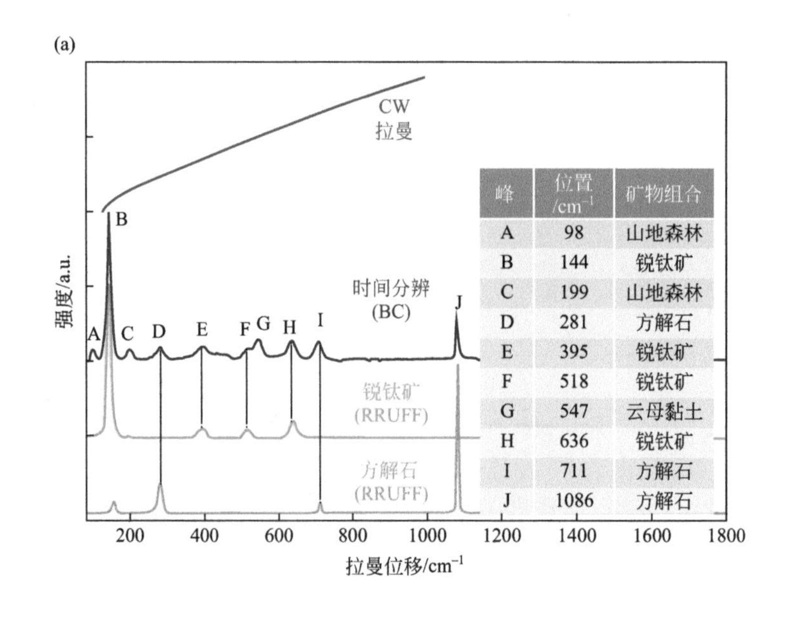

峰	位置/cm−1	矿物组合
A	98	山地森林
B	144	锐钛矿
C	199	山地森林
D	281	方解石
E	395	锐钛矿
F	518	锐钛矿
G	547	云母黏土
H	636	锐钛矿
I	711	方解石
J	1086	方解石

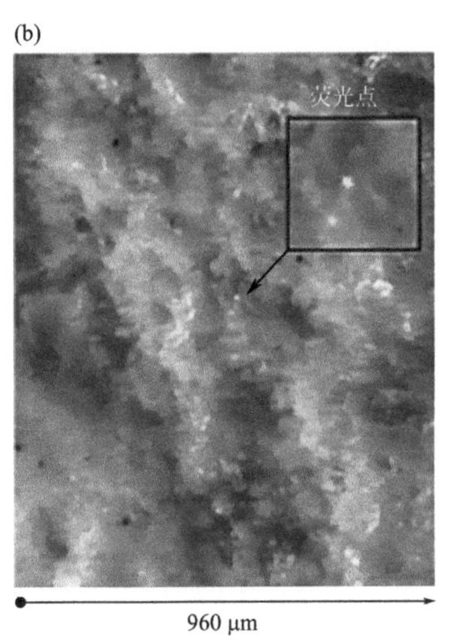

图 7-16 用荧光排斥的快速探测器采集的矿物质光谱[32]

（相比于普通拉曼光谱优势明显）

另外，也可以通过设定克尔门来抑制荧光。脉冲光束通过合适的介质，如二硫化碳，使极化率旋转 90°。偏振器阻止光到达探测器，随后光束在其通过介质时再次旋转，只探测持续时间内的脉冲。拉曼散射发生在几皮秒内，因此，如果脉冲持续时间与拉曼散射时间一致，则较长时间的荧光就会被抑制。图 7-17 是可卡因（街道样品）克尔门控和正常拉曼散射光谱。通过克尔门获得的尖锐拉曼光谱非常清晰，有些较弱的谱带是由于样品中的杂质造成的。

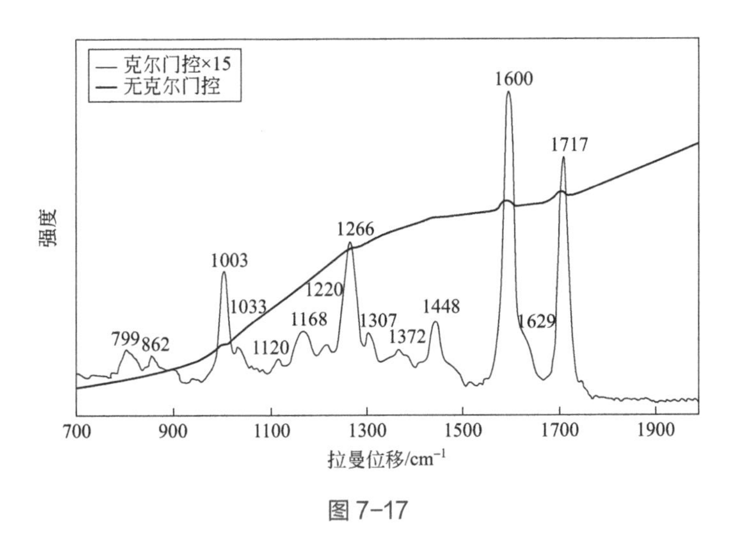

图 7-17

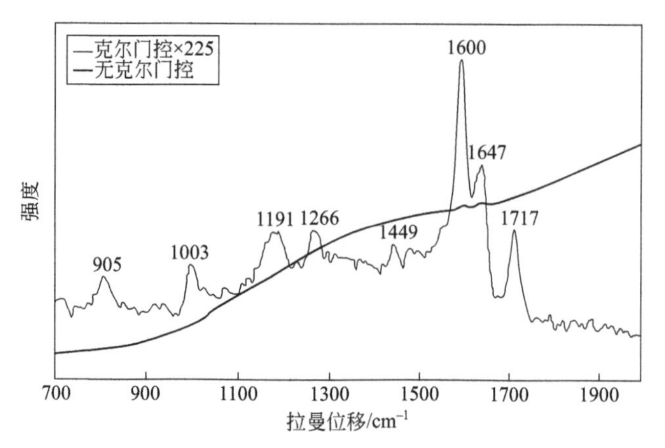

图 7-17　荧光可卡因街道样品的克尔门控（细线）和正常拉曼散射（粗线）[33]

（样品含有不同浓度的切割剂和可卡因，但可卡因的峰在1717cm^{-1}、1600cm^{-1}、1266cm^{-1}和1003cm^{-1}处比较清晰）

7.9　拉曼光活性

圆偏正光用来获得含有手性中心分子的 ROA（拉曼光活性），能够测量左旋极化散射和右旋极化散射之间的区别。二者强度的差别就是 ROA[34,35]。通常使用两种方法来测量 ROA。在入射 ROA（ICP ROA）中，交替的左旋极化和右旋极化脉冲会激发拥有手性中心的分析物（图 7-18）。在目前常用的散射 ROA（SCPROA）中，线性极化入射光线通常用来激发被分析物，从而检测到手性散射组分。选择定则需要同时考虑电偶极子和磁偶极子。

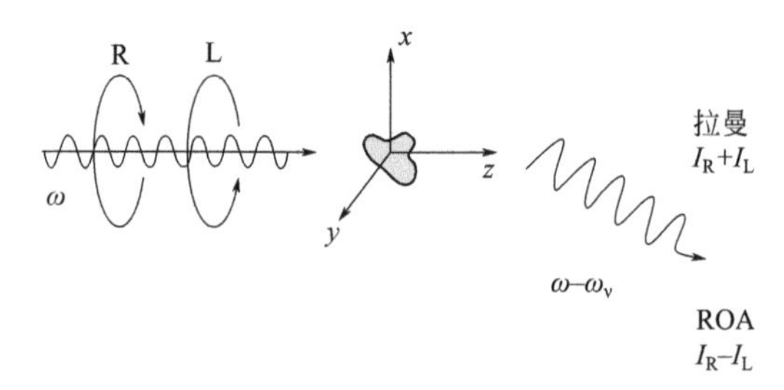

图 7-18　ICP ROA 的基本概念示意图

［测量的是手性分子右旋极化光（I_R）和左旋极化光（I_L）拉曼散射强度的微小区别。入射光子的角频率ω，拉曼散射光子的角频率$\omega-\omega_v$。对于非手性分子，ROA 强度为零］

（来源：Reproduced with permission from, Professor Laurence Barron, University of Glasgow, Scotland.）

ROA 可以用于研究药物的绝对手性以及不同环境下氨基酸、肽、蛋白质、DNA 和 RNA 碱基的手性[36,37]。例如，它可以选择性地识别蛋白质内部的特殊特征（如折叠的角度和类型[35]）或 RNA 的凸起和不匹配[38]。最初这些信号非常微弱，需要长时间的测量，但随着其他技术和设备的进步，测量速度得到了提升。图 7-19 展示了不同条件下通过 ROA 确定多肽手性的例子。

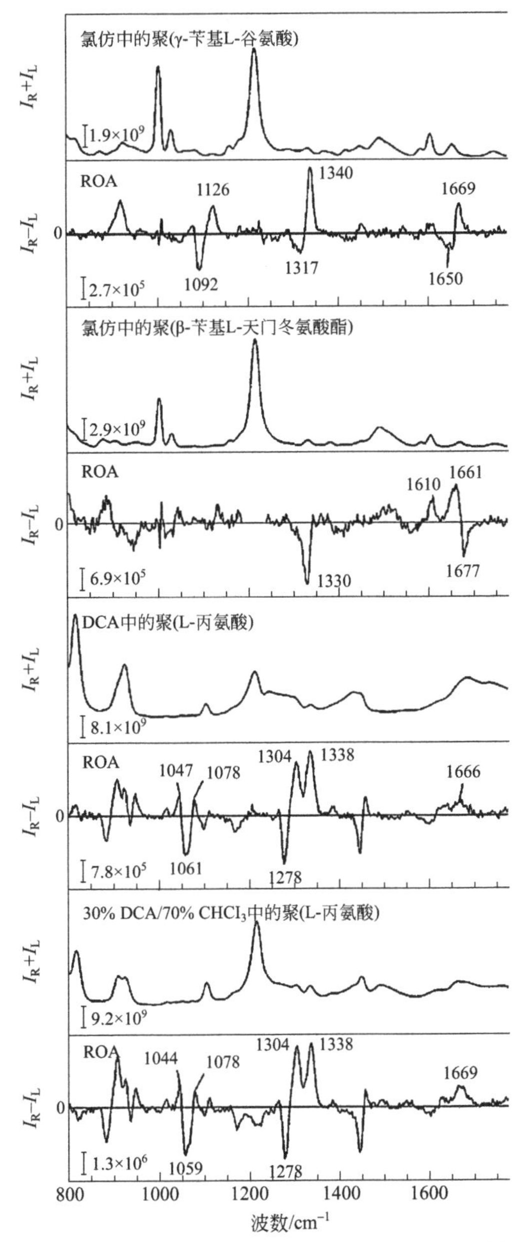

图 7-19　α 螺旋结构多肽的拉曼和 ROA 光谱[37]

（ROA 光谱的正负取决于 rcp 或 lco 光线哪个旋转更强。除了聚-β-苄基 L-天门冬氨酸是左旋的以外，螺旋都是右旋的。）

7.10 UV 激发

利用 UV 激发有很多实际的优点。散射的四次幂定律使紫外拉曼散射比可视拉曼散射更加敏感，同时更短的波长降低了衍射极限，可以获得更高的空间分辨率。很多物质在紫外区有吸收，如果选择合适的波长会产生共振增强，与可视和近红外激发相比，其灵敏度和选择性都得到进一步提高。因为在 UV 激发时，可能存在的发射在较低的能级上，所以荧光干扰是个问题。

但是，UV 激发有一个缺点，因为高能辐射和许多生色团的存在，其光分解比可见光激发更加严重。为了缓解这个问题，通常将液体样品放置在流动室中，这样每个分子只会被探测到一次。如果样品被循环利用，也有时间在激发过程间隙释放能量（见第 2 章）。一般将固体样品放置在可以旋转并能从一侧检测的圆盘上，即样品实际上是一个环轨。此外，可以利用其高效率的部分优势，检测时采用更低的激发能量。

随着激光、光学和探测器的不断改进，紫外拉曼技术也在不断发展。例如，可以利用其高灵敏度的优势来改善对季戊四醇四硝酸酯等爆炸性样品的检测极限，因为季戊四醇四硝酸酯的蒸气压较低，因此很难少量识别。区域外探测系统 [39] 已经成功应用于爆炸物和毒品等目标样品的检测。当选择性地研究复杂系统时，含有很多生色团是一个显著的优势。图 7-20 显示了改变激发波长对酪氨酸的影响，表明在 230nm 区域激发共振增强。

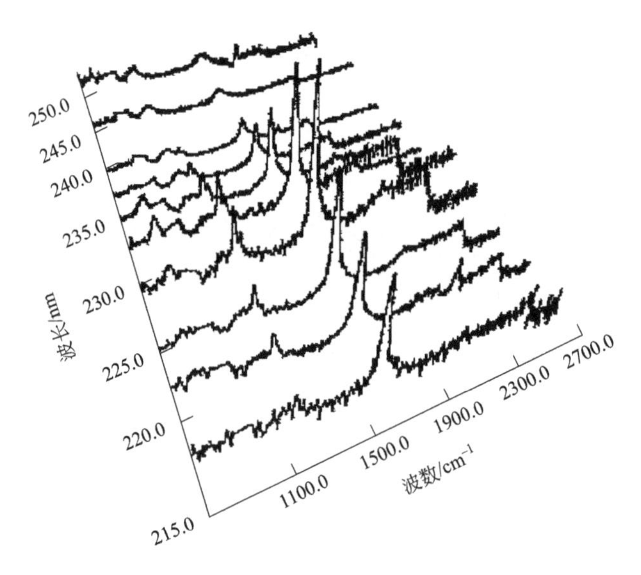

(a) 不同激发波长的光谱图

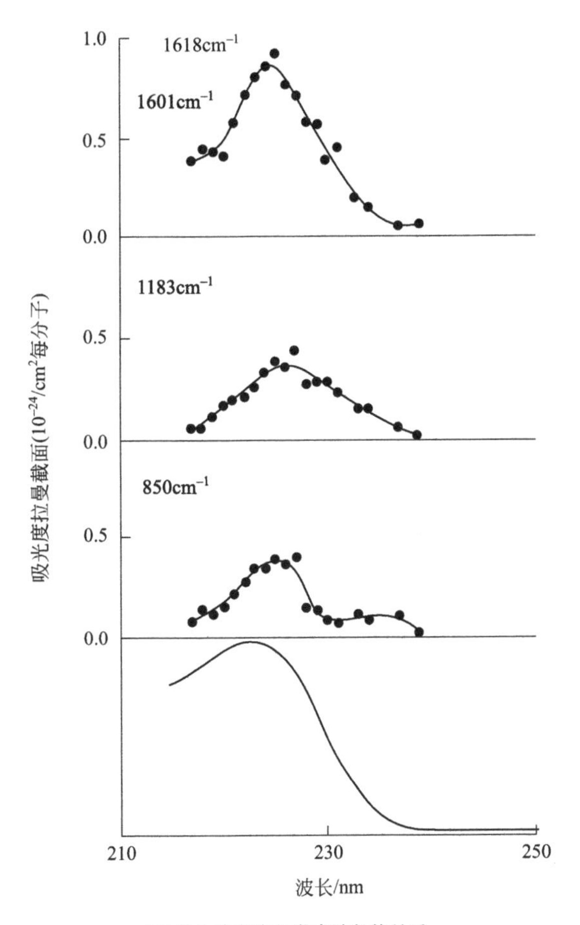

(b) 单个峰强度与激发波长的关系

图 7-20　酪氨酸的紫外共振拉曼散射光谱 [40]

通过共振效应可以选择蛋白质中对环境敏感的特定基团。例如，从 229nm 激发中可以分辨出色氨酸和酪氨酸，因为在 190nm 处酰胺键有容许跃迁，所以从 206nm 激发中可以分辨出酰胺基团的振动。这些键对结构十分敏感，尤其是已经研究非常充分的酰胺键，可以通过它们区分 α 螺旋和 β 折叠结构，进而研究蛋白质折叠。Oladepo 和 coworkers[41] 开发了通过拉曼光谱直接定量获取蛋白质二级结构的方法。在 244nm 的激发中可以分辨 DNA 碱基振动、氨基酸的芳香侧基。很多应用研究都采用了这一方法，例如，在哺乳动物细胞培养基中监测 RNA 和 DNA 的变化 [42]。

图 7-21 是肌红蛋白的拉曼光谱，其中包含了大量信息。在 413nm 的激发与血红素系统的索雷谱带产生共振，从而分辨出该峰。从这些信息可以获得血红素的氧化状态和自旋状态，以及由于附着在它上面的乙烯基的应力而产生的

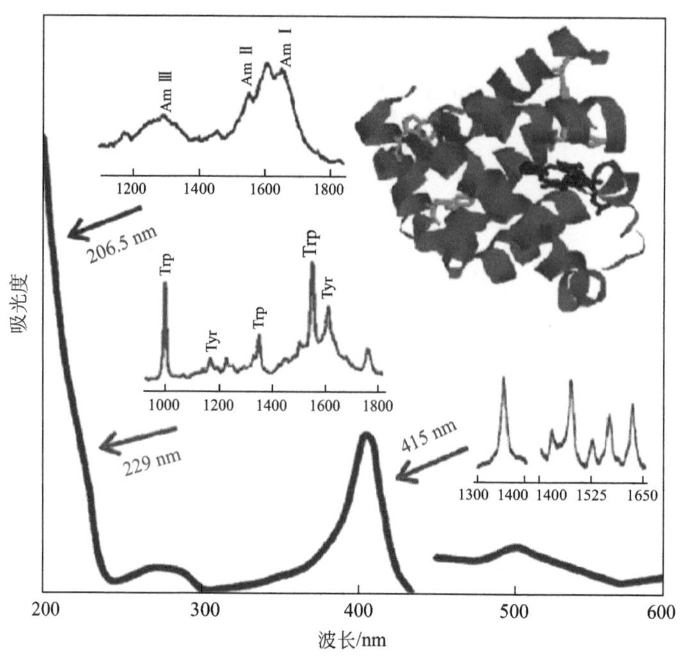

图 7-21　肌红蛋白在三种不同频率下的共振拉曼光谱[41]

（共振效应的选择性）

结构的部分信息。从 229nm 激发中分辨出对环境敏感的色氨酸和酪氨酸的特色基团，在 206.5nm 激发中分辨出酰胺带。

目前所述的内容只是从所取得成果中选出的一小部分，现代仪器还可能取得更多成果。例如，一些早期实验报道为了防止光分解用了长达 8h 的低功率累积时间，而大多数现代研究报道的累积时间仅需 1min 或更短。另外还有其他可以增强共振的波长，如 280nm 或硝基的 300nm。

7.11　小结

光学发展使拉曼散射得到了更广泛的应用。其中一个很好的例子就是本章前面描述的简单易用的便携式系统的发展。此外，通过将拉曼探测器与其他仪器相结合，实现芯片实验室设备中或几米范围外的分析物的检测，以及恶劣环境中拉曼散射检测都变得更加容易和有效。虽然后面描述的一些更先进的技术可用性较低，但是它们拥有更加实际的优势，而且使用越来越简单，价格也越来越便宜。它们的发展为拉曼散射在未来应用的扩展和增强提供了新的途径。

参考文献

[1] Cardell, C. and Guerra, I. (2016). Trends Analyt. Chem. 77: 156.
[2] Yuan, Y., Lin, Y., Gu, B. et al. (2017). Coord. Chem. Rev. 339: 138.
[3] Lehmuskero, A., Johansson, P., Rubinsztein-Dunlop, H. et al. (2015). ACS Nano 9: 3453.
[4] Keir, R., Igata, E., Arundell, M. et al. (2002). Anal. Chem. 74: 1503.
[5] Quinn, E.J., Hernandez-Santana, A., Hutson, D.M. et al. (2007). Small 3: 1394.
[6] Monaghan, P.B., McCarney, K.M., Ricketts, A. et al. (2007). Anal. Chem. 79: 2844.
[7] Jahn, I.J., Žukovskaja, O., Zheng, X.-S. et al. (2017). Analyst 142: 1022.
[8] McAughtrie, S., Lau, K., Faulds, K., and Graham, D. (2013). Chem. Sci. 4: 3566.
[9] Madzharova, F., Heiner, Z., and Kneipp, J. (2017). Chem. Soc. Rev. 46: 3980.
[10] Butet, J. and Martin, O.J.F. (2015). J. Phys. Chem. C 119: 15547.
[11] Li, W.H., Li, X.Y., and Yu, N.T.U. (1999). Chem. Phys. Lett. 305: 303.
[12] Gühlke, M., Heiner, Z., and Kneipp, J. (2016). J. Phys. Chem. C 120: 20702.
[13] Schie, I.W., Krafft, C., and Popp, J. (2015). Analyst 140: 3897.
[14] Day, J.P.R., Domke, K.F., Rago, G. et al. (2011). J. Phys. Chem. B 115: 7713.
[15] Zumbusch, A., Holtom, G.R., and Xie, X.S. (1999). Phys. Rev. Lett. 82: 4142.
[16] Yager, F., Ujj, L., and Atkinson, G.H. (1997). J. Am. Chem. Soc. 119: 12610.
[17] Freudiger, C.W., Min, W., Saar, B.G. et al. (2008). Science 322: 1857.
[18] Fu, D., Lu, F.-K., Zhang, X. et al. (2012). J. Am. Chem. Soc. 134: 3623.
[19] Prince, R.C., Frontiera, R.R., and Potma, E.O. (2017). Chem. Rev. 117: 5070.
[20] Wei, L., Shen, Y., Xu, F. et al. (2015). ACS Chem. Biol. 10: 901.
[21] Zrimsek, A.B., Chiang, N., Mattei, M. et al. (2016). Acc. Chem. Res. 49: 2023.
[22] Richard-Lacroix, M., Zhang, Y., Dong, Z., and Deckert, V. (2017). Chem. Soc. Rev. 46: 3922.
[23] Zaleski, S., Wilson, A.J., Mattei, M. et al. (2016). Acc. Chem. Res. 49: 2023.
[24] Deckert, V., Deckert-Gaudig, T., Diegel, M. et al. (2015). Faraday Discuss. 177: 9.
[25] Zhang, R., Zhang, Y., Dong, Z.C. et al. (2013). Nature 498: 82.
[26] Kneipp, K.K., Wang, Y., Kneipp, H. et al. (1997). Phys. Rev. Lett. 78: 1667.
[27] Nie, S. and Emory, S.R. (1997). Science 275: 1102.
[28] Pozzi, E.A., Goubert, G., Chiang, N. et al. (2017). Chem. Rev. 117: 4961.
[29] Sato, A., Sasakura, Y., Sugiyama, S. et al. (2002). J. Biol. Chem. 277: 32650.
[30] Liebel, M., Schnedermann, C., Wende, T., and Kukura, P. (2015). J. Phys. Chem. A 119: 9506.
[31] Sahoo, S.K., Umpathy, S., and Parker, A.W. (2011). Appl. Spectrosc. 65: 1087.
[32] Blacksberg, J., Alerstam, E., Maruyama, Y. et al. (2016). Appl. Optics 55: 739.
[33] Littleford, R.E., Matousek, P., Towrie, M. et al. (2004). Analyst 129: 505.
[34] He, Y., Wang, B., and Dukor, R.K. (2011). Appl. Spectrosc. 65: 699.
[35] Barron, L.D. (2015). Biomed. Spectrosc. Imaging 4: 223.
[36] Ostovarpour, S. and Blanch, E.W. (2012). Appl. Spectrosc. 66: 289.
[37] McColl, I.H., Blanch, E.W., Hecht, L., and Barron, L.D. (2004). J. Am. Chem. Soc. 126: 8181.
[38] Hobro, A.J., Rouhi, M., Blanch, E.W., and Conn, G.L. (2007). Nucleic Acids Res. 35: 1169.
[39] Gares, K.L., Hufziger, K.T., Bykov, S.V., and Asher, S.A. (2017). Appl. Spectrosc. 2017: 7173.
[40] Ludwig, M. and Asher, S.A. (1988). J. Am. Chem. Soc. 110: 1005.
[41] Oladepo, S.A., Xiong, K., Hong, Z. et al. (2012). Chem. Rev. 112: 2604.
[42] Ashton, L., Hogwood, C.E.M., Tait, A.S. et al. (2015). J. Chem. Technol. Biotechnol. 90: 237.

现代拉曼光谱

Modern
Raman
Spectroscopy： A Practical Approach

附录

无机化合物的谱带位置表

附表1　常见无机化合物的谱带位置列表（粗体表示最强波段）

元素	化合物	谱带位置 /cm^{-1}
铵	氨基甲酸盐	**1039**
钻石	碳	**1331**
铵	碳酸盐	**1044**
钙	碳酸盐	**1087** 713 282
铅（Ⅱ）	碳酸盐	1479 1365 **1055**
钾	碳酸盐	3098 **1062**
锶	碳酸盐	**1072**
钾	碳酸盐（99.995%）	**1062** 687
钾	碳酸盐（99.995%），旋转器	**1061** 686
钠	碳酸盐（无水）	**1069**
钠	碳酸盐（无水），旋转器	**1080** 701
钠	碳酸盐（分析纯）	1607 **1080** 1062
钠	碳酸盐水合物	**1070**
钾	碳酸盐（99.995%），旋转器	**1061**
钾	碳酸盐（99%, Aldrich 化学试剂有限公司）	**3098** 1062
钠	氯胺 -T，钠盐	3069 2921 1600 1379 1213 **1132** 930 800
钠	二氯异氰脲酸盐	1733 1051 707 577 **365** 230
钾	重铬酸盐	**909** 571 387 235
钠	重铬酸盐（二水合物）	**908** 371 236
钾	重铬酸盐，旋转器	909 570 374 235
铵	正磷酸二氢盐	**925**
铵	正磷酸二氢盐	**923**
钾	正磷酸二氢盐	**915**
钛	二氧化硫（锐钛矿）	**639** 516 398

续表

元素	化合物	谱带位置 /cm^{-1}
钛	二氧化碳（金红石）	610 **448** 237
钠	连二亚硫酸盐	1033 364 **258**
铵	硫酸亚铁（$6H_2O$），旋转器	**982** 613 453
钠	六偏磷酸盐	**1162**
铵	碳酸氢盐	**1145**
铯	碳酸氢盐	**1012** 671 634
钾	碳酸氢盐	1281 **1030** 677 636 193
钠	碳酸氢盐	1269 **1046** 686
二铵	正磷酸氢盐	**948**
二钠	正磷酸氢盐	1131 1065 **934** 560
二钾	正磷酸氢盐（三水合物）	1048 **950** 879 556
钾	硫酸氢	1101 **1027** 855 581 412 327
钠	硫酸氢	**1065** 1004 868 601
钠	硫酸氢（一水合物）	**1039** 857 603 412
钙	氢氧化物	1086 358
钠	氢氧化物	**215**
锂	氢氧化物（一水合物）	1090 839 517 397 **213**
铵	羟基氯化物	1495 **1001**
钾	碘酸盐	**754**
钠	焦亚硫酸盐	**1064** 660 433 275
钡	硝酸盐	**1048** 733
铋	硝酸盐	**1037**
镧	硝酸盐	**1046** 739
锂	硝酸盐	**1384** 1070 735 237

续表

元素	化合物	谱带位置 /cm^{-1}
钾	硝酸盐	**1051** 716
银	硝酸盐	**1046**
钠	硝酸盐	1386 **1068** 725 193
镁	硝酸盐（$6H_2O$）	**1060**
铁（Ⅲ）	硝酸盐（$9H_2O$）	**1046**
钾	硝酸盐	1322 **806**
银	硝酸盐	**1045**
钠	硝酸盐	**1327** 828
银	硝酸盐，旋转器	**1045** 847
钠	硝普盐（$2H_2O$）	2174 1946 1068 656 **471**
三钾	正磷酸盐	**1062** 940
三钠	正磷酸盐	**941** 415
三钠	正磷酸盐	1005 **940** 548 417
三钾	正磷酸盐	**1062** 972 857 549
三钠	正磷酸盐（$12H_2O$）	**939** 407
三钠	正磷酸盐（$12H_2O$）	**940** 550 413
三钾	正磷酸盐（H_2O）	**1061** 939
三钾	正磷酸盐（H_2O），旋转器	**1061** 940
铜	氧化物	**296**
锌	氧化物	**438**
铜	氧化物，旋转器	**297**
锌	氧化物，旋转器	**439**
镁	高氯酸盐	**964** 643 456
铵	过硫酸盐	**1072** 805

续表

元素	化合物	谱带位置 /cm^{-1}
钾	过硫酸盐	1292 **1082** 814
钠	过硫酸盐	1294 **1089** 853
钠	磷酸盐	**938**
钙	硅酸盐	**983** 578 373
锂	硅酸盐	**601**
锆	硅酸盐	3019 **2821** 2662 1004 438 355 197
锂	硅酸盐	**589**
钙	水合硅酸盐，商用	**983** 578 372
镁	旋转器	677 **195**
镁	含水硅酸盐（滑石）	676 **194**
镁	含水硅酸盐（滑石），旋转器	677 362 **195**
铝	氢氧化硅酸盐（高岭土）	**466**
铝	氢氧化硅酸盐（高岭土），旋转器	912 791 752 705 **473** 430 338 276
铵	硫酸盐	**975**
钡	硫酸盐	**988** 454
钡	硫酸盐	**988** 462
钙	硫酸盐	1129 **1017** 676 628 609 500
镁	硫酸盐	**984**
钾	硫酸盐	1146 **984** 618 453
银	硫酸盐	**969**
钠	硫酸盐（无水）	**993**
钙	硫酸盐（二水合物）	1135 **1009** 669 629 491 415
锌	硫酸盐（七水合物）	**985**
钡	硫酸盐，拉曼显微镜	**986** 458

续表

元素	化合物	谱带位置 /cm^{-1}
钡	硫酸盐，旋转器	**988** 462
钡	硫酸盐，静态	**988** 462
钠	亚硫酸盐	**987** 950 639 497
钾	亚硫酸盐	**988** 627 482
镁	硫代硫酸盐（六水合物）	1165 1000 659 **439**
硫	—	471 **216** 151
钡	硫代硫酸盐	1004 687 **466** 354
钾	硫代硫酸盐（水合物）	1164 1000 667 **446** 347
钠	硫代硫酸盐（五水合物）	1018 **434**
钾	草酸钛盐	1751 1386 1252 850 **530** 425 352 300
钾	草酸钛盐（$2H_2O$）	1751 1384 1253 851 **526** 417 353 299